数字化工厂

——中国智造大趋势

徐健丰 

图书在版编目(CIP)数据

数字化工厂：中国智造大趋势 / 徐健丰著. — 沈阳：辽宁大学出版社，2019.12

ISBN 978-7-5610-9901-8

Ⅰ. ①数… Ⅱ. ①徐… Ⅲ. ①智能制造系统－研究－中国 Ⅳ. ①TH166

中国版本图书馆CIP数据核字(2019)第300137号

数字化工厂：中国智造大趋势

SHUZIHUA GONGCHANG：ZHONGGUO ZHIZAO DAQUSHI

出 版 者：辽宁大学出版社有限责任公司

（地址：沈阳市皇姑区崇山中路66号　邮政编码：110036）

印 刷 者：沈阳文彩印务有限公司

发 行 者：辽宁大学出版社有限责任公司

幅面尺寸：170mm × 240mm

印　　张：14.25

字　　数：271千字

出版时间：2019年12月第1版

印刷时间：2020年3月第1次印刷

责任编辑：李姝梦

封面设计：孙红涛　韩　实

责任校对：齐　悦

书　　号：ISBN 978-7-5610-9901-8

定　　价：58.00元

联系电话: 024-86864613

邮购热线: 024-86830665

网　　址: http:// press. lnu. edu. cn

电子邮件: lnupress@ vip.163. com

前言

制造业向来是衡量一个国家综合国力的核心指标，对国民生活水平与质量也有着直接影响。改革开放40多年里，我国经济能够保持高速增长，正是得益于制造技术与生产工艺的快速发展。如今，我国已经成为制造大国，在全球制造业中扮演着关键角色，甚至成为举世瞩目的“世界工厂”。近几年来，智能制造在各界受到了广泛的关注，无论从中央领导、企业翘楚到业界学者、工程技术人员，还是从国际峰会、高层对话到学术交流、论坛讲座，智能制造都成了热点方向和热议话题。作为《中国智造2025》的主攻方向，决策层、企业界和学术界都在探讨智能制造的理念和战略，以谋求制造强国发展之道，同时也在研究智能制造的理论和技术，以探索企业转型升级之术。

智能制造将有助于设计研发实现众创、众包，制造过程实现自动化、数字化、企业业务流程信息化，加速形成新的企业与用户关系，对传统的管理及运营模式产生颠覆性变革。智能制造实现了从传统模式向数字化、网络化、智能化的转变，从简单的产品生产升级为“生产+服务”，促进从生产型制造转变为服务型制造。智能制造已成为现代制造发展的必然趋势，是中国制造业实现转型升级、由大到强的必由之路。

本书共分为三篇，分别为理论篇、技术篇和实践篇。书中介绍了中国智造的背景、智能制造的概念与特征以及我国智能制造的发展现状、趋势及推行关键，分析了物联网、大数据和云计算三大车间智能化技术支撑，阐述了智能化的制造工艺与技术，并结合实例探讨了智能制造执行系统、智慧工厂、智能制造中的数字化实现等内容，以期能丰富智能制造的研究并为实践提供一定的参考。

由于笔者的水平和时间有限，书中可能存在一些不足之处，敬请广大读者批评指正！

前言

目录

上篇 理论篇

中篇 技术篇

下　篇　实践篇

上　篇

理论篇

第一章　从“中国制造”到“中国智造”的背景分析

第一节　“中国制造 2025”与“工业 4.0”

一、“中国制造 2025”的实施背景

（一）制造业“大而不强”的瓶颈现状

如今，科技对经济社会发展的推动作用越来越明显，制造业将科技成果以实物的形式展现出来，成为各国比拼技术创新能力的主赛场。同时，在这个赛场上，还进行着一场经济结构调整、产业转型升级大赛。

对于实体经济来说，制造业是主体；对于国民经济来说，制造业是支柱；对于创新驱动、转型升级的中国经济来说，制造业是主战场。在新时期，如何从制造大国转变为制造强国是我国经济发展的主课题。为此，中国工程院与工业和信息化部联合启动了《制造强国战略研究》项目，对制造大国向制造强国转变的策略进行了深入探究。

具体来讲，制造强国有两层含义：第一，借制造业的发展增强我国的整体国力；第二，从制造大国转变为制造强国。从这些方面来看，“中国制造 2025”的意义极为深远，它是调动全社会力量打造制造强国的总攻略。

相关数据显示，我国于 2012 年成为世界制造大国，因为那一年我国制造业的增加值达到了 2.08 万亿美元，在全球制造业中所占比重达到了 20%，与美国并肩。2012 年，在中国工业主营业务总收入中，制造业主营业务收入占比达到了 86.7%；在全国货物出口总量中，工业制品占比达到了 95.09%，制造业是名副其实的国民经济支柱。

一方面，我国要推进战略性新兴产业与先进制造业迅猛发展，推动传统产业快速转型升级；另一方面，我国要推动现代服务业迅猛发展，以现代制造服务业的发展来实现产业结构调整。

2008 年国际金融危机之后，世界制造业的分工格局发生了新变化，我国制造业面临着一系列突出问题，如缺乏自主创新能力、产品质量出现问题、资源利用率较低、产业结构不合理等。

导致这些问题出现的外因有两个：一是欧美发达国家和地区推出了“再工业化”战略，采取了一系列措施继续在技术、产业方面领跑，抢占了制高点，将我国远远甩在后面。二是印度尼西亚、越南等国家以劳动力成本低的优势承接了许多发达国家的劳动密集型产业，占据了制造业的中低端市场。在这种情况下，我国制造业不仅要应对发达国家的冲击，还要应对发展中国家的挤压，面临的形势异常严峻。

对于我国制造业来说，新一轮工业革命是一次重大的机遇，也是一场产业变革，这场变革实现了信息技术与制造业的深度融合，围绕制造业的数字化、网络化、智能化，以物联网和务（服务）联网为基础，将新能源、新材料等方面取得的新成就成功地叠加在一起，推动世界制造业发生历史性变革。在这种形势下，我国制造业要紧抓机遇，落实“中国制造 2025”战略，加速工业化进程，加快制造强国的建设。

（二）“低成本优势”正在逐渐消失

我国的工业化之路历经三十余载，现如今，“中国制造”吸引了全世界的关注。我国的工业化与其他国家的工业化一样，在新时期面临着新困难、新挑战，如比较优势减弱、转型乏力、生产过剩、工业革命浪潮的冲击等。

随着时间的推移，我国的人口红利高峰期即将逝去，劳动力供求关系将随之改变，工资将进一步增加。比较中国与美国，综合考虑美国的生产率，我国沿海地区与美国低成本地区的劳动成本差距将逐渐缩小。如果成本差距属于中长期影响因素，那么其在全球价值链中的位置就是直接影响因素，对中美两国制造业的竞争力有着关键性的影响。

自 21 世纪以来，我国工业在跨国公司的主导下，在逐渐成形、高度细分的产业价值链纵向分工方式（产业间分工、产业内分工、产品内分工并存）的影响下，新一轮产业革命开始在国家间转移。产业链纵向分工高度细分，在整个产业链中，实力强大的跨国公司把持了产品研发、品牌销售等高利润环节，加工、组装、制造等消耗人力且成本较低的环节被转移到了发展中国家。例如，美国将墨西哥视为新的产业基地。

现如今，中国制造业规模已跃居全球第一，这一点毋庸置疑。据统计，中国的制造业在全球制造业中占比 19.8%，但中国制造业的研发投入却不足世界制造业研发投入的 3%。并且，从整体来看，我国工业生产技术水平较低，创新能力不足，技术与知识密集型产业还没有较强的国际竞争力，工业劳动生产率和国际先进水平之间的差距还比较大，工业企业的规模较小，可持续发展能力不足，在很多传统企业中，“贫困化”增长现象都存在。

（三）我国制造业创新研发投入不足

目前，我国制造业的发展趋势与其他工业化国家制造业的发展规律大体趋同，并开始赶超一些国家。通过对已出现的行业峰值时点的分析可发现，我国制造业的发展趋势与国际经验高度吻合。

在金融危机之后，新一轮产业革命兴起，这场产业革命是一场数字化革命，也是一场价值链革命，将互联网、机器人技术、物联网、3D 打印、人工智能、新型材料作为切入点进行多点突破，引导它们进行融合互动，将进一步推动新产业、新模式、新业态兴起，将创造一个大规模生产世界。在这场革命中，不仅产品制造方式会受到影响，产品制造地点也将受到影响，全球产业竞争格局将得以重塑。

现如今，美国以及欧洲一些国家和地区正在实施“再工业化战略”，开始推动制造业回流，在这个过程中，信息技术、云计算、大数据、工业互联网、“工业 4.0”等技术给我国制造业带来了巨大冲击。制造企业研发投入不足有两大表现：一是系统集成研发投入不足；二是关键共性技术开发投入不足。

在系统集成研发投入方面，我国的智能制造缺乏世界级的服务商、集成商，如华为、中兴一般在研发方面投入巨资，掌握核心技术与产业主导权的企业可谓凤毛麟角。所以，龙头企业要加大在系统集成研发方面的投入。

在关键共性技术开发投入方面，智能制造涉及很多技术，这些技术的开发难度较大，且对配套支撑产业有非常高的要求。在这种情况下，企业在某单一技术或产品研发方面的投入都需大幅增加。目前，在关键共性技术开发方面，国内很多企业都采取了观摩、跟随策略，有些企业甚至采取了低价同质竞争策略，使得关键共性技术研发的动力不足。

（四）我国制造业技术瓶颈亟待突破

我国工业化起步时间较晚，技术积累不足，先进技术的产业化能力也有所欠缺，使得我国智能制造产品与系统的发展面临着严重的技术瓶颈。

1. 关键零部件依赖进口，国产智能制造装备无价格优势

工业机器人是智能制造的核心装备，下面就以工业机器人为例进行分析。我国工业机器人生产需要的很多核心零部件，如精密减速机、伺服系统、控制器、高性能驱动器等基本上依赖进口，在机器人生产总成本中，这些零部件成本所占比例超过了70%。其中，75%的精密减速器要从日本进口，在国内高价购买费用占生产成本的45%，而在日本购买费用仅占生产成本的25%。也就是说，我国企业花费在这些核心零部件上的费用已足够购买一个国外同款的机器人。因此，在高端机器人市场上，面对国外机器人品牌，我国机器人品牌的竞争力微乎其微。

我国大部分机械零部件企业都无法生产高端产品，难以满足高端智能装备产业的发展需求。并且相较于负责组装、装配的制造业来说，这些产业的升级难度非常大，需要的时间也非常长。在短期内，我国智能制造装备生产需要的核心零部件仍需要进口，但进口零部件的成本必须降低，以稳定采购渠道，打造多元化的采购渠道。

2. 软件系统发展滞后制约了智能化水平的提升

我国与发达国家的差距不仅体现在硬件的制造技术方面，还体现在软件技术水平方面。一直以来，我国存在着非常严重的“重视硬件制造，轻视软件开发”的思想，智能装备制造企业的软件开发水平普遍不高。

近年来，虽然我国制造企业与软件开发企业的系统集成能力越来越强，但很少有企业、科研机构致力于智能制造基础软件系统的开发，很多高端产品，如机器人、数控机床等使用的都是国外的软件系统，国内软件企业的开发活动主要聚焦消费产品市场。随着跨国企业在智能制造装备模块化生产与操作系统研发方面的布局，我国智能制造装备制造产业将因基础操作系统缺失而面临巨大的风险。

3. 跨国公司挤压国内企业的发展空间

目前，在智能制造领域，跨国公司垄断势力已基本形成，制约了后进入智能制造领域国家的智能制造产业的发展。虽然我国对智能制造装备的需求已名列全球第一，但在我国智能制造装备市场上，ABB、YASKWA、FANUC等巨头占据了七成多的市场份额，在高端市场近九成的产品依赖进口，国内没有一家智能制造企业拥有世界影响力。

近年来，随着我国智能装备市场迅速增长，越来越多的跨国公司以合资或者独资的方式在我国经济发达地区建立工厂，在我国市场进行战略布局。虽然跨国

公司的这一做法带动了我国智能制造产业的发展，推动了相关技术的进步，但也使国内品牌、国内企业的发展空间受到了挤压。

二、“工业 4.0”解读

（一）“工业 4.0”理念的提出

“工业 4.0”的概念源自德国政府，德国相关部门希望通过实施该战略，提高智能制造行业的发展水平，并维持自身在世界制造业中的优势地位。包括德国西门子、菲尼克斯电气在内的德国知名品牌供应商，都希望通过参与“工业 4.0”提升自身发展效益。

除了德国之外，欧洲许多国家都受到金融危机的影响，“工业 4.0”的开展，无疑让这些国家看到了经济振兴与发展的曙光。由此可见，“工业 4.0”战略的实施，在突出德国制造业竞争优势的同时，也代表着在全球制造领域中居于优势地位的国家对产业未来走向的引领，其将成为制造业今后的主流发展趋势。

通过对德国“工业 4.0”战略的分析与总结，国内制造业也能开拓自身的发展思路，还能积累优秀经验。

德国政府于 2011 年推出《高技术战略 2020》，提出十大未来项目，“工业 4.0”就被包含在其中。在 2013 年 4 月举办的汉诺威工业博览会上，“工业 4.0”被正式提出，德国希望通过实施该战略，推动新兴技术的开发与应用，巩固德国在全球制造业中的领先地位。

“工业 4.0”具体是指企业在信息技术、物联网技术、互联网技术持续发展的基础上，通过智能技术与网络技术的应用，优化对信息系统的管理，对消费者的多元化需求进行把握，在运营过程中通过调整商品价格、提高智能化发展水平，实现信息、企业、资源之间的高效互动，改革传统生产方式，实现结构优化，通过自身运营对接终端消费者的需求，推动传统制造业的转型升级。

“工业 4.0”的开展离不开信息物理系统的支撑作用，该系统的应用能够有效提升传统制造业的信息化与智能化水平，提高企业在生产环节的运营效率。从某种程度上来说，信息物理系统相当于网络信息平台，平台的高效运营能够实现不同嵌入系统之间的信息共享与沟通互动，将不同生产设备连接起来，实现对其自动化控制，降低人力成本的消耗。

（二）“工业 4.0”的体系架构与路线

“工业 4.0”能够通过信息通信技术的利用对信息物理系统的各个环节进行改

造，对传统制造业进行升级，提高制造业的智能化水平，提升物流系统的灵活性，提高制造业运营的整体效益。

从总体上而言，“工业 4.0”战略包括三大组成部分：智能工厂、智能生产与智能物流体系。智能工厂的重点在于，实现智能化生产，利用网络技术实现不同生产设备之间的连接，优化生产过程。智能生产的重点在于，实现人与器械化设备之间的连接，保持生产物流的均衡稳定，扩大 3D 技术的应用范围。智能物流体系的重点在于，利用物联网、互联网及相关服务技术，解决物流资源的分散问题，加快物流运转的速度，通过优质服务提升客户体验。

在德国“工业 4.0”的模式下，智能工厂可以充分发挥物联网与互联网的连接作用，提高自身生产的灵活性，满足消费者多元化与个性化的商品需求。不仅如此，企业的柔性化生产将更加智能，并体现出企业本身的鲜明特色。此外，企业将实现自身生产与物联网、互联网的深度结合，打破传统模式下制造业与制造服务业之间的独立局面，颠覆原有的价值生产与输出方式，并改革传统模式下的产业链分工方式，对企业在产业链中占据的地位、承担的角色进行调整。

德国“工业 4.0”战略包含了诸多内容，主要是技术的有效互动与广泛应用、渠道和供应链的完善、根据重点要素采取保障性措施等方面。

1. 技术的有效互动与广泛应用

实施“工业 4.0”战略能够推动传统制造业的转型，通过物理系统的应用来搭建完善的网络体系，将智能传感器、智能控制系统、网络通信设备等都纳入其中，并促进整个系统向智能化方向发展，在具体运营过程中，实现不同设备、不同服务、人与设备之间的有效连接，从横向与纵向实现价值链的拓展与延伸。

以整合方式来划分，“工业 4.0”战略的具体实施包括如下三种形式：依托价值链与智能化完成的企业间横向功能整合；从价值链上游至下游、端与端之间的数字化整合；依托网络技术实现的制造系统垂直方向的整合。现在对这三种形式逐一进行分析。

第一，依托价值链与智能化完成的企业间横向功能整合，具体指的是价值链中各个环节的企业在智能化技术应用的基础上，与其他企业进行有效互动，不断满足消费者的个性化需求，并为其提供优质的产品及配套服务。企业能够通过功能整合，借助智能化网络技术，为整个价值链运营过程中涉及的各项问题，如灵活生产、信息共享等提供解决方案。

第二，从价值链上游至下游、端与端之间的数字化整合，具体指的是加强各个终端的数字化建设，方便消费者在价值链各个环节进行决策。

第三，依托网络技术实现的制造系统垂直方向的整合，具体指的是，当制造业实现了智能化生产，其将逐渐摒弃传统模式下一成不变的生产线，围绕消费者的个性化需求，对各个生产模块进行组合，并建设相应的拓扑结构，实现数据提供、通信网络、生产过程等之间的有效连接。

要保证整个价值链的正常运转，就要在信息物流系统中充分发挥以智能传感器为代表的先进技术手段的作用，对数据资源进行优化利用，根据各个模块的运营情况，制定相应的发展策略。

2. 渠道和供应链的完善

“工业 4.0”的实施包括两大战略：供应商战略与市场战略。其中，供应商战略的制定是从供给方面考虑的，市场战略的制定则主要考虑需求方面的因素。

第一，供应商战略的重点在于，供应商需要将系统内各个环节的运营结合起来，通过应用先进的技术手段，出台一系列激励措施，使制造企业认识到“工业 4.0”的价值，并促进企业的战略落地，供应商在技术研发、应用等方面投入更多精力，并提供足够的资源支持，帮助制造企业进行技术攻关，以提高自身的产品竞争力。

第二，在市场战略方面，德国市场成为实践“工业 4.0”战略的先导者。德国 BITKOM 的调查结果显示，到 2016 年，推出实践“工业 4.0”具体计划的企业占到调查总数的 19%，使用“工业 4.0”应用的企业占到 46%，参与并活跃在“工业 4.0”领域的企业占到 65%，目前这个数据仍在持续增长。

要促进市场战略的广泛推行，就要解决其实施过程中遇到的阻力。为此，在大型跨国公司与中小规模公司联手开拓市场的过程中，要发挥“工业 4.0”的推动作用，为中小企业的转型升级提供各项支持。要突出“工业 4.0”战略蕴藏的巨大发展潜力，帮助中小企业正确认识信息物理系统的重要价值，同时，还要强化对网络通信等基础设施的建设，通过改善原有工业组织结构、打造完善的运营系统，促进该战略的实施。

3. 根据重点要素采取保障性措施

为了减少企业在实施“工业 4.0”过程中的阻力，德国“工业 4.0”战略从重点要素方面出发，提出了如下八项保障新措施。

第一，建立统一标准的参考架构。在实施“工业 4.0”战略的过程中，要加强各家公司之间的合作关系，就要建立统一的标准，并通过制定对应的参考架构，来指导企业的具体实践，促进企业对“工业 4.0”的实施。

第二，运用先进的工具强化对制造系统的管理。如今，无论是产品的生产，还是制造系统的运营，都涉及许多内容，为了优化对制造系统的管理，企业应该制订合理的计划，对工程结构进行调整。“工业 4.0”的实践者也开始推出先进的工具，帮助企业降低对制造系统进行管理的难度。

第三，完善网络基础设施建设。“工业 4.0”战略的实施离不开网络通信技术的支持，德国为促进本国及合作国家的制造业转型升级，积极建设企业发展所需的网络基础设施。

第四，强化数据资源的保护。在智能制造系统运转的过程中，数据资源发挥着关键性的作用，德国对重要的数据及信息资源实施严格的管控，企业需要经过相关部门的审核，才能获得使用权。

第五，在“工业 4.0”模式下，工业企业的智能化水平将不断提高，员工的职责也将不同于以往，其工作流程、工作结构也将呈现出新的特点。

第六，注重人才组织与培训。德国在实施“工业 4.0”战略的过程中，十分注重对人才的培训，将专业技术的应用方法传授给技术工人，以提高技术设备的利用率。

第七，随着技术层面的改革，企业传统模式下的数据资源、责任承担都会发生改变，为了加强对企业的管理，德国相关部门计划推出相关法律、政策和规范，企业也开始实施自我监管。

第八，优化资源利用方式。德国“工业 4.0”战略的实施，能够促进企业资源的充分利用。通过智能化生产，企业可减少内部的资源浪费。这种方式也成为德国“工业 4.0”战略规划的重要组成部分，在工业企业中被广泛推行。

三、“中国制造 2025”与“工业 4.0”的区别

与“德国工业 4.0”类似，“中国制造 2025”也是国家在新一轮技术革命与产业革命来临之际，为推动制造业转型升级制定的战略决策。对两者进行比较可以发现，其区别之处不仅体现在技术基础与产业基础方面，还体现在战略思想、战略基础与战略措施方面。德国“工业 4.0”战略是对德国工业未来发展的规划与引导，具有德国本身的独特性，而我国的制造业发展应该积极借鉴德国在战略布局、技术研发、政策制定等方面的优秀经验。

（一）战略思想的区别

将德国“工业 4.0”与“中国制造 2025”进行对照可以发现，两者之间有一个明显的不同之处，即德国“工业 4.0”的科技革命更加彻底。其改革不只局限于

制造技术的更新，更着眼于采用新型制造方式，促进工业发展实现质量方面的提升。也就是说，德国“工业 4.0”战略不只是关注工业产值的增加，还能从本质层面上实现传统工业生产方式的优化。相比之下，“中国制造 2025”更加注重制造领域与互联网之间的深度融合，旨在通过应用先进制造技术，促进企业结构的调整，加速企业的生产运营。

从某种程度上来说，德国旨在从“工业 3.0”进入“工业 4.0”时代，是从本质层面进行的改革，“中国制造 2025”是在特定时期内的工业发展。两者在战略思想层面的不同，体现出中国与德国的实际发展情况存在区别。

（二）战略基础的区别

基础研究、人才队伍建设、技术知识传授都属于战略基础的范畴，能够有效推动战略执行。分析德国“工业 4.0”能够看出，该战略在实施过程中将基础科学研究放在关键位置，注重对理论层面的开发与建设，并以此为参考进行目标制定。相关部门为其基础研究提供了良好的环境支持，推动德国“工业 4.0”的技术研发与应用。

相比理论基础研究，我国更加重视应用研究，政策偏向性也十分明显，针对这个问题，我国应该提高对基础研究的重视程度。另外，我国应该大力开展国际合作，促进国际统一网络化标准的实施，与发达国家达成良好的合作关系，共同进行理论研究、技术开发，并积极拓展海外市场。

（三）战略措施的区别

德国十分注重相关政策的制定，以期为“工业 4.0”战略的实施提供支持与保障。在具体实施过程中，德国会对工业发展相关的政策进行价值分析与判断，采用系统评估技术，对现有法律系统进行调整，通过加快技术创新来促进相关机制体系的变革，在发现问题之后，也会对政策、规范体系技术做出调整。德国为促进“工业 4.0”的实施，不断完善相关法律体系，明确企业责任，并列出企业应该遵守的规章制度，调动企业参与竞争的积极性，促进企业不断优化自身管理。

为促进“工业 4.0”战略的实施，德国信息技术、通信、新媒体协会、德国机械设备制造业联合会以及德国电气和电子工业联合会成立“第四次工业革命平台”办事处，并通过网络平台共同服务于德国工业企业的发展。中国成立了国家制造强国建设战略咨询委员会，但相关行业协会仍需主动承担责任，通过完善机制保障，为中国的制造业发展提供支持。

四、“工业 4.0”对中国制造的启示

（一）德国“工业 4.0”实践经验总结

随着大数据统计与分析技术在各个领域的普遍应用，传统制造业也开始积极寻求与互联网的深度结合，这成为该领域未来发展的主要方向。在“工业 4.0”战略实施的过程中，智能互联系统发挥着主导作用，越来越多的互联网企业将抓住“工业 4.0”的机遇，在生产制造领域展开布局。在具体实施的过程中，企业对海量的数据资源进行获取，建立统一的数据库管理系统，借助互联网平台的优势实现信息的快速传递，为智能制造系统的生产安排提供精准的需求参考。

德国“工业 4.0”拥有确切的战略目标、切实可行的执行措施、明确的规划与方向，能够遵循生产方式的演变规律，注重对传统制造系统的利用，能够有效降低整个战略实施过程中的风险与阻力，在诞生之后成为许多国家关注的重点。在国内制造业改革过程中，我们也应该积极学习德国“工业 4.0”的实战经验，根据自身情况推动国内传统制造业的转型。

1. 打破传统行业之间的独立状态

“工业 4.0”依托物理信息系统的运营，大力开发新技术，通过智能化技术的应用来突显自身的竞争优势，并推动生产性服务业、网络信息产业的发展，进而促进传统制造业的转型升级。其推动作用主要包括以下三个方面。

第一，在应用信息物理系统的前提下，通过提高企业生产的智能化水平，加快企业的产品研发、生产及输出进度，降低整体成本消耗，有效提高企业对外部市场变化的适应能力。如今，国内制造企业面临着来自国内、国外竞争对手的挑战，企业需要向智能化方向转型，从而提高自主创新能力，提高核心竞争力。同时，企业应努力促进国内制造业在国际产业链中的地位的提升，提高自身产品的价值含量。

第二，在“工业 4.0”模式下，各个行业之间的独立状态将被打破，企业将实现产业链的功能优化，并促进传统制造业的转型升级，使其发展趋向于制造服务业。

第三，信息物理系统运营过程中涉及的技术应用，能够推动以 3D 打印、工业机器人为代表的先进生产设备与智能化制造产业的发展，并促进生产性服务业的繁荣，带动信息产业、工业设计服务业的发展。

2. 不仅重视技术发展，更重视系统配套

企业希望通过实施“工业 4.0”战略，为现代装备制造业的发展提供更多支持，在此基础上引进领先技术，提高产品的价值含量，并提高企业在整个产业价值链中的地位。由此可以看出，企业需借助关键技术突显产业竞争优势。

“工业 4.0”旨在以关键技术的创新为切入点，为传统制造业的改革提供技术支撑，进而推动产业的转型升级，在此基础上助力整个产业的演变与进步。同其他国家的制造业发展战略进行对比分析能够发现，“工业 4.0”强调从全局性角度推动制造业的改革与升级，并注重对资源的整合利用与优化配置。

从战略选择的角度来分析，“工业 4.0”强调对市场发展的引导，并注重对商业模式的改革与创新。不仅如此，“工业 4.0”的参与主体注重在中小企业中发挥先进科技成果的实际推动作用，进而扩大战略推行的范围。

在现阶段下，国内不少的科技政策将焦点放在技术研发方面，缺少技术的实践检验。虽然我国拥有一些领先于国际市场的技术指标，但研发成果的应用十分有限，导致很多技术研发脱离了实际的应用需求。

“工业 4.0”战略包含的内容十分丰富，如人才组织与培训、工作结构调整等，涵盖了技术创新、传统行业改革等各个方面，能够促进整个工业体系的优化与升级，中国在进行战略选择、出台相关发展措施的过程中，可以学习“工业 4.0”的优秀经验。

3. 发挥大规模实力型企业的带头作用

德国“工业 4.0”战略实施期间，相关政府部门为实力型企业（如西门子）的技术创新与市场拓展提供了各项支持，并将大型企业作为“工业 4.0”成果的实验平台，将其应用到企业的生产过程中，在制造业领域积极推进信息物理系统的普及，实现传统工业的智能化生产与运营。

在德国“工业 4.0”战略的实施过程中，大规模实力型企业能够通过整合优势资源，积极进行市场拓展，并为中小企业的技术发展与应用起到带头作用；政府部门则承担顶层设计的重要任务，为战略实施提供机制保障。在具体实施过程中，德国根据市场变化与发展，切实执行了统一的技术标准，我国在实施新战略的过程中，也应该注重这一点。

4. 以人力资本要素的积累与重组为保障

德国“工业 4.0”十分注重人力资本要素的价值，认识到了新模式下员工所

处地位及其工作职能的变化，主张通过人才的培养与发展来实现技术层面的提升，主张通过网络平台向技术工人传授专业技能知识，提高他们的技术应用能力。

在战略实施过程中，德国在多个地区推行了独具特色的职业教育，并且根据新兴经济发展的需求，对传统的教育方式、教育内容进行了调整，降低了传统机械加工课程在总体教育课程中的比重，提高了工业设计、信息技术等课程的比重。

随着人际系统的普遍应用，企业对传统工作载体的改革，在今后的发展过程中，员工的地位及职能承担将发生颠覆性的变化，其工作流程、任务分配、环境配置等会呈现出新的特点，企业通过实施改革，能够有效提高员工工作的灵活性，为他们创造更多便利条件。

在这种情况下，企业对专业人才的需求将大大提高，随着“工业 4.0”战略的实施，以大数据分析为代表的新技术将在制造业领域得到广泛应用，企业需建设专业的人才队伍，并不断提高其技术应用能力与专业水平。

目前，我国想要取得更大的进步，就要积极开拓中国特色工业化道路，在发展新兴产业的同时，促进传统产业的转型，统筹发展传统工艺与先进的技术，在发展过程中，逐步实现工业化与信息化的深度融合。

德国“工业 4.0”的开展，能够实现工业生产的信息化、智能化，其影响逐渐蔓延到世界各地，能够带领各国进入智能经济时代。德国“工业 4.0”利用先进技术手段，促进传统制造业向智能化方向发展，这也是工业经济未来的主流发展趋势。

（二）“工业 4.0”对中国制造的启示

德国政府推出的“工业 4.0”战略，是德国立足于宏观发展角度，对制造业未来发展的规划与布局，我国提倡制造业在转型过程中要实现工业化与信息化之间的结合，这与德国的“工业 4.0”有异曲同工之妙，国内制造企业在改革过程中，应该积极学习德国积累的优秀经验。

首先，在“工业 4.0”战略实施过程中，互联网在制造领域的应用范围将逐渐拓宽，企业将聚焦于智能化建设。在这种大趋势下，制造企业要积极主动地参与到革命大潮中，进行自身的战略布局。

国内经济主体需要积极借鉴德国的优秀经验，根据国内制造业的具体发展情况，对新兴产业革命的发展大势进行把握，进而为制造业的转型升级进行战略布局，发挥自己在新兴技术革命与产业革命中的推动作用。

其次，在制造业转型升级、“工业 4.0”战略实施过程中，政府要通过建立统一标准为新兴产业的发展提供保障。以德国为例，相关政府部门会及时出台与产业发展相关的标准制度，通过标准建设来推动企业的科技创新与应用实践，提高产业附加值，并降低经济发展对环境的污染。事实证明，标准的建设确实能够有效推动产业的发展，并且能够为整个国家经济的增长做出贡献。

要参与并推进“工业 4.0”的开展，就要利用网络系统，实现员工、资源、机械化设备之间的沟通互动，通过建立系统框架，打通企业的互联网、物联网及服务网络。该系统框架包括许多应用软件、终端设备，要实现不同设备、工具之间的信息共享与交流互动，就要建立并执行统一的标准。

中国在推进制造业转型升级的过程中，既要出台统一标准，为产业未来的发展提供科学依据，在实现信息化、工业化相结合的同时，加快建设相关的标准机制；又要注重自身标准与国际标准的一致性，促进国内标准在海外市场的应用，突出我国在新兴产业发展方面的竞争优势。

另外，我国在实施制造业转型、促进新兴产业发展时，不仅要提高科技创新能力，还要组建创新生态系统，使其服务于企业的技术创新与应用，并完善相关的配套体系。“工业 4.0”从制造业宏观发展的角度来分析问题，为企业转型升级提供解决方案，而不只是局限于对先进技术手段的应用。

德国在实施“工业 4.0”战略的过程中，既突出了大型企业的示范性作用，又重视中小企业发展过程中对新技术、新设备、新工具的应用，从而实现了产业界、学术界之间的贯通。举例来说，德国“工业 4.0”的参与者既包括西门子、库卡等实力型企业，又包括许多中小企业。德国相关部门积极推进中小企业的转型升级，促进企业的智能化建设与发展，并鼓励企业进行新技术的研发与创新。

无论是技术研发与应用、产业链革新与完善，还是生态体系的建设，德国“工业 4.0”都是从全局性角度出发来推进工业系统的发展，并注重完善相关体系。中国在参与新一轮技术革命与产业革命的过程中，既要发挥实力型企业的带头作用，也要提高中小企业的参与度，不断拓宽创新生态系统的覆盖面。

另外，在促进制造业转型升级的过程中，国家要强化网络基础设施的建设，实现企业对工业网络信息系统、工业控制系统的优化管理，注重自身对工业大数据的分析。企业在智能化转型过程中，需要根据对工业大数据的深度分析与处理，为战略制定提供有效参考。为此，企业需应用先进的技术手段，获取工业大数据资源，并提高自身的数据分析能力。

（三）中国特色“工业 4.0”之路的探索

1. 在制造领域开展智能化建设

新一轮技术革命与产业革命将作用于企业的生产方式，对人类与环境之间的关系产生影响。德国“工业4.0”战略，通过采用信息物理系统，尤其是先进的互联网技术，实现智能化的延伸。通过“互联网+”将人、信息网络和设备有机地连接起来，提高人类社会的生产能力，实现工业生产效率的大幅度提升，因此，人工智能将深刻地影响制造业的发展，并依托先进的技术手段，促进传统工业向智能化方向的转型与升级。

智能经济时代到来时，智能化将无处不在，其影响将渗透到各行各业及人们生活的方方面面，例如智能环保、智能医疗、智能公司和智能政府等。在此背景下，分布在世界不同地区的国家之间可以实现信息的高速传递，拉近彼此之间的距离。智能化将促进工业经济的进一步发展。未来，伴随着智能化的建设与发展，世界现有的经济格局将受到冲击，经济发达地区与落后地区的差距将进一步拉大。中国一定要做好充足的准备，在智能经济时代的大背景下，合理进行战略布局，大力进行技术研发与创新，在国际市场上占据有利位置。

2. 开辟中国特色工业化道路

作为发展中国家，在当下国内的发展体系中，既有紧跟时代发展脚步的现代企业，也有发展相对落后的传统企业。在新一轮的产业革命中，我国应该立足于自身的实际情况，兼顾传统产业与新兴产业的发展。

换个角度来说，我国应该开辟中国特色工业化道路，在实现传统产业升级的同时，也要积极布局高端领域，在产业发展过程中实现“质”的飞跃。我国探索具有中国特色的工业化发展道路，既要立足本国国情，又要着眼于全球制造业的总体发展趋势，在加快企业运营，缩短其发展进程的同时，保障社会就业率，提高企业整体的现代化水平。

第二节　“十三五”规划引领“中国制造”转型升级

一、把握制造业转型升级的大趋势

“十三五”是我国从工业化中后期走向工业化后期的关键5年。值得关注的是，与过去两次工业革命有很大的不同，我国作为一个拥有13亿人口的大国和全球最大的新兴经济体，是以一个积极参与者和推动者的姿态出现的。抓住新一轮科技革命的重大机遇，加快形成从“中国制造”走向“中国智造”新格局，我国有望到2020年初步完成从“工业革命2.0”向“工业革命3.0”的升级，并奠定“工业革命4.0”的重要基础。

“十二五”以来，国内传统制造业迎来转型升级的重要阶段，“互联网+”行动的开展，为企业新一轮的改革带来了机遇。身处其中的工业企业应该找准切入点，提高自身发展的科技化与现代化水平，争取在改革中把握时间优势，通过自身发展带动整个行业乃至国家经济的发展与进步，缩小我国与西方发达国家之间的差距。

（一）制造业数字化革命的大趋势

第一，传统制造业开始进入数字化发展时期。“工业革命4.0”的概念诞生于2013年的德国，以制造业向数字化转型为代表。美国及部分欧洲国家主张实施“再工业化”，旨在依托先进的数字技术提高制造业的附加值。

第二，在电子信息产品生产上，中国的生产规模超出其他任何一个国家，不仅如此，中国市场消费量同样在世界范围内居于前列且处于持续性增长状态。在全球互联网企业最具实力的前十名中，我国占据四席，分别是阿里巴巴、腾讯、百度与京东。其中，阿里巴巴于2014年在美国成功上市，其规模超过了世界其他移动电商企业，在所有互联网企业中，仅居于排名第一的谷歌之后。未来，中国一定会参与到“工业革命4.0”中，通过自身努力带动整个行业的转型与升级。

第三，国内制造业数字化的发展前景十分广阔。中国于2011年成功制造了世界最大的3D激光打印机。中国工业机器的销售规模到2013年时达到3.7万台，市场需求量在世界居于榜首之位。2015年中国工业机器人的销售量达6.67万台，在全球市场所占比重达25%以上。

（二）制造业服务化革命的大趋势

第一，提高服务项目在制造业中的比重，促进国家整体经济发展水平的提高。在制造业价值链上，利润空间大的环节被西方发达国家占据，这类企业能够通过提供服务增加产品的价值含量。对西方发达国家而言，服务业增加值对国内生产总值的贡献率达到七成，而在服务业中，生产性服务业的贡献率同样达到七成，这都得益于制造业对服务项目的重视。

第二，生产性服务业的发展能够有效推进“工业革命3.0”的展开。例如，有的地区试图大范围推行太阳能光伏发电系统，对用户而言，他们最看重的是相关的服务。在具体推行过程中，企业需要依托技术力量完善自身服务体系，聚焦于产品研发与营销推广，从消费者的角度来考虑产品使用过程中的各种问题。

第三，生产性服务业的发展将有效促进“工业革命 4.0”的开展。在应用大数据的基础上对传统信息服务业进行升级，打造完善的智能生产系统，对企业的生产实施精细化管理，逐步提高企业整体发展的现代化水平。

二、实现工业与服务业的深度融合

2015—2020 年，中国工业将趋向于智能化方向的发展与转型，身处其中的制造业应该把握住“互联网 +”的机遇，积极推进自身的改革。为此，企业应该实现工业与服务业之间的深度结合，从根本上推动生产性服务业的发展，提高企业的现代化与智能化水平，使其与国际市场接轨。

（一）实质性提升生产性服务业水平

传统制造业应该认识到生产性服务业的重要性，并在发展过程中通过提升生产性服务业的占比来完善自身的产业结构。2016—2020 年（“十三五”规划期间），国家相关部门应该制订明确的发展计划，将生产性服务业在总体服务业中的比重提高到 20%，将其在国内生产总值中的比重提高到 15% ～ 25%，并出台针对生产性服务业发展的战略方针，在促进其规模壮大的同时，逐步完善生产性服务业的组成方式。

（二）实现制造业信息化、服务化

第一，利用“互联网 +”促进制造业转型。在战略层面，通过先进技术的应用提高传统工业的信息化水平，促进新兴产业的发展。与此同时，工业企业在运营过程中应积极应用云计算、大数据等先进技术手段，争取到 2020 年实现数字化技术在国内制造领域的广泛应用，通过数控技术进行机械产品的生产，不断提高整体运营的智能化与现代化水平。

第二，推动传统制造业向服务化方向发展。完善生产性服务业的组成方式，在科技服务业、物流业、信息服务业、商业服务业的发展过程中充分发挥大数据的优势，促进不同企业间的合作，通过在长三角、珠三角、京津冀等地区建设产业园区发展集群式的生产性服务业，从整体上提高该领域的专业化水平，进而促进传统制造业的升级，推动传统制造业向服务化方向发展。

（三）推动制造业的全球化布局

第一，在发展过程中，制造业要在新兴经济体国家进行海外市场拓展。通过与新兴经济体国家合作，降低制造业在整体运营过程中的成本消耗，为我国制造业的发展创造更多的机会。例如，在“一带一路”倡议影响下，国内高端制造业积极向中亚、东盟地区拓展，并联合其他国家共同进行基础设施建设。

第二，在发达国家进行海外市场的拓展。当国内制造业具备足够的实力条件时，可以尝试采取并购策略，实现优势资源与技术力量的整合，引进更多优秀人才，在营销环节获得当地的资源支持，在加强国内制造业技术建设的同时，在世界工业价值体系中占据更加重要的地位。

第三，在世界范围展开布局。通过在海外国家建立跨国公司，打造跨国生产体系，为海外公司的营销提供各项支撑，优化国内制造业在世界各地的资源配置，拓宽国内制造业的经营范围。据统计，2016 年，世界五百强企业中有 110 家中国企业，到 2020 年，争取在原有基础上再增加 40 家。

三、能源互联网驱动新兴产业崛起

2016—2020 年，国内的工业化革命将进一步展开并进入关键时期。在发达国家的带领下，工业革命在世界各地蔓延开来，许多国家加入“工业革命 3.0”及“工业革命 4.0”的行列中。在“工业革命 1.0”“工业革命 2.0”时代，中国的革命开展进度远远落后于西方发达国家。相比之下，在此次从“中国制造”向“中国智造”转型的过程中，中国主动进行工业革命道路的探索，如果计划实施顺利，我国到 2020 年将有可能实现向“工业革命 3.0”转型，并为今后的革命开展做好铺垫。

2011—2015 年，国内工业企业依靠先进的技术手段，借助互联网平台的优势，纷纷加入革命行业中。在具体改革过程中，新能源与互联网行业走向融合，制造业也呈现出新的发展特点。这里主要对其总体发展走向进行梳理。

（一）能源互联网革命的大趋势

第一，世界迎来“工业革命 3.0”时代，中国则进入了工业化中后期。“工业革命 3.0”的理论诞生于 2008 年全球经济危机之后，源自以美国为代表的西方发达国家，这一理论的实施为国家的整体工业化升级做好了铺垫。对前两次工业革命的特征进行分析可知，第一次工业革命以蒸汽机的发明为代表，第二次工业革命则以电力的广泛应用为特征。“工业革命 3.0”最具代表性的是新能源与互联网之间的连接。在此次革命开展过程中，越来越多的工业企业将逐渐摒弃传统化石能源，改为使用新能源，如太阳能、天然气等，随之而来的是国内企业的生产及运营将呈现出新的特点，国内的整体工业布局也会受到影响。

第二，在新能源与互联网的结合发展方面，中国的优势十分明显。如今，中国不仅是太阳能资源大国，对新能源汽车的需求量也在不断提高。在对国家的新能源发展实力进行评估时，新能源工业贸易竞争指数是重要的参考数据。我国的新能源工业贸易竞争指数排名位于丹麦之后，居于亚军，比德国、西班牙、瑞典等国稍高一筹，表明中国在这方面具备一定优势。

第三，到2020年，中国的能源互联网发展可能超越其他国家。互联网的规模优势能降低新能源利用的平均成本，从而鼓励更多企业用新能源代替传统能源。

（二）实现从"工业2.0"向"工业3.0"的升级

第一，通过向"工业革命3.0"升级来提高空气质量。传统工业不仅要打造循环经济系统、减少在生产及运营过程中的环境污染，还要从根本上对传统的能源组成方式进行调整。根据国务院发布的《国家应对气候变化规划（2014—2020年）》，与2005年相比，到2020年实现单位国内生产总值二氧化碳排放比2005年下降40%～45%，同时提高清洁能源、非化石能源的比重，将"绿色制造"的理念渗透到整个工业领域。

第二，在新能源发展过程中，建设完整的产业链体系。不断推动新能源发电系统的应用，提高新能源汽车的研发水平，在"十三五"期间，要加大对新能源汽车相关基础设施建设的投资，不断扩大新能源汽车在交通运输行业的应用范围，用新能源汽车代替传统交通工具，减少传统能源消耗带来的环境污染。

第三，将新能源与互联网行业的发展结合起来，在发展新能源的同时，发挥互联网的连接作用，实现各个新能源体系之间的协同，利用太阳能、风能及其他新型能源发电，并在全国范围内推行。

（三）奠定"工业4.0"的重要基础

第一，提高自主创新能力。为科技的发展与创新提供足够的资金支持，围绕企业发展所需，打造完善的科技创新系统，推动先进科学技术在各行各业的应用，通过科技创新推动传统工业的转型与升级，促进整体经济的发展。

第二，促进国内新兴产业与制造业的发展，争取与国际先进水平接轨。在发展新兴产业的过程中，要注重在产品设计及研发、物流环节、营销环节的投资与建设，提高整体产业发展的价值含量，在积极拓展海外市场的同时，要向发达国家学习先进科技，更要不断提高自主创新能力，掌握关键技术，不断提高自有品牌的影响力。

第三，如今，我国的互联网用户数量已居于全球首位，在此基础上，传统制造业应借助大数据及其他先进技术的应用实现自身转型，不断提高企业的信息化及现代化水平，缩小与发达国家之间的差距，向"工业革命4.0"时代前进。现如今，国内的新能源开发、3D 打印等部分创新型企业已站在世界发展前列，能够带动其他企业的发展，促进新一轮革命的展开。

四、“十三五”规划下的战略升级

在“十三五”期间，要积极实现“中国制造”向“中国智造”的升级，积极参与工业革命，发挥国内制造业的推动作用，带动国家整体经济的发展与飞跃。

（一）通过大数据、云计算、物联网、移动互联网等改造传统产业

第一，对云计算、大数据、物联网、移动互联网的潜力进行发掘。在“十三五”规划期间，要发挥云计算、大数据、物联网、移动互联网对传统产业升级的推动作用，制定对应的战略措施，促进应用与实践。

第二，通过智慧城市的发展带动传统产业升级。在信息技术高速发展的今天，科技力量逐渐渗透到生产、生活的方方面面，城市地区的现代化建设水平也在不断提高。在“十三五”规划期间，应该大力促进智慧城市的形成与发展，将其纳入国家的宏观发展战略中，通过建设智慧城市带动传统产业升级。

第三，推动传统产业与云计算、大数据、物联网、移动互联网之间的深度结合。促进工业互联网的发展，实现制造业与互联网行业之间的合作，通过信息资源的共享将分散在各家企业的信息集中起来，实现企业之间的信息互动，通过云计算、大数据、物联网、移动互联网的应用为制造业的升级提供更多支持。

（二）以新能源与互联网融合发展为重点发展战略性新兴产业

第一，在参与“工业革命 3.0”的过程中，要对智能电网的价值有充分的认识，通过智能电网的建设有效促进革命的开展。要利用太阳能、风能等逐渐代替传统能源进行发电，并发挥智能电网的平台支持作用。通过不断提高新能源发电技术、现代化储能技术，再加上智能电网的应用，将太阳能、风能及其他新能源转化之后的电能进行产业化运作，提高电源利用的持续性与稳定性。西方发达国家在认识到智能电网的关键性作用之后，将智能电网的建设提升到全局性战略层面，通过建设与完善智能电网提升战略性新兴产业。

第二，相关政府部门要加快制定智能电网相关的落实政策。将新能源的开发与智能电网的建设联系起来，在此基础上推动新型发电基地的建设，提高能源资源的利用率。在建设智能电网的过程中，要与新兴产业的发展进度相适应，在积极实现工业转型与升级的同时，为新兴产业做好方向指引，减少企业承担的风险。

同时，要在物联网、互联网发展时做好配合，加强对微电网技术研发的投资，通过平台化服务运营，推动新能源发电系统的普遍应用。

（三）以国内市场需求为导向布局智能制造业

第一，通过发展机器人产业，提高智能制造装备行业的运营效率。在今后的发展过程中，要持续保持智能制造装备行业的快速发展状态，就要增加机器人的供给。产业研究院发布的《2017—2022年中国工业机器人行业产销需求预测与转型升级分析报告》指出，国内机器人市场销量在2015年达75000台以上。以机器人供给年增长25%来计算，到2021年时，国内工业机器人年供给量将达到28.6万台。

第二，着力打造本土化的工业机器人品牌。虽然我国对工业机器人的需求量在世界上居于首位，但大多数工业机器人都是西方发达国家提供的。除了欧美国家以外，日本也是工业机器人供应商的集中分布地区，实力型工业机器人供应商ABB、KUKA、FANUC、YASKAWA在国内市场所占比重达六成以上。在今后的发展过程中，要加速机器人产业链的建设，为技术研发提供足够的支持，打造本土工业机器人品牌，形成完善的机器人产业链。

第三，扩大智能可穿戴设备在医疗及健康产业的应用范围。可穿戴设备的诞生与发展，能够体现出大数据在制造业中的渗透。国内的健康产业市场规模不断壮大，对可穿戴设备的需求量也在不断提升。智能可穿戴设备在医疗行业中的应用，拥有广阔的发展前景，为了拓宽其应用范围，相关政府部门应该抓紧时间，建立专业的检测部门，制定可穿戴装备的审核标准，为企业生产高质量的产品提供规范性保障，避免在可穿戴设备行业发展过程中出现严重的质量问题，导致市场秩序混乱。

第四，以3D打印机为主导，在智能制造业展开布局。3D打印技术的诞生，从本质上对传统技术进行了革新。除了能够满足客户的个性化需求之外，还能根据企业的发展需求随时进行调整，为制造业的发展开拓新思路。为了促进该技术的发展与应用，相关部门应对其技术发展方向进行规定，为产业发展提供足够的资金支持，同时要加强对3D打印软件、相关设备、制作技艺等的研究与开发，促进3D打印技术在其他行业中的应用与实践，推动智能制造业的发展。

（四）以创新驱动为目标打造产业园区升级版

第一，通过产业园区的建设与发展带动整体经济的进步。同济大学发展研究院研究发布的《2016中国产业园区持续发展蓝皮书》指出，2015年，国家经济技术开发区与高新技术产业区实现的国内生产总值，在我国国内生产总值中的贡献率达到25%，同年年底，我国的国家级产业园区达520家，2015年增加的国家级产业园区达32家，其中有31家为高新区。产业园区的经济发展能够为国家整体经济发展注入活力，并有效提升国家的税收总量，增加外汇收入。

第二，通过生产性服务业的发展，提高产业园区的创新发展能力。立足于全球范围内来分析，要促进产业园区的发展，就要发挥生产性服务业的规模效应，以中关村为例，正是因为该地区集中分布了众多生产性服务企业，才促进了当地产业园区的发展。为此，产业园区在发展过程中，应该突破传统思维模式的限制，大力促进信息技术服务、物流配送服务、金融服务和节能环保服务等生产性服务业的发展，为其提供支持与帮助。

第三，通过产业园区的发展，为产业创新提供支撑。产业园区为国内的创新实践及应用提供了平台，应通过提高产业园区的整体发展水平提高企业的自主创新能力。为此，国家相关部门应该出台相应的政策，完善体制建设，在参与工业革命的过程中，改革传统的产业结构，明确其发展方向。国家应该在战略层面对产业园区的未来走向进行指导，针对其具体情况实施有效措施，提高整体发展水平。

第三节 “一带一路”倡议推动制造业转型

一、我国“一带一路”的战略构想

从2013年习近平总书记提出“一带一路”倡议以来，这一有机结合我国与区域乃至全球经济发展的宏伟战略构想便受到各方的广泛关注和积极参与，并逐渐改变了现有的全球经济发展格局。例如，美国退出TPP协定（Trans-Pacific Partnership Agreement，跨太平洋伙伴关系协定），向我国派出“一带一路”代表团。

随着近几年“一带一路”建设的快速推进，沿线区域合作在深度、广度方面取得了斐然的发展成果。2017年5月，北京举行的“一带一路”国际合作高峰论坛上，达成了76大项、270多项具体合作成果，覆盖政策沟通、设施联通、贸易畅通、资金融通、民心相通“五通”工程各个方面。

“一带一路”建设要以“五通”为目标引导，以点带面、从线到片地逐步推动区域经济要素合理自由流动，实现区域资源要素的优化配置和高效利用，深化不同市场间的有机融合，从而实现区域经济一体化。

“一带一路”是放眼全球提出的推动经济更好、更快发展的宏伟战略构想，是在经济全球化和区域经济一体化不断深化、新一轮技术与产业革命引发全球经济格局深刻变革、沿线各国处于经济转型升级关键期的背景下，统筹国内、国际两个大局做出的重大战略决策。

“一带一路”倡议构想的提出，有利于深化新时代我国经济的对外开放水平，激发区域经济活力，满足沿线各国的发展需求，打造优势互补、合作共赢的“命运共同体”，拓展更多的发展机遇和空间。

同时，“一带一路”倡议构想也是对国际社会上出现的“中国威胁论”的有力反驳：“一带一路”是以平等、包容、理解、合作、共赢等精神为基础的，非但不会因本国发展而损害他国利益，还会通过构建优势互补、互惠合作的“利益共同体”实现共同发展繁荣。

2014 年 6 月 5 日，习近平在中阿合作论坛第六届部长级会议上提出：中阿双方要以共建“丝绸之路经济带”和“21 世纪海上丝绸之路”为契机，在“丝路精神”的指引下不断深化各方面的合作，构建互惠互利、共同发展的全新战略合作关系。

“一带一路”倡议构想不是一个封闭的体系，而是基于开放包容、互利共赢理念的经济合作蓝图，因而其范围并不局限于沿线国家和地区，任何有意愿的经济体都可以参与进来共同建设、共同发展。这使“一带一路”倡议构想拥有了更大的发展活力和无限广阔的想象空间。

从当前全球经济发展格局与态势来看，亚洲地区已成为世界经济增长的主要引擎，是推动经济全球化的中坚力量。这一背景下，我国提出的“一带一路”倡议构想不仅顺应了时代潮流，也是对如何凝聚亚洲各国的共识与力量、打造“利益共同体”和“命运共同体”、实现和平发展与共同发展等问题深刻思考的结果。

经过几年的推广建设，“一带一路”倡议构想已获得世界各国的普遍认同，并吸引着越来越多的国家和经济体参与进来。在“丝路精神”指引下，一条横贯东西、互利共赢的宏伟发展蓝图正铺展开来，并不断拓展覆盖范围，惠及更多地区和人民，从而打通了“中国梦”与“世界梦”，实现各国的共同发展与繁荣。

从我国经济发展的角度来看，“一带一路”倡议是新常态下我国构建更高水平对外开放格局、推动我国经济全面深度融入全球经济、提升我国经济世界影响力的重要路径，也为我国整体产业结构的转型升级提供了更多契机和空间。例如，“一带一路”建设追求的“五通”目标，已超出单纯的经贸合作投资范畴，覆盖到民航通信、检验检疫、文化交流、科技创新、新闻合作等诸多领域。

这种多领域、全方位的合作也为“一带一路”建设拓展了更大的想象空间。相关数据显示，2014—2016年，我国对“一带一路”沿线国家的投资规模超过500亿美元，预计未来5年内的投资总规模将达到1500亿美元。

二、对接“一带一路”与智能制造

近些年，我国制造产业加速升级，“中国制造”正从以往低端的服饰鞋帽转向高铁、核电、工程机械、高端海洋工程等领域。同时，我国的航空航天、卫星通信等高新技术领域也发展强劲。

基于此，我国在2015年提出了“中国制造2025”制造强国战略十年行动纲要，通过五大工程（制造业创新中心建设工程、强化基础工程、智能制造工程、绿色制造工程、高端装备创新工程）和信息技术、高档数控车床、先进轨道交通等十大重点领域的发展建设，推动传统制造业的智能化转型升级，提高我国制造业国际竞争力。

“一带一路”建设则能为“中国制造2025”战略的实施落地提供更大的市场空间和机遇。“一带一路”沿线多数国家工业化水平相对滞后，对基础设施建设、矿产资源开采技术与设备、通信互联技术等有着迫切需求，从而为我国高铁、航空航天、电力装备、海洋工程等产业领域“走出去”进行国际装备制造合作提供了更多机会和市场空间。

因此，我国装备制造企业要积极发掘并抓住“一带一路”建设带来的众多机遇，为高端装备“走出去”拓展更大的市场空间；加快从产品输出向技术输出转型，提升高端制造业的市场形象和竞争力，以在国际产业价值链中占据优势。

我国成功的发展经验表明：工业园区建设是吸引资金、资源、技术、人才、信息，实现产业集聚和集约，获取规模效益的有效路径。这一成功模式也被应用到“一带一路”建设中。相关数据显示，截至2017年3月，我国企业在“一带一路”沿线20个国家建立了56个经贸合作产业园区，投资规模超过180亿美元。

将成熟的产业园区运作经验应用到“一带一路”建设中，加快布局自贸区，打造产业深度广泛合作的多种类型的海外经济合作园区，从而既充分满足沿线国家的产业化发展需求，又促进我国制造产业产品、技术、经验、模式等的顺利输出。

政策层面，要不断深化与沿线国家的自贸区建设，鼓励地方政府和产业园区在沿线国家建立产业园区试点，使产业合作园区成为我国产品、产业和技术输出的重要渠道。

操作层面，应充分发挥我国的资本与技术优势，精准对接沿线国家或地区的产业发展需求，创新对外投资与合作模式，打造海外经济合作园区。鼓励国内产业园区积极“走出去”，将自身成熟的发展理念、管理模式、体制机制、人才队伍建设等应用到境外产业园区建设中，并依托境外产业园区与沿线国家开展各种项目合作，最终实现通过价值链布局产业链，依托产业链建设产业园区，以园区经济拓展深化跨国产业合作的创新发展形态。

三、“一带一路”引领制造业转型

“一带一路”作为一种对外开放新战略，是以我国产业转型升级、整体经济处于关键拐点期的新常态为背景的。因此，我国在推动传统制造向智能制造转型升级时，不仅要从国内角度考虑制造产业的变革升级问题，也要紧紧抓住“一带一路”建设带来的巨大区域市场空间和发展机遇。

一方面，经过几十年的高速发展，我国工业产业已从单纯的技术引进、学习模仿走向注重自主创新的发展阶段，具备了一定的产业对外输出能力；另一方面，长期不合理发展又使我国工业制造业面临着产能过剩、供需结构失衡等诸多问题。

因此，我国应积极学习发达国家的海外投资经验，借助“一带一路”建设带来的巨大市场机遇和空间，积极在沿线国家进行资本、资源、劳动密集型产业的投资布局，从而满足这些工业落后国家的产业发展需求，加快国内产业转型升级和“走出去”步伐。

从具体的行业领域来看，我国的工业原料、机械、建筑工程等领域处于世界领先水平，且在国内已处于饱和状态。“一带一路”建设为这些行业过剩产能的输出提供了巨大的市场空间。不过，由于沿线国家经济、政治、文化等方面的巨大差异，我国在进行过剩产能转移输出时必须高度重视防范和化解政策、管理、环保等各种风险。

制造业项目规模大、建设周期长，需要较为稳定的政治环境和连贯的政策支持。然而，“一带一路”沿线国家多是国际纠纷与冲突多发地带，对外是世界大国的博弈“战场”，对内则存在政权交替频繁、民族宗教矛盾突出等问题。

我国企业在这些地区进行投资建设时必须具有高度风险控制意识，努力获得东道国政府的认可与政策支持，尽量避免因政局和政策变动造成项目失败。例如，韩国钢铁企业浦项在 2013 年 7 月退出了在印度卡纳塔克邦地区投资的年产能 600 万吨的矿山开采项目，主要原因就是该地区在土地、铁矿山开采等方面政策变动频繁，导致这一项目拖延了 8 年时间仍未完成。

“一带一路”沿线涉及众多民族，其文化、语言和宗教信仰均不同，从而对海外项目的日常运营管理提出了更大挑战。我国企业在对沿线国家和地区进行投资时，不能局限于资源、市场、直接成本、税收优惠政策等“硬”环境的考察，还要充分考虑地区文化、宗教信仰等“软”环境，不断提升处理不同地区劳资关系、宗教信仰等问题的能力。

“一带一路”沿线国家的经济发展水平大多相对滞后，生态环境保护方面的法律、法规体系并不健全。不过，随着各国经济发展水平的提高和对生态环境问题的不断重视，相关的环保法律、法规必将日益完善。这就要求我国企业在这些地区进行投资布局时应具有前瞻性的长远眼光，在项目生产运营之初就高度重视环保问题，避免因东道国环保要求提高而投入大量资金升级环保设备等高成本风险。

第二章　关于智能制造的基本解读

第一节　智能制造的概念与特征

智能制造始于20世纪80年代人工智能在制造业领域中的应用，发展于20世纪90年代智能制造技术和智能制造系统的提出，成熟于21世纪基于信息技术的"Intelligent Manufacturing（智能制造）"的发展。它将智能技术、网络技术和制造技术等应用于产品管理和服务的全过程中，并能在产品的制造过程中分析、推理、感知等，满足产品的动态需求。它也改变了制造业中的生产方式、人机关系和商业模式。因此，智能制造不是简单的技术突破，也不是简单的传统产业改造，而是通信技术和制造业的深度融合、创新集成。

一、国内外对智能制造的理解

（一）美国

1. 定义

2011年6月，美国智能制造领导联盟（Smart Manufacturing Leadership Coalition，SMLC）发表了《实施21世纪智能制造》报告，指出智能制造是先进智能系统强化应用、新产品快速制造、产品需求动态响应，以及工业生产和供应链网络实时优化的制造。其核心技术是网络化传感器、数据互操作性、多尺度动态建模与仿真、智能自动化以及可扩展的多层次网络安全。融合从工厂到供应链的所有制造，并使得对固定资产、过程和资源的虚拟追踪横跨整个产品的生命周期。

结果将是在一个柔性的、敏捷的、创新的制造环境中，优化性能和效率，并且使业务与制造过程有效地串联在一起。美国智能制造企业的框架如图 2-1 所示。

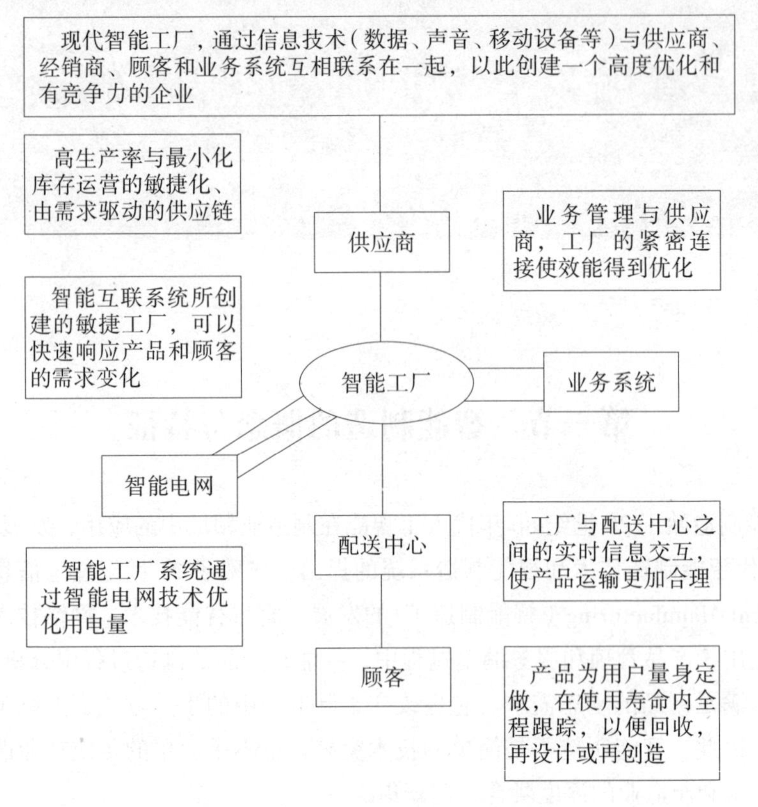

图 2-1 美国智能制造企业的框架

2014 年 2 月，美国国防部牵头成立了“数字制造与设计创新机构”（简称“数字制造”，Digital Manufacturing）；2014 年 12 月，美国能源部宣布牵头筹建“清洁能源制造创新机构之智能制造”（简称“智能制造”，Smart Manufacturing）。两个部门针对不同的侧重点对智能制造技术及内涵展开研究。

2014 年 12 月，美国政府建立了国家制造创新网络中的第 8 个创新机构，即“智能制造创新研究院”，该研究院由能源部牵头组织建设，能源部给智能制造下的定义是，智能制造是先进传感、仪器、监测、控制和过程优化的技术和实践的组合，它们将信息和通信技术与制造环境融合在一起，实现工厂和企业中能量、生产率、成本的实时管理。智能制造需要实现的目标有四个：产品的智能化、生产的自动化、信息流和物资流合一、价值链同步。

2. 内涵

从智能制造创新研究部门对智能制造给出的定义和智能制造要实现的目标来看，传感技术、测试技术、信息技术、数控技术、数据库技术、数据采集与处理技术、互联网技术、人工智能技术、生产管理等与产品生产全生命周期相关的先进技术均是智能制造的技术内涵。智能制造以智能工厂的形式呈现。

数字制造部门对智能制造发展的侧重点是通过基于计算机的集成系统（由仿真、三维可视化、分析学和各类协同工具组成），将设计、制造、保障和报废系统的要求进行连接，完善整条全生命周期与价值链的“数字线”。在实施设计时，综合利用智能传感器、控制器和软件来提升保障性，同时考虑系统的安全性。

智能制造部门对智能制造发展的侧重点是将其用于高能效制造工艺的耐用传感器、控制和性能优化算法、高逼真建模与仿真技术，将其用于技术集成的开源平台——集成所有制造过程中的清洁能源和高能效应用、能量优化的控制与决策支持、原料和运行资源等。智能制造特别关注以一种环保和优化生产率的方式，降低选定制造工艺的能耗。总目标是减少生命周期能源使用，增加能源生产率，提升地区经济、就业以及本土生产，保障美国制造的竞争力。

综合数字制造部门和智能制造部门对智能制造概念的理解及应用情况，可用图 2-2 来进行表示。

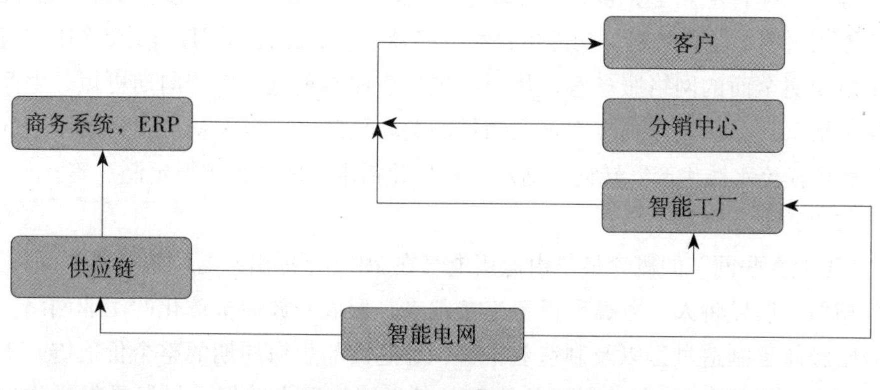

相连的供应链	优化的生产	可持续的生产	高能效	安全生产
• 敏捷 • 需求驱动 • 原材料到产品	• 资产效用 / 零停工时间 • 质量 / 零缺陷 • 可靠的结果	• 高价值产品 • 决策数据 • 产品全生命周期管理	• 低排放 • 低能耗 • 绿色创造	• 更安全 • 更少事故 • 对用户更友好

图 2-2　美国提出的“智能制造”概念

除了美国政府部门外，美国企业、学术界也对智能制造的内涵做了深入的研究，其中影响最大的是近期的“第三次工业革命”与“工业互联网”概念。

（1）第三次工业革命

1994年，美国未来学家杰里米·里夫金首次提出“第三次工业革命”，并在2011年出版的专著《第三次工业革命》中系统阐述了“第三次工业革命”的概念。所谓“第三次工业革命”的核心内容就是借助互联网、新存储等技术，开发、搜集、应用可再生能源，其关键词是“向可再生能源转型”以及节能、低碳、绿色经济、可持续发展。杰里米·里夫金指出第三次工业革命是新能源技术和新通信技术的出现以及新能源和新通信技术融合的技术革命，并根据“第三次工业革命”的内涵提出了“五大支柱”说：

①向可再生能源转型；

②将建筑物转化为微型发电厂，以便就地搜集可再生能源；

③在每一栋建筑物及基础设施中使用氢和其他存储技术，以存储间歇式能源；

④利用互联网技术将每一大洲的电力网转化为能源共享网络，其工作原理类似于互联网；

⑤将运输工具转变为插电式以及燃料电池动力车。

以制造业“数字化”为标志的“第三次工业革命”表现在大量高新技术“聚合发酵”和综合应用上，包括“更聪慧”的软件、“更神奇”（质量更轻、强度更高、更加耐用）的新材料、功能更强大的机器人、更完美的程序设计、“3D”打印技术以及更全面的网络服务等，从而实现生产成本更低、生产周期更短、生产过程更灵活、产品从设计到生产再到销售的关联更紧密，以及从“福特制”下的传统“大规模流水线生产”转向更适应“个性化需求”的“大规模定制”等。

（2）工业互联网

“工业互联网”的概念最早由通用电气在2012年提出，与“工业4.0”的基本理念相似，倡导将人、数据和机器连接起来，形成开放而全球化的工业网络，其内涵已经超越制造过程以及制造业本身，跨越产品生命周期的整个价值链。工业互联网和“工业4.0”相比，更加注重软件、网络和大数据，目标是促进物理系统和数字系统的融合，实现通信、控制和计算的融合，营造一个信息物理系统的环境。

工业互联网系统由智能设备、智能系统和智能决策三大核心要素构成，涉及数据流、硬件、软件和智能的交互。将智能设备和网络收集的数据存储之后，利用大数据分析工具进行数据分析和可视化，由此产生的“智能信息”可以供决策者在必要时进行实时判断处理，使其成为大范围工业系统中工业资产优化战略决策过程的一部分。

①智能设备：将信息技术嵌入装备中，使装备成为可智能互联的产品。为工业机器提供数字化仪表是工业互联网革命的第一步，机器和机器交互将更加智能化，这得益于以下三个要素：一是部署成本，仪器仪表的成本已大幅下降，从而有可能以一个比过去更经济的方式装备和监测工业机器；二是微处理器芯片的计算能力，微处理器芯片的持续发展已经达到了一个转折点，即机器拥有数字智能成为可能；三是高级分析，“大数据”软件工具和分析技术的进展为了解由智能设备产生的大规模数据提供了手段。

②智能系统：设备互联形成的一个系统。智能系统包括各种传统的网络系统，但广义的定义包括部署在机组和网络中并广泛结合的机器仪表和软件。随着越来越多的机器和设备加入工业互联网，可以实现跨越整个机组和网络的机器仪表的协同效应。智能系统的构建整合了广泛部署智能设备的优点，当越来越多的机器连接在一个系统中，久而久之，结果将是系统不断扩大并能自主学习，而且越来越智能化。

③智能决策：大数据和互联网基础上的实时判断处理。当从智能设备和系统收集到了足够的信息来促进数据驱动型学习的时候，智能决策就发生了，从而使一个小机组网络层的操作功能由运营商传输到数字安全系统。

对比“第三次工业革命”与工业互联网，前者主要是由学术界提出的，比较侧重对未来发展的设想与预测，且不局限于制造业领域，更多的是从经济学、生态学、社会学角度进行思考，视角更为宏观，但不涉及具体制造业发展计划。工业互联网的概念首先由工业界提出，从开始之初，就是作为具体的智能制造发展规划被设计，具有很强的可执行性。

3. 特征

通过美国政府部门、企业界和学术界对智能制造的论述，可以总结出智能制造的五大特点：

（1）新能源革命：即“向可再生能源转型”，寻求生产过程节能、低碳、高效之道。使用纳米技术和钠、钾等低成本材料，生产出成本低、耐用性高、可充电数十万次的大功率蓄电池，用以解决太阳能、风能储存问题，促进太阳能、风能开发，并满足运输工具转向插电式或燃料动力电池车的技术需求，促使世界加速向“后石油经济时代”过渡。

（2）新材料革命：制造业广泛采用新型复合材料和纳米材料。这些新材料的强度、质量、性能均优于传统材料，而且适用性强、成本低。

（3）新农业革命：首推“垂直农场”和“垂直农业”，即在消费地附近建立一层层叠加的摩天大楼式温室，种植各种农作物，以解决水、旱、虫灾及高温、酷寒等难题，节省水电资源和劳动力成本，实现农业高效、高产，并消除农产品传统上须从产地向消费地长途运输的“麻烦”。美国大西洋理事会特别强调转基因工程的重要性，认为转基因工程正处在“婴儿时期”，未来必然要大发展、更成熟、更普及。

（4）新信息技术革命：主要是设计、生产、销售等借助网络信息技术全面数字化、智能化，互联网成为设计、生产、贸易、信息以及各种新技术交流的关键性平台与渠道，同时也构成经济、社会发展的新基础，从而深刻改变人类生产、生活方式。

（5）制造业“数字化”革命：主要是生产、制造快速成型等，尤其是以3D打印机为代表的新型生产设备，可使产品从设计到生产再到销售的全过程一体化，简化流程、降低成本，并大大缩短生产周期和运送距离，使产品由大工业时代的“大规模生产”转向“大规模定制”，以适应消费者“个性化”需求，并能在世界各地“就地设计、就地生产、就地销售”，这可能导致第一次工业革命以来、历时两个多世纪的“大规模工厂制”逐步被淘汰。

（二）欧洲

1. 定义

在欧洲各国的智能制造发展战略中，德国2013年4月在汉诺威工业博览会上正式推出的“工业4.0”战略最为典型和完善。德国对智能制造的理解也是一个逐步深化的过程。在2013年推出“工业4.0”战略时，对“工业4.0”还没有严格的定义，只是使用描述性的语言概括了“工业4.0”的特征。“工业4.0”将使得生产资源形成一个循环网络，使得生产资源具有自主性、可自我调节以应对不同的形势、可自我配置等。“工业4.0”的智能产品具有独特的可识别性，可以在任何时候被分辨出来。“工业4.0”将可能使有特殊产品特性需求的客户直接参与到产品设计、生产、销售、运作和回收的各个阶段。“工业4.0”的实施将使企业员工可以根据形势和环境敏感的目标来控制、调节和配置智能制造网络和生产步骤。

2015年4月，德国“工业4.0”平台发布的《工业4.0战略计划实施》报告则对“工业4.0”进行了较为严格的定义：

“工业4.0”概念表示第四次工业革命，它意味着在产品生命周期内对整个价值创造链的组织和控制迈上新台阶，意味着从创意、订单，到研发、生产、终端客户产品交付，再到废物循环利用，包括与之紧密联系的各服务行业，在各个阶段都能更好地满足日益个性化的客户需求。所有参与价值创造的相关实体形成网络，获得随时从数据中创造最大价值流的能力，从而实现所有相关信息的实时共享。以此为基础，通过人、物和系统的连接，实现企业价值网络的动态建立、实时优化和自组织，根据不同的标准对成本、效率和能耗进行优化。

2. 内涵

随着计算机信息处理和传递速度的提高，机器和设备智能化水平提升，工厂的管理日趋数字化。由此可知“工业 4.0”的内涵就是数字化、智能化、人性化、绿色化，产品的大批量生产已经不能满足客户个性化订制的需求，要想使单件小批量生产能够达到大批量生产同样的效率和成本，需要构建可以生产高精密、高质量、个性化智能产品的智能工厂。“工业 4.0”的另一个内涵是分散网络化和信息物理的深度融合，由集中式控制向分散式增强型控制的基本模式转变。目标是建立一个高度灵活的个性化和数字化的产品与服务的生产模式。在这种模式中，传统的行业界限将消失，并会产生各种新的活动领域和合作形式。创造新价值的过程正在发生改变，产业链分工将被重组。德国学术界和产业界认为，“工业 4.0”的概念即为以智能制造为主导的第四次工业革命，或革命性的生产方法。

3. 特征

该战略旨在通过充分利用信息通信技术和网络空间虚拟系统相结合的手段，使制造业向智能化转型。其三大主题的特征如下。

（1）智能工厂：重点研究智能化生产系统及过程，以及网络化分布式生产设施的实现。

（2）智能生产：主要涉及整个企业的生产物流管理、人机互动以及 3D 技术在工业生产过程中的应用等。该计划将特别注重吸引中小企业参与，力图使中小企业成为新一代智能化生产技术的使用者和受益者，同时也成为先进工业生产技术的创造者和供应者。

（3）智能物流：主要通过互联网、物联网、务联网，整合物流资源，充分发挥现有物流资源供应方的效率，而需求方则能够快速获得服务匹配，得到物流支持。

（三）中国

1. 定义

20世纪90年代，中国开始研究智能制造，宋天虎认为智能制造在未来应该能对工作环境进行自动识别和判断，对现实工况做出快速反应，制造与人和社会的相互交流。杨叔子和吴波认为智能制造系统通过智能化和集成化的手段来增强制造系统的柔性和自组织能力，提高快速响应市场需求变化的能力。熊有伦等认为智能制造的本质是应用人工智能理论和技术解决制造中的问题，智能制造的支撑理论是制造知识和技能的表示、获取、推理，而如何挖掘、保存、传递、利用制造过程中长期积累下来的大量经验、技能和知识是现代企业急需解决的问题。中国机械工程学会在2011年出版的《中国机械工程技术路线图》一书中提出，智能制造是研究制造活动中的信息感知与分析、知识表达与学习、智能决策与执行的一门综合交叉技术，是实现知识属性和功能的必然手段。卢秉恒和李涤尘认为智能制造应具有感知、分析、推理、决策、控制等功能，是制造技术、信息技术和智能技术的深度融合。中国机械工业集团有限公司中央研究院副总工程师、中国机器人产业联盟专家委员会副主任郝玉认为，智能制造是能够自动感知和分析制造过程及制造装备的信息流与物流，能以先进的制造方式，自主控制制造过程的信息流和物流，实现制造过程自主优化运行，满足客户个性化需求的现代制造系统。智能制造的基本属性有三个：对信息流与物流的自动感知和分析；对制造过程信息流和物流的自主控制；对制造过程的自主优化运行。

在2015年工业和信息化部公布的“2015年智能制造试点示范专项行动”中，智能制造被定义为基于新一代信息技术，贯穿设计、生产、管理、服务等制造活动各个环节，具有信息深度自感知、智慧优化自决策、精准控制自执行等功能的先进制造过程、系统与模式的总称。具有以智能工厂为载体、以关键制造环节智能化为核心、以端到端数据流为基础、以网络互联为支撑等特征，可有效缩短产品研制周期，降低运营成本，提高生产效率，提升产品质量，降低资源能源消耗。

2. 内涵

中国要实施智能制造，必须坚持创新驱动、智能转型、强化基础、绿色发展。以此作为发展方针，推行数字化、网络化和智能化制造，提升产品的设计能力，完善制造业技术创新体系，强化制造基础，提升产品质量，推行绿色制造，培养具有全球竞争力的企业群体和优势产业，发展现代制造服务。

3. 特征

具体表现在以下几个方面。

（1）重视工业基础，拓宽知识口径：中国制造业落后，很大程度上是因为基础零部件、基础工艺、基础材料比较落后。在未来的现代化工厂中，无论是机械工程师还是普通的工人都必须具备良好的机械设计基础知识，对产品的每一个环节都必须严格把关，每一道工序都必须精益求精。

（2）结合数字网络，提升智能效率：中国要成为工业强国，必须改变传统模式，打造新型工业，从“中国制造”蜕变为“中国智造”，通过智能制造带动各个产业的数字化水平和智能化水平的提高。

（3）节约产业资源，保护生态环境：经济发展的最大制约就是环境和资源，中国作为世界第一制造大国，发展的质量和效益已经成为中心任务，在这方面，一个非常重要的工作就是要节约资源，保护环境。工业消耗占整个国家能源消耗的73%，在节能减排降耗、提高资源利用率方面有巨大的潜力和空间，要实施绿色制造工程来避免牺牲生态环境换取的工业繁荣。

（4）培养优势产业，高端装备创新：要实现工业强国，必须培养自己的优势产业，加快实施走出去战略，鼓励企业参与境外基础设施建设和产能合作，让“中国智造”造福世界。

二、智能制造与传统制造的异同

智能制造是一种由智能机器和人类专家共同组成的人机一体化智能系统，通过人与智能机器的合作共事，去扩大、延伸和部分取代人类专家在制造过程中的脑力劳动。它更新了制造自动化的概念，使其扩展到柔性化、智能化和高度集成化。智能制造与传统制造的异同主要体现在产品的设计、产品的加工、制造管理以及产品服务等几个方面，具体见表2-1。

表2-1　智能制造与传统制造的异同

分类	传统制造	智能制造	智能制造的影响
设计	·常规产品 ·面向功能需求设计 ·新产品周期长	·虚实结合的个性化设计，个性化产品 ·面向客户需求设计 ·数值化设计，周期短，可实时动态改变	·设计理念与使用价值观的改变 ·设计方式的改变 ·设计手段的改变 ·产品功能的改变

（续 表）

分类	传统制造	智能制造	智能制造的影响
加工	·加工过程按计划进行 ·半智能化加工与人工检测 ·生产高度集中组织 ·人机分离 ·减材加工成型方式	·加工过程柔性化，可实时调整 ·全过程智能化加工与在线实时监测 ·生产组织方式个性化 ·网络化过程实时跟踪 ·网络化人机交互与智能控制 ·减材、增材多种加工成型方式	·劳动对象变化 ·生产方式的改变 ·生产组织方式的改变 ·生产质量监控方式的改变 ·加工方法多样化 ·新材料、新工艺不断出现
管理	·人工管理为主 ·企业内管理	·计算机信息管理技术 ·机器与人交互指令管理 ·延伸到上下游企业	·管理对象变化 ·管理方式变化 ·管理手段变化 ·管理范围扩大
服务	产品本身	产品全生命周期	·服务对象范围扩大 ·服务方式变化 ·服务责任增大

三、智能制造解读

智能制造技术已成为制造业的发展趋势，得到工业发达国家的大力推广和应用。发展智能制造既符合制造业发展的内在要求，也是重塑各国制造业新优势、实现转型升级的必然选择。各国发展智能制造的趋势主要如下。

（1）数字化制造技术得到应用：数字化制造技术有可能改变未来产品的设计、销售和交付方式，使大规模定制和简单的设计成为可能，使制造业实现随时、随地按不同需要进行生产，并彻底改变自“福特时代”以来的传统制造业形态。

（2）智能制造技术创新及应用贯穿制造业全过程：智能制造技术的加速融合使得制造业的设计、制造、管理和服务等环节逐渐智能化，产生新一轮的制造业革命。

（3）世界范围内智能制造国家战略的空前高涨：主要体现在世界主要工业化发达国家提早布局，并且将智能制造作为重振制造业战略的重要抓手。

智能制造的特点主要体现在以下几个方面。

（一）“工业 4.0”不是无人工厂，人是“工业 4.0”的核心

智能工厂不是无人工厂。德国、美国、日本都是传统制造业强国，我国是制

造业大国，然而德国企业的实践证明，“工业 3.0”并不需要达到 100% 的自动化，未来工厂里人依然将发挥重要的控制和决策作用。人与机器和谐相处，人有丰富的经验和更高的灵活性，机器则在某些方面具有较好的一致性，人与机器各有所长，要充分发挥各自的长处。因此，建议中国企业将自动化程度提高到 70%~80% 作为“工业 3.0”的实现目标，但迈进思路要以智能制造业的理念为指导。

（二）要实现“工业 4.0”，首先要进行生产组织和工作流程的梳理

精益生产是通过系统结构、人员组织、运行方式和市场供求等方面的变革，使生产系统能很快适应用户需求的不断变化，并能使生产过程中一切无用、多余的东西被精简，最终达到包括市场供销在内的生产的各方面最好结果的一种生产管理方式。与传统的大生产方式不同，其特色是“多品种”“小批量”。

首先，不同的企业在行业特点上不尽相同，就拿流程行业和离散行业来说，对于流程行业，如化工、医药、金属等，一般偏好设备管理，如 TPM（Total Productive Maintenance），因为在流程型行业中需要运用一系列的特定设备，这些设备的运行状况极大地影响着产品的质量；而离散行业，如机械，电子等，LAYOUT、生产线的排布，以及工序都是影响生产效率和质量的重要因素。因此离散行业注重标准化、JIT（Just In Time）、看板以及零库存。

（三）人、机器、工件（产品）互联互通

传统生产模式下，车间内的信息交流只能发生在工人与设备以及工人与工人之间，工人只能与本工位机器或其上下道工位的工人进行信息交互。而在“工业 4.0”模式下，机器间可以直接通信，进行信息交互，人与机器间的通信结构为网状，大大提高了信息交互的效率，为个性化生产提供了可能。

（四）生产数据自动采集

利用各种检查和测试方法判断系统和设备是否存在故障的过程是故障检测，而进一步确定故障所在大致部位的过程是故障定位。故障检测和故障定位同属网络生存性范畴。要求把故障定位到实施修理时可更换的产品层次（可更换单位）的过程是故障隔离。故障诊断就是指故障检测和故障隔离的过程。

对采集到的生产数据运用大数据的分析方法进行分析，结合故障以及寿命预测算法，对设备的寿命进行预测分析。同时，可以通过对设备状态的检测实时了解设备的运行状态，为任务的动态调度提供依据。

（五）车间布局——消灭固定生产线

由原先的严格按照生产节拍的生产线生产模式改为具有高度灵活性和自主性的矩阵或网状的生产系统，从而达到消灭固定生产线的目的。

（六）实现个性化产品的前提是标准化、模块化和数字化

标准化是指在一定的范围内获得最佳秩序，对实际的或潜在的问题制定共同且可重复使用的规则，包括制定、发布及实施标准的过程。标准化的重要意义是改进产品、过程和服务的适用性，防止贸易壁垒产生，促进技术合作。

模块化是指解决一个复杂问题时自顶向下逐层把系统划分成若干模块的过程，有多种属性，分别反映其内部特性。

数字化是指将许多复杂多变的信息转变为可以度量的数字、数据，再基于这些数字、数据建立起适当的数字化模型，并把它们转变为一系列二进制代码，引入计算机内部，进行统一处理。

（七）用户体验

在传统模式下，用户体验是在产品交付到用户手中之后开始的，而在“工业4.0”模式下，用户可以在设计，甚至生产环节就参与产品的生产过程，用户可以通过终端实时监控产品的生产情况，大大延伸了产品的用户体验区域，为多样化、全方位的用户体验带来可能。

（八）敏捷制造由对市场的快速响应转变为对用户个性化需求的快速响应

在传统模式下，敏捷制造需要分析市场并结合市场分析结果对生产决策做出支撑，因为传统模式下产品的生产是批量的，需要根据市场大部分用户的需求而定；而在“工业4.0”模式下，由于个性化生产的出现，企业可以直接获得每个个体的需求，因而敏捷制造要能及时响应个体客户的要求。

（九）信息物理系统是实现智能制造的基础

信息物理系统包括了智能机器、仓储系统以及生产设备的电子化，并基于通信技术将其融合到整个网络，涵盖内部物流、生产、市场销售、外部物流以及延伸服务，并使得它们相互之间可以进行独立的信息交换、进程控制、触发行动等，

达到全部生产过程的智能化，将资源、信息、物体以及人紧密地联系在一起，从而创造物联网及服务互联网，并将生产工厂转变为一个智能环境。这是实现工业4.0的基础。

（十）实现“自动化＋信息化”智能化——智能工厂是革新

纵向集成的全称为“纵向集成和网络化制造系统”，其实质是“将各种不同层面的IT系统集成在一起（例如，执行器与传感器、控制、生产管理、制造和执行及企业计划等不同层面的连接）”，通过将企业内不同的IT系统、生产设施（以数控机床、机器人等数字化生产设备为主）进行全面的集成，建立一个高度集成化的系统，为将来智能工厂中的网络化制造、个性化定制、数字化生产提供支撑。

（十一）“工业4.0”解决信息孤岛问题——纵向集成是基础

纵向集成主要是指将企业内部各单元进行集成，使信息网络和物理设备之间进行联通，即解决信息孤岛的问题。纵向集成中企业信息化的发展经历了部门需求、单体应用到协同应用的一个历程，伴随着信息技术与工业融合发展，企业信息化在各个部门发展阶段中的里程碑就是企业内部信息流、资金流和物流的集成，是生产环节上的集成（如研发设计内部信息集成），是跨环节的集成（如研发设计与制造环节的集成），是产品全生命周期的集成（如产品研发、设计、计划、工艺到生产、服务的全生命周期的信息集成）。“工业4.0”所要追求的就是在企业内部实现所有环节信息的无缝链接，这是所有智能化的基础。

（十二）“工业4.0”不仅仅是智能工厂——横向集成是革命

横向集成是指“将各种应用于不同制造阶段和商业计划的IT系统集成在一起，这其中既包括一个公司内部的材料、能源和信息的配置，也包括不同公司间的配置（价值网络）”（摘自《德国工业4.0战略计划实施》），也就是以供应链为主线，实现企业间的三流合一（物流、能源流、信息流），实现社会化的协同生产。

（十三）“工业4.0”要建立端到端的集成——消灭中间环节

端到端的集成是指“通过将产品全价值链和为满足客户需求而协作的不同公司集成起来，现实世界与数字世界完成整合”（摘自《德国工业4.0战略计划实施》）。也就是说，集成产品的研发、生产、服务等产品全生命周期的工程活动，最典型的例子如小米、苹果手机围绕产品的企业间的集成与合作。

第二节　我国智能制造的发展现状及趋势

一、我国智能制造的发展进程

随着中国工业化进入发展后期，一系列新的发展特征逐渐显现，为了更好地应对新科技革命与产业革命带来的挑战，我国政府与企业推出了一系列政策、措施来推动智能制造迅速发展，实现普及应用。

（一）智能制造战略框架逐渐完善

为了推动智能制造更好地发展，我国政府出台了一系列政策、措施，使得我国智能制造战略的框架逐渐清晰与完善。

2010 年 10 月，国务院发布了一项关于战略性新兴产业如何培育、如何发展的决定，明确提出要大力发展七大战略性新兴产业，包括节能环保产业、新能源汽车产业、新兴信息产业、生物产业、新能源产业、高端装备制造业、新材料，其中高端装备制造业将智能制造装备视作重点发展方向。

2012 年 4 月，科技部发布了关于智能制造科技发展的“十二五”规划，明确了智能制造科技发展的五大阶段性重点任务，分别是基层理论与技术研究、制造过程智能化成套技术与装备、智能化装备、系统集成与重大示范应用、智能制造集成技术与部件。

2012 年 5 月，一项关于高端装备制造业发展的“十二五”规划问世，该规划明确了智能制造装备领域四类重点发展产品，分别是智能仪器仪表与控制系统、高档数控机床与基础制造装备、关键基础零部件、重大智能制造成套装备。

2011—2014 年，国家发改委连同财政部与工业和信息化部全面落实了《智能制造装备发展专项》，对自动控制系统、伺服和执行部件、工业机器人等智能装备进行重点突破，从金融财税政策方面加大了对智能制造的支持。

2015 年 3 月，智能制造试点示范专项行动正式启动，对智能制造综合标准化体系建设进行了全面部署。同年，“中国制造 2025”升级为国家战略，提出要推进新一代信息技术与制造业融合，推动智能制造迅速发展，增强我国制造业的竞争力。

随着一系列国家政策、国家战略、国家规划的出台与落地，我国智能制造的重点发展方向与发展领域逐渐明确，智能制造战略框架逐渐完善。

（二）发达地区率先发展智能制造

自改革开放以来，历经四十多年的发展，东部发达地区制造业的供给要素发生了翻天覆地的变化。近几年劳动力制约、能源制约、土地制约相继出现，同时，我国制造业迈进了一个全新的发展阶段，在该阶段，制造业要发展，必须以技术进步与产业变革为驱动力，于是对智能制造产生了迫切需求。受需求拉动，发达地区的地方政府率先制订了关于推进智能制造发展的计划。例如，2012 年，浙江省开始推行“全面推进机器换人”项目，并为这一项目注资 5000 亿元，2017 年开始全面落实这一项目。自 2014 年始，广东东莞每年投入 2 亿元对企业的“机器换人”计划进行扶持，现如今，已有大量机器人在生产线中得到了应用。

另外，受政策扶持，机器人制造商越来越多，广东、江苏、上海等多个省市都成立了“工业机器人产业技术创业联盟”。中国机器人产业创新联盟于 2013 年 3 月在北京成立，随着这一联盟的成立，我国智能制造产业也迈进了一个全新的发展阶段。

（三）国内领先制造企业加速智能制造布局

2012 年，海尔数字化互联网工厂进入了规划建设阶段，对智能制造模式的创新进行了探索。截至目前，海尔已建成了两大支撑平台（众创汇用户交互平台、海大源模块商资源平台）、四大互联工厂（沈阳冰箱工厂、佛山洗衣机工厂、郑州空调工厂、青岛热水器工厂），开始推行大规模定制化生产模式，这与“工业 4.0”的智能制造之路相契合。

在海尔的数字化互联网工厂中，用户可以从多个终端进入工厂的交互平台，对大规模定制化生产的全过程（定制下单、订单下线、订单配送等过程）进行实时追踪。在这种生产方式下，用户一改被动接受的角色，转变为产品的设计创造者。而位于生产制造另一端的零部件供应商升级为模块商，直接与用户需求对接，和用户一起设计产品，对产品的增值空间进行拓展。总之，海尔的互联网工厂对家电业的制造模式进行了创新，引领了全球家电制造业智能制造的发展。

在汽车生产领域，奇瑞在汽车智能制造方面做出了成功示范。为了做好智能生产，奇瑞建立了机器人公司，将自主研发的 200 台机器人投入生产，打造了一个初具规模的工业机器人产业化基地。

在通信设备领域，中兴、华为引领了智能制造。其中，中兴建设了 25 条全自动生产线用于智能手机生产，并在多个环节实现了全自动化生产。

二、我国向智能制造转型面临的挑战

我国工业制造业在向智能制造的转型升级过程中面临着诸多挑战。

（一）“两化”融合的整体水平有待进一步提升

完善的信息化基础设施建设是发展智能制造的基础支撑。然而，我国的信息化发展在不同区域、不同行业、不同企业间呈现出不平衡的状态，一些地区、行业和企业已经开始探索“工业 4.0”的智能制造路径，而更多行业或企业却仍处于 3.0 阶段的电气化甚至 2.0 阶段的机械化、半机械化水平。发展智能制造首先需要加快推进“两化”融合，进一步完善互联网基础设施建设，提高社会整体信息化水平，为制造业的数字化、网络化、智能化转型提供有力支撑。

（二）智能制造的基础研发能力相对较弱

我国尚未完全建立起以企业为主体、以市场为导向、产学研有机结合的研发创新机制，自主创新能力较弱，我国在高端传感器、操作系统、关键零部件等智能制造所需的软硬件方面受制于人，从而在很大程度上影响了制造业的智能化转型升级。

（三）智能制造生产模式尚处于起步阶段

长期以来形成的发展习惯使我国企业更喜欢利用低廉的劳动力成本优势在国内外制造市场中打“价格战”，多数企业并没有利用智能设备取代人工劳作的意愿和动力，即便有些企业引入了智能制造设备，也多停留在浅层次的应用阶段。发展智能制造，不只是简单地引入智能设备和技术，更重要的是培养企业构建智能制造系统的战略思维，发挥智能制造在价值链整合与商业模式创新方面的巨大功能，推动智能制造模式在更多企业中的广泛深度应用。

（四）智能制造标准、工业软件、网络信息安全基础薄弱

在制造产业尤其是高新技术产业竞争中，行业标准是工业强国、巨头企业争抢的重要内容，谁能在产业标准和规则制定中占据主导地位，谁就可以在市场竞争和价值分配中拥有更大的话语权。例如，首先提出“工业 4.0”概念的德国，不仅在本国和欧盟积极进行“工业 4.0”的标准化工作，还在国际标准化组织中专门成立了“工业 4.0”咨询小组，希望通过主导产业标准与规则的制定，在未来的全

球工业制造市场中拥有更大的影响力和话语权。

我国的制造业规模虽位居世界第一，但在全球产业价值链中，不论是主导制定的制造业国际标准数量，还是国际市场对中国标准的认可度，中国都无法与德国等工业强国媲美。同时，我国发展智能制造还面临着工业软件开发缺乏自主知识产权、网络信息安全基础薄弱等痛点。例如，当前国际工业制造业中较为常用的几个产品生命周期管理（PLM）软件是德国西门子、美国 PTC 或法国达索公司研发的。

（五）高素质复合型人才严重不足

高素质复合型人才匮乏也是传统制造转型智能制造的一个重要瓶颈，主要表现在经营管理层面，既缺少具有长远视野和前瞻思维的行业领军人物，也缺少高水平研发、市场开拓、财务管理等专业性人才；在制造企业员工组成上，初级技工多、高级技工少，传统型技工多、现代型技工少，单一技能技工多、复合型技工少；在国家产业战略层面，缺少能制定智能制造标准、进行国际谈判和相关法律法规建设的高级专业人才。

三、全球智能制造的主要发展趋势

2008 年金融危机结束之后，世界各国都加大了在科技创新领域的投入，引发了一场全球性的技术革命，这场革命有三大特征，即绿色、低碳、智能。在这种背景下，智能制造一定会为全球制造业的转型发展带来深远影响。

智能制造是先进制造过程、制造系统与制造模式的总称，它以新一代信息技术为基础，对新能源、新工艺、新材料进行整合，全面深入制造活动的各个环节，具有精准控制自执行、信息深度自感知、智慧优化自决策等功能。

从本质上看，智能制造就是虚拟网络与实体生产的相互渗透：一方面，在信息网络的作用下，制造业的生产组织方式将得以彻底改变，制造效率将得以大幅提升；另一方面，作为互联网的延伸与重要节点，生产制造将使网络经济的范围与效应得以进一步扩大。

简单地说，智能制造是一种最新的制造业模式，该模式以网络互连为依托，以智能工厂为载体，能有效缩短产品研发周期，降低企业运营成本，提升产品的生产效率，保证产品质量，减少产品生产的能源消耗。

从软件与硬件结合的角度来看，智能制造是一个将虚拟网络与实体物理结合在一起的制造系统。这两者的结合是智能制造的显著特征，德国的“工业 4.0”、美国的“工业互联网”等都体现了这一特征。

智能制造这一概念被提出的时间非常早，早在20世纪80年代末信息技术还未在人类生产生活中发挥出巨大威力时，欧美等发达国家或地区就已经提出了智能制造的概念。进入21世纪以来，随着互联网、大数据等信息技术的发展，资本不断积累，制造业面对的制约因素（资源环境压力、劳动力成本增加等）越来越多的情况下，智能制造市场呈现出了爆发增长之势，并显现出一些全新的特征。

（一）互联网技术推动制造业智能化的实现

广义的互联网包含了一系列新技术，如互联网技术、大数据、云计算等。只有依托于互联网，传感器设备才能实时感知信息；只有依托于宽带网络，数据的精确控制及远程协作才能实现；只有依托于互联网应用，制造业与服务业的边界才能被打破，才能实现深度融合。只有以这些技术为基础，智能制造才有可能成为现实。

美国就是以移动互联网技术的应用为基础推行先进的制造业战略，并对下一代机器人进行开发的；谷歌公司也是以互联网基因为依托发展智能制造业的。由此可见，互联网技术是智能制造实现的主要推动力。

（二）系统将具备自适应能力与人机交互功能

借助工况在线感知、装备自律执行、智能决策与控制，智能制造能增强自适应能力，自动适应周围的环境。同时，借助不断发展的人工智能与仿真等技术，智能制造系统将自动生成故障解决方案，人与系统将形成协同的合作关系，最终让人机交互、系统交互成为现实，让人脱离简单重复的劳动，从事更具创造性、拥有更高附加值的生产活动。

（三）跨国公司将持续加大在智能制造方面的投入

一方面，互联网企业将继续在实体经济领域投资，将自身信息技术方面的优势充分发挥出来。例如，谷歌收购机器人研发生产公司、收购人工智能公司与智能家居公司，将智能制造开拓成自己新的业务领域。

另一方面，顺应市场发展趋势，传统制造企业也将在智能制造领域注入大量资金，实现转型升级。例如，富士康推出“百万机器人”计划，2018年要让70%左右的人力劳动被自动化设备与机器人所取代。

（四）智能制造装备将实现广泛应用

世界机械联合会提供的数据显示，2015 年，全球工业机器人销量达到了 24.8 万台，同比增长 12%，亚洲市场增速最快，中国市场机器人销量同比增长了 17%，日本增长了 20%，韩国增长了 50%。并且，随着人工智能技术，新材料技术，信息传输、存储、处理技术的迅猛发展，工业机器人正在朝智能化方向发展。

首先，机器人被装配了传感器，具备了人工智能能力，能够对环境进行自动识别，逐渐摆脱对人的依赖。其次，借助智能工业机器人，未来，无人工厂能根据订单要求对产品生产流程及工艺进行自动规划，自动完成生产任务。最后，借助高速网络与云存储，机器人能成为物联网的终端与节点。未来，待信息技术发展到一定程度之后，工业机器人将以更好的方式接入互联网，构建一个规模更大的生产系统。届时，多台机器人相互协作共同完成一件生产任务将成为现实。

（五）中国将成为最大的智能制造装备市场

中国机器人产业联盟提供的数据显示，2015 年，我国工业机器人售出 6.8 万台，增速为 18%；2017 年，我国工业机器人销量将超过 10 万台，增速保持在 15% 以上。从全球来看，2009 年至今，全球机器人市场以超过 20% 的速度增长；2013 年至今，我国机器人市场的增长速度超过了 50%，2014 年甚至达到了 54%，远超日本成为世界最大的机器人需求国。

虽然我国对机器人的需求非常大，但我国机器人的密度却非常低，仅为 30 台 / 万人，这与德国、日本等国家的差距非常大。由此可知，未来世界各国的机器人制造商都将聚焦我国的智能装备需求市场，我国将成为全球最大的智能制造装备市场。

第三节　我国推行智能制造的关键点

我国实施智能制造，在组织统筹与发展策略方面，要对国家、企业、地方的分工定位、工作任务做出进一步明确，具体来说就是国家主导，地方组织，企业实施。

在国家层面，要以各项与智能制造有关的法规、文件为依据，做好宏观指导，制定年度发展计划，对智能制造发展过程中遇到的问题进行研判，为我国智能制造的发展导航。

在地方层面，要对本省市的产业特点、产业发展优势、产业发展劣势进行综合考虑，制订具体的行动计划来指导智能制造发展，创造良好的产业发展环境，将国家颁发的与智能制造有关的方针政策落到实地，为产业发展服务。

在企业层面，要以实际需求为依据，明确智能制造发展的关键环节，突破制约智能制造发展的关键问题，鼓励企业一面解决智能制造的发展问题，一面树立标杆。完善标准，推动智能制造在行业和地区快速发展。

具体来看，智能制造的发展要做到以下五点。

第一，组建专门的工作小组负责智能制造的实施，构建一个龙头企业、科研院所、行业协会等主体参与的组织体系，负责统筹、协调智能制造在各行各业的实施、应用，以少数企业为试点，根据不同的行业有针对性地对智能制造的发展路径进行规划。根据我国制造业发展实际，尊重客观规律，对智能制造进行规划，推动试点示范工作有序开展。智能制造的落地推行是一个循序渐进的过程，政府要加强引导，不要炒作概念，不要盲从，以免出现“高端产业低端化、低端产能过剩”等问题。

第二，重点关注智能成套装备的发展，做好系统顶层设计，以链条的形式制定解决方案，系统化地组织方案实施。传统产业的智能化改造，智能制造的落地实施，其基础就是智能制造技术装备，由此可见，智能高端装备拥有巨大的市场。《中国制造 2025》行动纲要就提出了很多关于自主创新、核心装备自主可控等措施。

第三，在关键技术方面，企业负责出题，国家负责整合优势科研资源，听从总体协调推进工作组的指令，集中力量取得突破性进展。企业负责出题的根本原因在于，关键技术需求是从生产制造的过程中产生的，这一安排体现了问题导向。在具体实践方面，可以邀请专家到企业开展调研，邀请企业家参与并召开行业座谈会，鼓励企业提出与关键技术有关的需求，等等。例如，在总体协调推进工作组中给企业留出一定的席位，搭建一个平台为企业出题提供方便。

第四，构建国家智能制造数据中心，完善国家大数据库，为智能制造的发展提供支撑，根据行业特点，有针对性地建设智能制造标准库。智能制造的发展需要依赖三大基础——标准、工业互联网与核心支撑软件。目前，这三大基础已获得普遍认同，但数据的作用尚未得到关注。事实上，智能制造的感知、处理、反馈、决策等都与数据密切相关，对于智能制造来说，大数据就是核心。智能制造产业的大数据需要积累、总结，要提前准备、布局。首先，要建设国家数据中心，打破信息孤岛，推动信息流通与数据交换，实现数据共享；其次，要建立具有权威性的语义化描述与数据字典标准，进一步强化基础支撑，使大数据得以有效处理与利用。

第五，借企业智能制造试点为行业推广奠定基础，在试验的过程中形成标准体系。企业是创新的主体，也是智能制造试点的主体。凡是承担智能制造试点项目的企业都是各细分行业的领军企业，从行业竞争角度出发，这些企业不会主动在行业内推广使用关键共性技术，但可以引导符合标准的企业参与到建设技术标准体系中来。

作为一个公共产品，技术标准是科研成果的固化，应引导科研成果向产业化转化。通过技术标准的制定、宣传与贯彻落实，智能制造试点示范成果能得以进一步推广、应用。

中　篇

技术篇

第三章 车间智能化的技术支撑

第一节 智能制造与物联网

发展智能装备和智能产品，推进生产过程智能化，培育新型生产方式，全面提升企业研发、生产、管理和服务的智能化水平，都离不开物联网。物联网描绘了人类全新的未来信息社会生活场景：所有物品都能接入网络，形成跨越时间和空间的互联；人们可以轻松实现物体的识别、定位、监控和追踪等一系列事件。在未来中国社会经济、科技的发展中，物联网将起到不言而喻的重要作用。

一、物联网概述

1999 年，Kevin Ashton 在宝洁公司做了以“Internet of Things”为标题的演说，希望将射频识别（RFID）芯片安装在消费品中，来自动监控库存变化。此后，“物联网”（Internet of Things）一词流行开来，Kevin Ashton 也被称为“物联网之父”。

2005 年，国际电信联盟在于突尼斯举行的信息社会世界峰会（World Summit of Information Society，WSIS）上发布了《IT 互联网报告 2005：物联网》，提出了物联网的概念。报告指出，物联网是一次技术革命，它的发展依赖了一些重要领域的技术创新。比如，得益于射频识别（RFID）这种简单有效的物体识别技术，离不开可以更有效率地探测物体状态改变的无线传感技术，以及能够在网络边界转移信息处理能力的嵌入式智能和方便越来越小的物体之间连接、交互的纳米技术。

根据我国传感网国家标准工作组对物联网概念的阐述，物联网是指在物理世界的实体中部署具有一定感知能力、计算能力的各种信息传感设备，通过网络设施实现信息获取、传输和处理，从而实现广域或大范围的人与人、人与物、物与物之间信息交换需求的互联。

统一意义上的物联网概念的提出建立在互联网发展成熟的基础之上。自 20 世纪上半叶计算机出现后，人们对信息获取和处理的能力有了多次重大突破。首先就是以独立计算机为基础的自动计算能力；其次是基于计算机网络的，以实现人与人交互为特点的信息交互和分布式计算等能力；而目前的物联网，将互联的范围扩大到物与物、人与物的范围，具有实现全面感知、可靠传送、智能处理的能力，帮助人类社会与物理世界有机结合。比如，物联网可以实现在美国旧金山的金门大桥上部署 200 个联网微尘，用于测算大桥从一端到另一端的摆动幅度，通过微型计算机网络上报，进行统一分析，预判大桥隐患。

相对发达国家来说，虽然我国工业现代化发展起步较晚，但作为世界第二大经济体，我国早在物联网兴起之际就在该领域启动了技术研究，特别是 2008 年“智慧的地球”发展理念传入我国之后，我国便正式掀起了一场关于物联网的研究热潮。

对于这股狂潮，2009 年 8 月时任国务院总理的温家宝在无锡考察时，更是提出：“要在激烈的国际竞争中，迅速建立中国的传感信息中心或‘感知中国’中心。”

之后我国成立专门的物联网研究机构，并与国家重点院校合作建立研发基地，积极推动物联网在现实生活中的应用，并于 2012 年研发出物联网核心芯片（“渝芯一号”），标志着我国在该领域达到世界领先水平。

二、物联网的技术实现

物联网技术架构可以分为三层，如图 3-1 所示，自下而上分别是感知层、网络层和应用层。如果用人来比喻物联网架构的三个层次，感知层就像五官、皮肤等感觉器官，用来采集物体信息，实现识别、定位等功能；网络层类似周围神经系统，将感觉器官采集的数据传输给中枢神经系统处理，或者传输中枢神经系统做出的反馈信息；应用层则类似人们在中枢神经系统的指挥下完成的一项项具体工作。

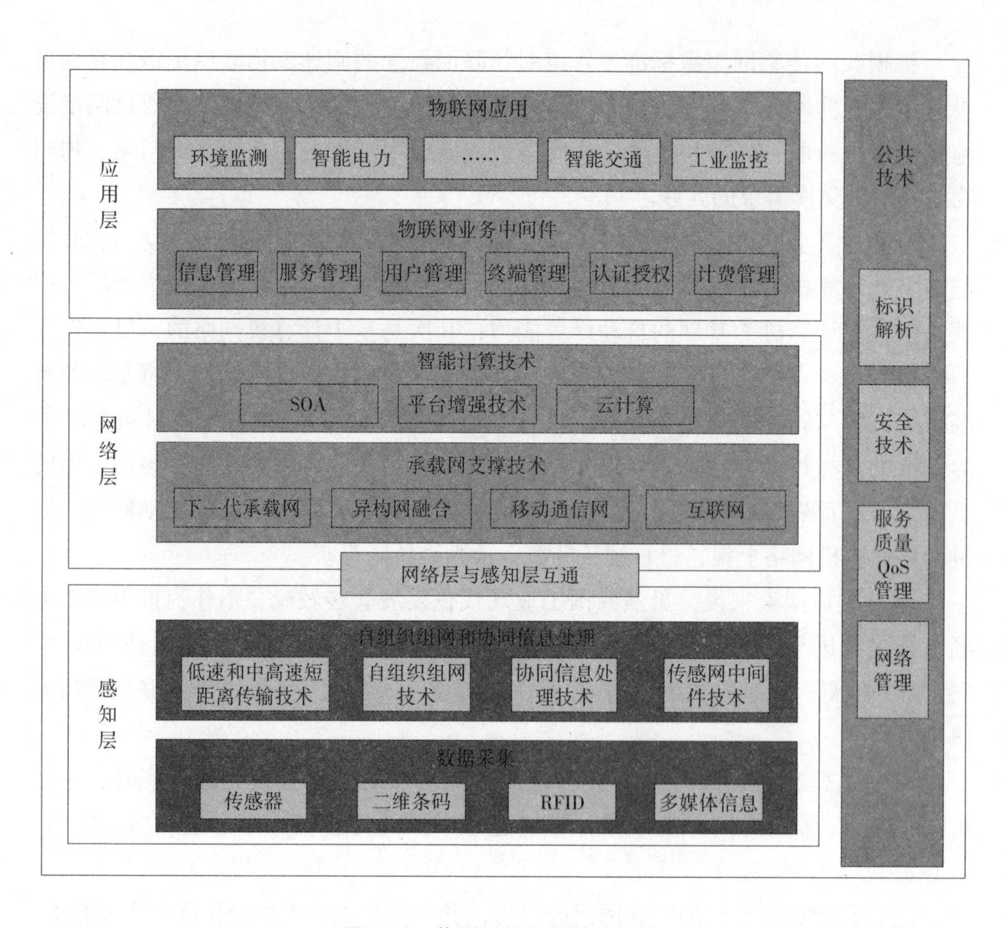

图 3-1　物联网的三层技术架构

（一）分层架构

1. 感知层

感知层主要实现的是数据感知采集、自组织组网和协同信息处理。涉及的常见具体技术有 RFID 读写、M2M 终端、二维条码、传感器网、摄像监控、定位授时、协同信息处理技术等。在这些技术的实现过程中，又细化到芯片开发、通信协议研究、材料和动力系统研究等领域。

2. 网络层

网络层实现的是承载网支撑和智能计算功能。它将感知层获得的数据通过接入网络汇集到互联网，同时实现智能计算的功能。网络层既包括现有通信承载网，也包括为行业终端实现通信功能的模块，以及传感网与通信承载网互联的网桥等设备。涉及的常见具体技术有下一代承载网、异构网融合、移动通信网、互联网、面向服务的架构 SOA、云计算等。

3. 应用层

应用层主要基于计算机软件技术，包含了物联网业务中间件和物联网应用，主要完成数据的管理和处理，并将其与具体行业应用需求相结合。业务中间件是指独立的系统平台或服务软件，完成信息管理、服务管理、用户管理、终端管理、授权认证、计费管理等功能。而应用则具体以行业应用为导向，采用行业应用平台或系统的形式，如智能交通、智能教育、智能医疗、智能家居等，是物联网发展的原动力。

（二）关键技术

国际电联曾提出，物联网有四个关键性应用技术：RFID、传感器、智能技术和纳米技术。

1.RFID

RFID（Radio Frequency Identification，射频识别）是一种通过射频信号实现的非接触式自动识别技术，识别过程无须人工干预。

RFID 主要有三个技术标准体系，分别是 ISO/IEC、以美国为首的 EPC Global 和日本的 UID 标准体系。目前支持 ISO/IEC 18000 标准的 RFID 产品最多。EPC Global 标准因得到诸如沃尔玛等许多大公司的支持，发展和推广十分迅速。

RFID 在应用中一般由三部分组成：由耦合元件和芯片组成的标签（Tag），附着在待被识别的物体上，有唯一的电子编码；读写标签信息的阅读器（Reader）；发射接收射频信号的天线（Antenna）。应用 RFID 技术的电子标签具有存储容量大、无线无源、便携耐用等特点。

2. 传感器

传感器可以自动感知光、电、热、力等多种原始信号，进行记录、分析或传输等处理工作。传感器的技术正经历着从传统传感器到智能传感器，再到嵌入式 Web 传感器的发展过程。通过综合传感器、嵌入式计算机和分布式计算等技术，可以提升监测、感知、处理的能力。

以一种水环境监测的物联网方法为例，如图 3-2 所示。在工业用水点、工业废水口等设置一定数量的水环境物联网探测器和污染源物联网探测器，组成感知层。网络层包括无线传感器、无线网络传输（采用 IEEE802.15.4 协议的 Zigbee），数据链路将感知层的探测器感知采集的数据传输到水环境物联网智能控制中心。水环境物联网智能控制中心通过云计算中心进行数据处理，实现智能实时监控水环境。

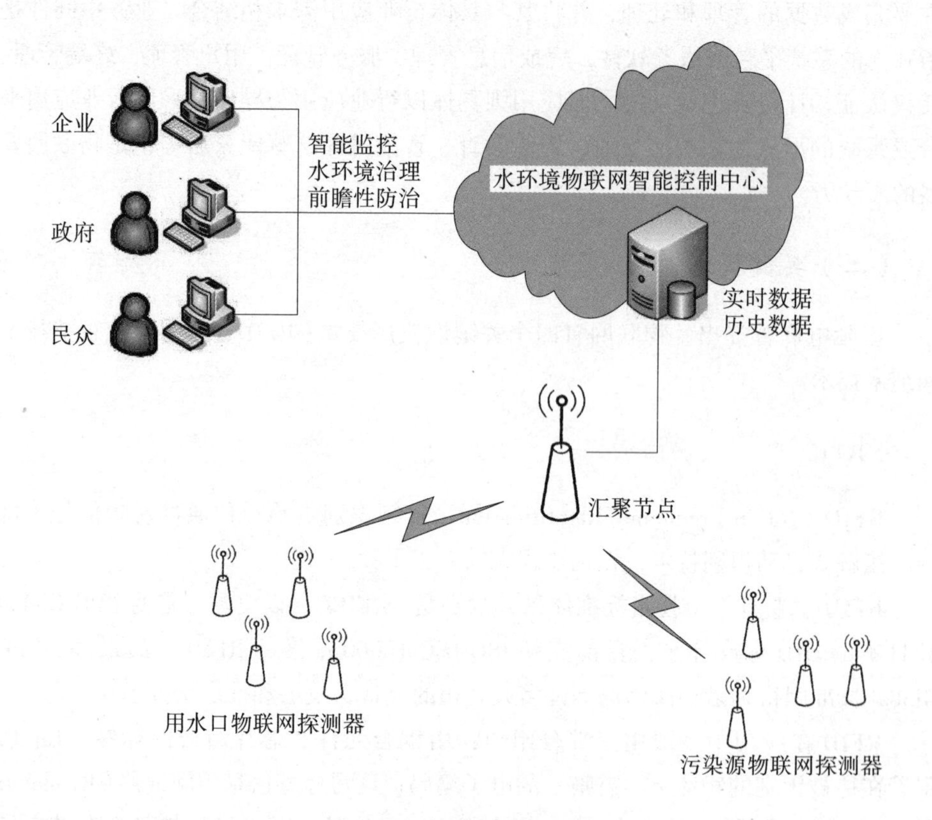

图 3-2 水环境物联网监控

工业用水点的探测器采集的数据可供水环境物联网智能控制中心分析企业的水资源利用情况。工业废水口的探测器可进行水质监测，监测有机化学物、重金属等造成的水污染程度，采集的数据经过水环境物联网智能控制中心分析后，可对环保部门开放接口，方便环保部门和大众对企业生产污染情况的实时监督、总量控制，同时可以预警预报水污染事故。

3. 智能技术

物联网中的智能技术通过在物体中增加智能模块，完成智能操作，主要包括人工智能、人—机交互、智能控制等。

4. 纳米技术

纳米技术的研究范围是尺寸在 0.1 ～ 100nm 范围内的材料的特性和应用。在物联网中应用纳米技术，其优势是使用传感器可以探测到纳米级的对象，从而扩大物联对象的范围。

（三）热点技术

1. 物联网操作系统（IoT OS）

与互联网中的计算机、移动互联网中的智能手机相比，物联网中的设备有自己的显著特点：物联网感知层的设备体积更小、功耗更低，而且可靠性要求高，需要具有协同组织或自组织能力；物联网网络层的设备需要支持多协议转换；物联网应用层的设备需要支持云计算等技术。因此，需要针对物联网开发专门的操作系统，实现对物联网设备的控制和管理，使其更贴合物联网的层次设计，满足物联网对数据处理的要求。

从微观技术的角度看，物联网操作系统由内核、通信组件、外围组件、集成开发环境等组成。物联网操作系统的内核大小能够伸缩以适应不同配置的硬件平台，比如极端情况下，在内存和 CPU 性能都受限的传感器内，内核大小需限制在 10KB 以下，仅满足基本任务调度和通信功能即可；同时，内核需要满足实时性、可扩展性、安全性、可靠性，以及节能省电以支持足够的电源续航能力。通信组件需要支持多种通信方式，如 Wi-Fi、蓝牙、2G/3G/4G、NFC、RS232/PLC 等。外围组件包括文件系统、GUI、Java 虚拟机、XML 文件解析器等，可以实现操作系统、驱动程序、应用程序的远程升级、配置、诊断、管理，支持常用的文件系统、外部存储，支持完善的网络功能，如灵活的、可视需求裁剪的 TCP/IP 协议栈，支持 XML 文件解析功能，支持完善的 GUI 功能和从外存动态加载应用程序的能力。集成开发环境需要能提供丰富灵活的应用程序编程接口 API，供程序员调用，可以定义一种紧凑的类似 Windows PE 的应用格式，以满足物联网的特点，此外还需要提供方便应用程序开发和调试的工具。

从宏观开发的角度看，物联网操作系统除了应具备传统操作系统的功能外，还应屏蔽物联网碎片化的特征，即配置多样的硬件设备，提供统一的编程接口；能够促进物联网生态环境培育；能够降低物联网应用的开发成本，缩短开发时间，提高可移植性；采用统一的控制管理接口，为物联网的统一管理奠定基础。

2014 年以来，各大 IT 公司的物联网操作系统的发布进入小规模的井喷期。2014 年 10 月，ARM 推出物联网设备平台和操作系统 mbed OS。Micrium 发布了物联网操作系统 Spectrum。2015 年 5 月，华为发布开拓物联网领域的“敏捷网络 3.0”战略，包括物联网操作系统 Lite OS、敏捷物联网关、敏捷控制器三部分。同月，谷歌发布了物联网操作系统 Brilo 和物联网协议 Weave。2015 年 7 月，微软发布了 Windows 10 IoT Core。8 月，庆科发布了 MiCO 2.0。

虽然短期内物联网操作系统很难像智能手机中 iOS 和 Android 系统一样，形成几乎二分天下的格局，但它将伴随着物联网的应用和发展，迎来更多机遇和挑战。

2. IPv6（Internet Protocol version 6）

IPv6 是下一代互联网协议，目前计算机软件提供商、网络运营服务商等均已开始部署，计划逐步过渡、替换 IPv4 协议应用。IPv6 的推广应用对于物联网技术的发展，是一个利好消息。

（1）IPv6 采用 128 位长度的地址，可以满足物物互联的需求。同时，可以减少物联网终端接入骨干承载网的网络层次和系统开销，提高互通效率。

（2）自动配置便于即插即用。IPv6 内置地址自动配置功能，不再依赖 DHCP 服务器，在大规模节点组成的传感器网络应用中具有特别优势。

（3）除此以外，IPv6 具有的支持动态路由机制、增强的 QoS 服务、强制的安全机制等优势，还能满足物联网在网络自组织、扩展性等方面的要求。

然而，在物联网中应用 IPv6，并非即拿即用。IPv6 的协议栈和路由机制都需要精简后，才能满足物联传感网低功耗、低存储容量、低传输速率的需求。目前，相关标准化组织，如 IETF（Internet Engineering Task Force，国际互联网工程任务组）的 6LowPAN 和 RoLL 两个工作组已开始积极推动精简 IPv6 协议栈的相关技术标准研究工作。在物联网技术的近场通信领域中，主流技术如 Zigbee（IEEE802.15.4）已在其智能电网的最新标准规范中加入了对 IPv6 协议的支持，不过还有待进一步开发以支持精简 IPv6 协议栈。

3. 云计算和海计算

云计算是指通过网络以按需、易扩展的方式获得所需的服务。这种服务可以是基于信息通信技术 ICT 资源的服务，也可以是包括交换、传输、存储、转换等其他形式的信息服务。云计算的基本原理是，使计算分布在大量的分布式计算机上，而非本地计算机或远程服务器中，企业数据中心的运行将与互联网更相似。这使得企业能够将资源切换到需要的应用上，根据需求访问计算机和存储系统。

云计算作为一项关键技术，从两个方面促进了物联网的发展。

（1）云计算模式使物联网海量数据分析和存储成为可能。一方面，数据的集中后端处理可以减少前端传感装置对数据处理的需求，降低功耗。另一方面，在后端可以部署高性能计算机处理中心，高效地收集、分析和处理物联网中以兆计算的各类物品的实时数据，实现动态管理和智能分析。

（2）云计算促进物联网和互联网的智能融合。物联网和互联网的融合，需要依靠“高效的、动态的、可以大规模扩展的技术资源处理能力”，这是云计算模式所擅长实现的。同时，云计算的创新型服务交付模式，简化服务的交付，加强物联网和互联网之间及其内部的互联互通，可以实现新商业模式的快速创新。

云计算在物联网中的应用方式可以分为以下三种：

其一，单中心，多终端方式。一般应用在分布范围较小的应用场景，如对小区、家居或学校的监控等。

其二，多中心，大量终端方式。一般应用于跨多区域的单位、企业。比如，跨国公司的多个分厂管理监控。此方式也适合多云信息共享的情境。比如，全国多地地震局对地震探测数据的共享。

其三，按需分类处理，海量终端方式。该方式可以实现用户不同安全、优先等级或者计算需求的数据区别处理，送到不同优势的云中心，如有容灾备份的云中心，或者实时计算处理能力高的云中心。此方式一方面可以更好地满足用户需求，另一方面使云中心的利用更高效，适得其所、减少重复或不必要的投资。

无论是哪种方式，可以预见的是，云计算的发展将大大扩展物联网的应用场景，推动物联网的发展。

海计算是 2009 年 8 月 18 日通用汽车金融服务公司董事长兼首席执行官莫里纳（Alvarode Molina）在 2009 技术创新大会上所提出的全新技术概念。海计算把智能推向前端。与云计算的后端处理相比，海计算主要是智能设备的前端处理。智能化的前端具有存储、计算和通信能力，能在局部场景空间内前端之间协同感知和判断决策，对感知事件及时做出响应，具有高度的动态自治性。海计算的每个“海水滴”就是全球的每个物体，具有智能，能够协助感知互动。亿万种物体组成物联网系统，就如同海水滴形成大海一样。

物联网需要云计算，但不能把所有的传感器信息都放到云端去计算，还需要海计算来辅助；要让 90% 的基础信息在传感器“海”里面处理，“云”只负责处理从“海”中蒸发的复杂信息。海计算为用户提供基于互联网的一站式服务。用户只要输入服务需求，系统就能明确识别这种需求，并将该需求分配给最优的应用或内容资源提供商处理，最终返回给用户相匹配的结果。

4. 窄带蜂窝物联网 NB-IoT 技术

2016 年 6 月 16 日，在 3GPP RAN 全会第 72 次会议上，NB-IoT 对应的 3GPP 协议相关内容获得了 RAN 全会批准，正式宣告这项受无线产业广泛支持的 NB-IoT 标准核心协议历经两年多的研究终于全部完成。

3GPP 在 Release 13 定义了 3 种蜂窝物联网标准：EC-GSM、eMTC（LTE-M，对应 Cat-M1）和 NB-IoT（Cat-NB1）。其中，NB-IoT 可集成于现有的 LTE 系统，是独立的新空口技术。NB-IoT 信令流程基于 LTE 设计，在控制面和用户面进行了优化，去掉了一些不必要的信令。此外，NB-IoT 采用 eDRX 和 PSM 两大技术降低电耗。

NB-IoT 组网的优势在于：（1）广覆盖，NB-IoT 利用窄带功率谱密度提升、重传次数和编码增益的改进，比现有网络提升 20dB 增益，即覆盖能力提升 100 倍；（2）低功耗，NB-IoT 简化协议，芯片功耗低，功放效率高，发射 / 接收时间短，因而电池寿命可达 10 年；（3）大连接，NB-IoT 频谱效率高，使用小包数据发送特征，终端激活比极低，因而一个基站可提供 10 万连接数 / 小区；（4）低成本，NB-IoT 简化射频硬件，简化协议降低成本，减小基带复杂度，可以做到小于 5 美金的模组成本，并且可直接部署于现有的 2G 到 4G 的网络，实现向 4.5G 平滑升级，降低运营商的建设投资成本。因此，NB-IoT 定位于运营商级、基于授权频谱的低速率物联网市场，其六大主要应用场景包括位置跟踪、环境监测、智能泊车、远程抄表、农业和畜牧业，均是现有移动通信很难支持的场景。根据市场研究公司 Machina 预测，NB-IoT 未来将覆盖 25% 的物联网连接。

5. 5G 网络切片技术

如果说 4G 技术主要是为智能手机而生，那么 5G 时代，直面的将是“下一件大事”——物联网。物联时代，将有不同的工业领域的大量设备接入网络，它们对于网络的移动性、安全性、时延、可靠性等需求都是不同的。

面向不同的应用领域，使用 5G 网络切片技术已成为业界共识。什么是网络切片？最简单的理解，就是将一个物理网络切割成多个虚拟的端到端的网络，每个虚拟网络之间，包括网络内的设备、接入、传输和核心网，是逻辑独立的，任何一个虚拟网络发生故障都不会影响其他虚拟网络。网络切片（如图 3-3 所示）的核心就是软件化、虚拟化和资源调度的最优化。

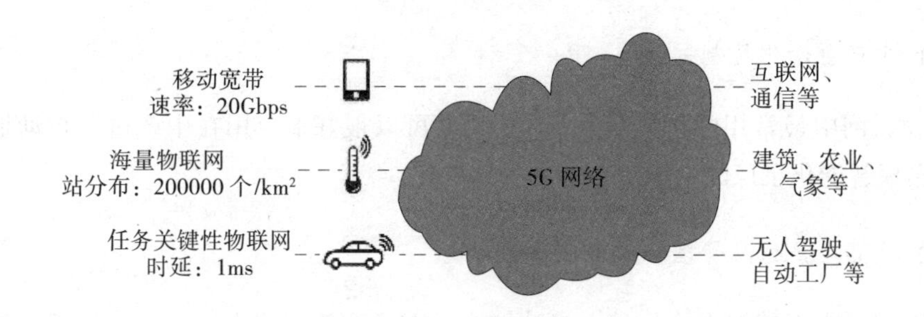

图 3-3　5G 网络切片

5G 网络的应用场景可以划分为三类：移动宽带、海量物联网和任务关键性物联网。移动宽带切片对带宽速率要求较高；海量物联网切片不需要移动性管理，但连接小站分布密集；而任务关键性物联网切片则对时延的要求很高。

后两个切片的应用属于 5G 垂直行业连接领域。在智慧医疗、机器人与“工业 4.0”、智慧电网方面，更多的传感器通过连接小站来实现信息交互与精准控制，这就需要研究能够支持 5G 应用的小站，特别是高频小站。未来 5G 空口也要分为两个层次，一个是 5G 空口的主要分支，另一个是大量传感器、智慧终端之间的自组织网络。2015 年 2 月，华为与欧洲合作伙伴在慕尼黑发起成立了欧洲 5GVIA 组织，通过建设试验网，在垂直行业应用真实场景下开展关键技术研发与验证，并推动建立一系列 5G 垂直行业统一标准。

6. 北斗卫星导航

2012 年年底，中国成功发射 4 颗北斗导航试验卫星和 16 颗北斗导航卫星，北斗区域组网完成，正式为亚太地区提供服务。预计到 2020 年，我国将建成由 5 颗地球静止轨道和 30 颗地球非静止轨道卫星组网而成的全球卫星导航系统。北斗，实现全球区域覆盖。彼时，北斗可完全取代 GPS，实现在物联网感知层的精准授时、时间和位置信息感知，以及网络层的卫星通信。因此，北斗除了是一个独立的卫星导航系统，还将是物联网系统的重要组成部分。

在感知层面上，北斗实现精准授时、时间和位置信息感知，主要应用在物流、交通、电网等行业；在网络层面，北斗可以实现感知信息、控制信息的全天候无缝隙传递，主要应用在水文、气象、地质等行业，以及其他行业的应急数据传输。

（四）技术优势

物联网在智能制造中具有如下重要技术优势。

1. 生产自动化控制

物联网中最常用的射频识别 RFID 技术可以很好地应用在生产过程自动控制中，实现智能化工厂的目标。

2. 产品生产信息管理和设备状态监测

在产品表面放置电子标签，可读取产品在生产流水线上通过每一道工序的信息和数据，并将该信息转化成计算机能识别的数据格式后提供给监控平台，以实现生产线上的产品自动跟踪管理。通过 RFID 系统可掌握生产设备的运行状态。例如，通过分析监控设备的状态可以找到导致产品质量缺陷产生的原因。

3. 物料跟踪和订单全生命周期管理

物料跟踪和生产过程跟踪是以 RFID 技术为代表的物联网应用点之一。企业可以将 RFID 应用于原材料采购、库存、销售等领域，从而不断完善和优化供应链管理体系。在互联网、物联网、云计算、大数据等泛在信息的强力支持下，制造商、生产服务商、用户在开放、共用的网络平台上互动，单件小批量定制化生产将逐步取代大批量流水线生产。

4. 产品智能化

利用物联网，可以帮助制造业的生产方式转型升级，同时也可以提升制造产品的智能化。

5. 环境监测

RFID 技术可以应用于企业生产过程中所产生的各种污染源及污染治理各环节关键指标的实时监控（如对不安全气体泄漏的监测等），通过 RFID 技术，不仅可以远程关闭运行中的设备，还能防止突发性事故的发生。

6. 能源系统的监测

运用 RFID 技术可以对水、电、气等能源进行有效的分配和调度，利用 RFID 技术组建先进的能源管理中心系统 EMS，一个集自动化和信息化技术于一体的管控一体化系统，借助于软件技术实现能源生产、输配和消耗信息的动态监控和管理，改进和优化能源平衡，实现节能降耗和提高环境质量。

在“中国制造 2025”战略的背景下，物联网技术将强有力地支撑中国制造业向创新驱动、智能转型、强化基础、绿色发展等方向推进。

物联网流水线内部构成上技术互相衔接，环环紧扣，层层落实，同时对外又随时可以远程监控或远程调取企业生产过程数据和生产现场，实现对企业原料、生产过程、检测过程、最终产品标识和追溯活动的有效监控，整个生产过程通过物联网技术可以呈现在企业全国专卖店销售网点，接受消费者的监督和管理，让消费者享有更多知情权和选择权。消费者在专卖店（销售终端）现场体验、扫码、收藏、下单。通过云管端技术解决方案，使企业研、产、销、服务各个环节在专卖店（销售终端）进行有效展示和实时推广。

三、物联网的标准化工作

（一）标准化的意义

一个新兴产业的发展，掌握标准意义重大，特别是如果能在国际标准制定中享有主导话语权，意味着有助于抢占产业的制高点，对前沿科技领域的可持续发展和产业化具有重要意义，表现在如下三点：

第一，形成规模效应巨大的聚合产业。

第二，在统一标准和架构体系下快速形成成熟的产业链。

第三，基于统一网络和应用平台，形成感知泛在聚合效应。

（二）物联网标准体系

物联网标准体系应具有层次结构，第一层应包括总体标准、共性标准以及感知层标准、网络层标准、应用层标准等，第二层是细化的具体技术层，最底层则涉及技术实现时的芯片、电路、通信接口、路由等。

1. 总体标准

物联网总体标准可以从以下角度制定：物联网通用功能体系结构、物联网通用系统体系结构、物联网技术参考模型、物联网数据体系结构、物联网元数据注册方法、面向业务应用的物联网服务聚合规范、物联网标识设计方法和框架、物联网信息资源管理规范。

2. 各层标准

物联网的具体技术标准可以按照物联网的三层架构，分为感知层标准、网络层标准和应用层标准三类。每一层又可以根据实现的不同方面的功能细分为具体的技术标准。

常见的物联网通信协议有负责子网内设备间组网和通信的接入协议，如ZigBee、蓝牙、Wi-Fi 协议；运行在传统互联网、移动互联网 TCP/IP 协议上，进行数据交换通信的 HTTP、websocket、XMPP、COAP、MQTT 等。

应用层标准根据服务支撑和行业应用两种分类进行具体细分，服务支撑类又分为业务中间件和智能计算，行业应用类则根据应用的不同行业场景制定具体标准。

3. 共性标准

共性标准指的是针对共性技术，如网络管理、QoS 管理、安全技术等制定的标准。

（三）我国物联网标准化工作

我国的物联网标准化工作启动比较早，早期集中在传感器和传感网络方面，是我国科技领域少数位于世界前列的方向之一，现在涉及的面也越来越广，从关键技术扩展到行业应用标准。

在从政府到企业的共同推动下，我国已成为物联网相关的国际标准制定的主要国家，逐步成为全球物联网产业链中重要的一环。

2014 年 9 月 2 日，由中国提出的《物联网参考体系结构》国际标准新工作项目经过 3 个月的讨论与投票，正式获得 ISO/IEC JTC1 批准，国际标准项目号为 ISO/IEC 30141。该标准立项由 ISO/IEC JTC1 WG7 传感器网络工作组发起，美国、韩国、加拿大、澳大利亚等国均参与了该项标准的研制。《物联网参考体系结构》国际标准的正式立项是我国国际标准化领域取得的又一个突破性进展，同时也标志着我国开始主导物联网国际标准化工作。

2015 年 5 月 20 日，国际标准组织在于比利时布鲁塞尔召开的物联网标准化（WG10）大会上宣布，新成立的 WG10 物联网标准工作组将同步转移原中国主导的物联网体系架构国际标准项目（ISO/IEC 30141），并由无锡物联网产业研究院专家继续担任该体系架构项目组主编辑，这标志着我国继续拥有国际物联网标准最高话语权。

2015 年 12 月 17 日，中国自主研发的一项物联网安全关键技术 TRAIS 被纳入国际标准，这是中国在物联网核心技术 RFID 领域的首个国际标准。从技术角度讲，TRAIS技术完全支持目前RFID三个主要的技术标准体系，即以美国为首的EPC Global、日本的UID和ISO/IEC标准体系。TRAIS技术项目组由WAPI产业联盟牵头组织，联盟由国内十几家企业和研究机构组成，这种广泛联合的方式，也为该项成果在国内乃至国际的有效推广奠定了产业基础。

第二节　智能制造与大数据

基于大数据的分析和优化使得业务的优化、个性化、智能化成为可能，大数据的作用已经得到了广泛认可，数据已经成为企业的重要资产。纵观产品的整个价值链，除了产品流通环节以外，还有产品研发、生产制造、供应链等诸多关键环节。虽然互联网与大数据会或多或少地对各个环节产生影响，但目前“颠覆”的主要还是流通和交易环节，而且对于价值链中最为关键的制造环节的改变，将会有非常大的空间和潜力。

一、大数据概述

（一）大数据的产生和发展

大数据的应用由来已久，早在20世纪，部分科学家在对数据统计分析中已涉及大数据的应用，但尚未形成系统科学的认识。比如，1944年美国卫斯理大学的图书管理员弗莱蒙特·雷德在对美国高校图书数量的调查研究中发现，“美国高校图书馆的规模每16年就会翻一番”，于是弗莱蒙特·雷德推测到2040年，美国耶鲁大学图书馆需要“约2亿册藏书，将占据9600千米书架，需要编目人员超过6000人”。这就是大数据在日常工作中的早期应用。

进入21世纪，大数据的应用在互联网领域发挥着越来越重要的作用。2011年5月，麦肯锡全球研究院发布了大数据研究的最新成果——《大数据：下一个具有创新力、竞争力与生产力的前沿领域》，并指出：“数据，已经渗透到当今每一个行业和业务职能领域，成为重要的生产因素。人们对于海量数据的挖掘和运用，预示着新一波生产率增长和消费者盈余浪潮的到来。”

事实证明，麦肯锡全球研究院对大数据时代到来的论断完全正确。随着现代化生产管理水平和科学技术的进步，工业生产越来越依靠数据的支撑，整个生产过程中无论是零部件采购、产品加工、组装还是产品的售后服务等，都涉及无数的数据，数据已呈现出爆炸性增长，生产越来越依赖信息技术。正如哈佛大学社会学教授加里·金所说：“这是一场革命，庞大的数据资源使得各个领域开始了量化进程，无论学术界、商界还是政府，所有领域都将开始这种进程。”

（二）大数据的定义

对大数据的定义，目前学界和业界公认的是“4V”特性，即Volume（大体量）、Variety（多样性）、Velocity（快变化）和Value（高价值）。

1. Volume（大体量）

Volume指的是巨大的数据量以及其规模的完整性。数据的存储从TB级扩大到PB级乃至ZB级。这与数据存储和网络技术的发展密切相关，数据的加工处理技术的提高，网络宽带的成倍增加，以及社交网络技术的迅速发展，使得数据产生量和存储量成倍增长。实质上，在某种程度上来说，数据数量级的大小并不重要，重要的是数据具有完整性。

2. Variety（多样性）

Variety是指数据的格式种类的多样化，除了传统的结构化数据以外，还有大量的非结构化数据，如文本、表格、图像、视频等数据形式均可能同时存在。非结构化数据的量和增长速度都非常可观，目前非结构化数据量占所有数据总量的80%~90%，其增长速度也比结构化数据快10倍到50倍。此外，数据的来源也更加丰富，除了传统来自企业内部信息系统的数据以外，有越来越多的来自企业外部、互联网、物联网包括智能设备的数据被搜集和利用。

3. Velocity（快变化）

Velocity有两层含义：一是数据的产生更加动态化，有大量的实时、高频的数据被产生，如智能电网、装备运行状态、生产过程等数据，这对数据的读写和存储提出了高要求和挑战；二是对数据处理的实时性和快速响应能力的要求，各种决策和处理需要在瞬间做出，这需要流处理（Streaming）等技术的支持。

4. Value（高价值）

Value体现出的是大数据运用的真实意义所在。大数据的价值具有稀缺性、不确定性和多样性的特点，价值隐藏在海量数据之中，往往价值密度很低，需经历大量分析处理才能体现出其价值。

而对于制造业来说，无论是德国提出的“工业4.0”、美国提出的“工业互联网”还是中国倡导的“中国制造 2025”，人们普遍认为未来的发展趋势是从自动化、网络化和数字化，进一步发展到智能化、绿色化和个性化。为了实现这一愿景，除了原材料、生产工艺和生产设备的创新发展，如 3D 打印，关键就是大数据的驱动力。如果说互联网在过去 20 年颠覆了商务的交易环节，那么从某种意义上来说，下一代的智能制造将是互联网和大数据对制造本身的颠覆。

2015 年 10 月，由赛迪顾问与 IBM 商业价值研究院联合发布的《中国制造业走向 2025》白皮书指出，智能制造的核心是通过大数据、云计算、移动互联网、物联网等新技术的共同作用，充分把握新工业时代下信息资源带来的机遇，以数据洞察为核心驱动力，贯穿参与者、产品与生产，实现跨界和全球化互联互通的协同，形成集制造和服务为一体的全球化价值网络。数据洞察将始终贯穿参与者、产品和生产三个要素，使它们具有智能分析能力和自我优化能力，实现“智慧的参与者”“智慧的产品”“智慧的生产”的角色转变。大数据的获取方式包括以下三种：一是通过智能终端和智能产品直接采集数据，并通过物联网传输到大数据平台；二是通过端到端的全渠道营销，实时收集和监测消费者数据与产品数据；三是通过整合企业内外各种数据资源，建立大数据体系。

二、企业的大数据规划和标准

建立企业核心大数据能力是一项复杂的系统工程，它涉及企业方方面面的合作与资源调配，是企业的一把手工程项目，需由企业的领导牵头，循序渐进、稳扎稳打地开展。图 3-4 给出了企业大数据能力建设的常规路径。

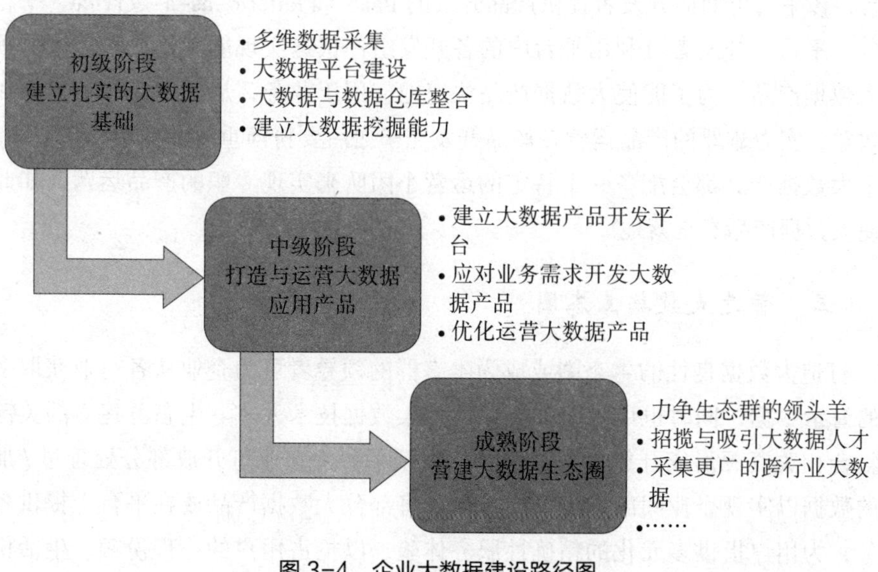

图 3-4　企业大数据建设路径图

（一）建立扎实的大数据基础

数据仓库在经历了多年的沉淀与发展后，已广泛应用于中国的各类型企业。通过对企业内部数据库中结构化的数据进行抽取、加工、管理、挖掘与商业智能展示后，数据仓库可提供不同纬度、不同层次与不同颗粒度的分析展示结果，为业务层与领导层的决策提供支持。随着传统企业的互联网转型，分析海量的非结构化 / 半结构化数据（包括来自社交网络、移动终端、设备传感器、摄像头）成为企业利润增长点的重要来源，而传统数据仓库分析是建立在关系型数据模型的基础之上，各类主题之间的关系在库内已被创立和建立完毕，因而分析也需要严格在此基础上进行；而非结构化 / 半结构化数据很难在数据间建立一种正式的映射关系，并且绝大多数数据是基于纵列数据模型之外的，传统数据仓库的处理能力将无法满足挖掘、预测和分析这类非结构化 / 半结构化数据，因而需要借助基于 Hadoop 为主线的大数据技术来实现数据价值的发掘。

在建立大数据平台时，并不意味着要抛弃企业传统的数据仓库，而是要整合数据仓库与 Hadoop 体系平台，充分利用两者数据处理的优势，合力为企业数据价值的挖掘提供支持。

（二）大数据产品开发与运营

大数据平台的建立最终是为了服务于业务的特定数据分析需求。因此，在大数据技术平台建设成熟之际，企业需基于用户大数据与运营大数据建立应用开发平台，该平台可面向开发者提供产品开发的 PaaS（Platform-as-a-Service，平台即服务）平台，开发者可利用平台内的各开发组件快速实现能满足业务需求的领先型大数据产品。为了能使大数据产品快速地应用于业务，从而迅速产生经济和社会效益，实力雄厚的产品运营在产品开发完毕之后要扮演重要的角色，一般而言，每个大数据产品都会配备一个特定的运营小团队来实现专职的产品运营，如此方能使大数据产品真正落地。

（三）营造大数据生态圈

打造大数据良性的生态圈或成为生态群的领导者可为企业从各行业获取多维度的海量数据，同时也可吸引和招揽大批大数据技术人才。生态群建立的关键点是整合相关资源形成开放生态圈平台，在该平台上企业可开放部分处理过 / 加工过的数据以实现企业间的数据交换；也可将部分大数据产品放在平台上提供各种服务，为用户提供多元化的精确性服务体验，以抢占用户的心理份额、生活份额和钱包份额；还可建立大数据技术交流论坛，为社会开发者提供技术帮助与指导。

企业的大数据建设是一个长期、复杂的过程，因而围绕企业大数据建设的规范与标准非常重要，主要包括如下几个方面。

1. 大数据评估标准

由于企业的各类大数据在非结构化性、稀疏性、产生速度和时效性等特征上差异性较大，从而使异构数据在数据的精确性、价值度和可用度等因素上也具有较大差异，因而需要建立数据质量的统一标准。例如：数据结构化程度、数据稀疏度、数据噪声比、误差率、价值密度函数等，用来评估数据的质量。

2. 大数据生命周期标准

企业在管理大数据的过程中，需要追踪大数据的全生命周期，包括数据产生、数据采集、数据存储、数据挖掘、数据展示与数据安全等。企业需要对上述的各生命周期环节分别建立评价标准。例如，数据采集标准有数据丢失率、数据重复采集率等，数据存储标准有数据读写速度、读写开销、数据备份等，数据挖掘标准有召回率、准确率、误差率等，数据展示标准有界面可读性、交互性打分等，数据安全标准有数据读写权限的分配合理性、数据隐私保密度等。

3. 大数据系统互操作标准

企业在大数据接入、预处理、存储、检索、分析、可视化等维度可选的大数据工具众多，因而企业需要建立接口标准来确保大数据工具与企业系统之间的无缝对接。例如，评估接口支持多编程语言、接口与工具的远程调用的稳定性、接口调用的延迟性、接口调用的错误率等。

4. 大数据组织能力评估标准

在大数据使用的过程中，与大数据相关的业务组织和大数据相关的参与方（如数据拥有者、数据服务提供者、数据服务用户等）众多，因而需要客观地设定标准来评估各组织和参与方处理大数据方面的能力，依此选定合适的业务组织和大数据服务提供商。

三、大数据关键技术

为实现低成本的海量数据存储、计算和分析，基于 Hadoop 的开源大数据平台应运而生。目前主流的大数据平台既包括围绕 Hadoop 的开源生态系统，也包括

Cloudera、IBM infoSphere BigInsight 等基于 Hadoop 的商业集成平台。一个完整的大数据与分析平台包括大数据来源、大数据平台、大数据分析、大数据应用等关键组成部分，其关键技术主要围绕大数据平台与大数据分析两大维度。

（一）大数据平台技术

大数据平台技术能够实现海量数据的分布式存储与计算，核心组成包括数据整合、分布式文件存储系统、分布式数据存储系统、数据仓库、分布式计算、流计算等，也包括资源管理和调度、分布式协助服务、系统监控与管理等辅助模块。

1. 数据整合

大数据包含丰富的特征，如数据的来源（内部 / 外部）、数据的格式（结构化 / 非结构化 / 半结构化）、数据的类型（交易数据 / 历史数据 / 主数据）、数据的频率（秒 / 分 / 小时 / 天）和数据处理的类型（实时 / 按批次）等。数据整合功能用来管理这些海量的多源异构数据，为后续的存储和计算提供基础。常见的数据获取方法包括 ETL（抽取、转换和加载）、消息队列等。

2. 分布式文件系统

分布式文件系统是指文件系统管理的物理存储资源不一定直接连接在本地节点上，而是通过计算机网络与节点相连，从而有效解决海量数据的存储和管理难题。分布式文件系统使得人们无须关心数据是存储在哪个节点上，或者是从哪个节点获取的，只需要像使用本地文件系统一样管理和存储文件系统中的数据。常见的分布式文件系统包括 GFS（Google File System）、HDFS（Hadoop Distributed File System）、IBM GPFS（General Parallel File System）、Lustre 和 FastDFS 等。

3. 分布式数据存储系统

传统关系型数据库很难满足对海量数据的高效存储和访问的需求。分布式数据存储系统用于存储和管理海量的结构化数据。常见的分布式数据存储系统包括 GoogleBigTable、HBase 等。

4. 数据仓库

数据仓库是一个集成的、面向主题的数据集合，设计的目的是支持决策、支持系统的功能。大数据存储平台并不是对数据仓库的替换方案，它是对传统数据仓库的一种补充和延伸，整体构成一个更广义的海量数据仓库。

5. 分布式计算

分布式计算是实现海量数据大规模处理的核心功能。常见的分布式计算框架包括 Google MapReduce、Hadoop MapReduce、Spark、Tez、IBM Platform Symphony 等。

6. 流计算

流计算是在物联网越来越普及的情况下所不可或缺的一种新计算模式，由无处不在的移动设备、位置服务和遍布各处的传感器采集了大量的流式数据。流计算是针对流式数据的一种分布式、高可用、低延迟、具有容错性的实时计算技术，用于实现实时或近实时的数据处理与分析。在传统的数据分析中，数据被收集到一个数据库中，并被搜索或查询答案。流计算颠覆了这种做法，它动态收集多个数据流（结构化和非结构化），使用先进的算法来提供近乎瞬时的分析，从而持续不断地寻找动态数据流中的模式，适用于原始数据量大、对数据处理时效性要求高、需要即时做出决策的复杂动态环境等场景。常见的流计算框架包括 Storm、Spark Streaming、IBM InfoSphere Streams、S4 和 Samza 等。

（二）大数据分析技术

大数据分析层利用大数据平台的海量数据处理能力以及先进的认知计算技术，可以提供大数据探索与发现、商业智能报表、统计分析、数据挖掘、预测分析与建模、优化与决策管理、风险分析、情绪分析等高级分析功能，为从大数据中获取洞察和进行科学决策提供重要基础。

1. 大数据探索与发现

大数据探索与发现功能用于更好地发现、导航、探索和理解各种来源的大数据，为分析和决策提供基础。同时，具有灵活的数据可视化功能，对数据进行更直观的展现。

2. 商业智能报表

基于大数据的商业智能报表利用海量数据仓库，能够从各种来源的大数据中进行业务洞察，并通过仪表盘、运营报表、即席查询等方式展示。

3. 统计分析

传统的统计分析大多是在小样本集上进行的。RHadoop 是一种将 R 语言与

Hadoop 结合在一起的开源工具，可以充分利用 R 语言中的参数估计、假设检验、时间序列分析等统计分析功能，实现丰富的大数据统计分析。RHive 是一种可以通过 R 语言直接访问 Hive 数据仓库的开源工具。

4. 数据挖掘

传统的数据挖掘一般是从传统的数据仓库中通过算法发现数据中隐藏的知识，从而改进商业决策过程。流行的数据挖掘软件如 IBM SPSS Modeler，提供了关联规则挖掘、聚类分析、分类与回归等各种建模方法，并提供了一个可视化的快速建立模型的环境。为了能够从大数据平台上的海量、多源、异构数据中挖掘有用信息，需要在数据挖掘工具与大数据平台之间建立一个中间平台，使得大数据底层系统对用户透明。

5. 预测分析与建模

预测分析与建模是大数据分析的核心功能，它可以从历史数据中发现规律并预测未来的情况，从而指导业务决策，常见的场景如产品需求预测、空气污染浓度预测、股票价格预测等。预测分析与建模主要采用机器学习、人工智能等认知计算技术。常见的开源大规模机器学习工具包括 Apache Mahout、Spark MLlib、IBM SystemML 等。

6. 优化与决策管理

在大数据背景下，传统的管理与决策正在从以管理流程为主的线性范式逐渐向以数据为中心的扁平化范式转变。通过数据分析和挖掘可以发现大数据中蕴含着丰富的规律，利用数学优化、智能优化、仿真、自动决策等优化技术，以及基于数据的复杂系统建模方法，可实现大数据驱动的全景式管理与决策、高频实时的动态决策等。

7. 其他分析功能

对于社交媒体分析、情绪分析、风险分析、舆情分析、内容分析等高级分析功能，可以采用深度学习等先进的认知计算技术，并结合自然语言理解、语音识别、图像识别和计算机视觉等模式识别方法，对海量的文本、语音、图像、视频等非结构化数据进行挖掘，从而进行更加全面的洞察。

四、大数据的工业应用

下面将围绕实际的应用案例重点介绍大数据在工业企业智能制造中的创新性应用，包括协助产品研发、过程质量控制、设备预测性维护以及生产过程能耗优化。

（一）大数据助力产品研发

对于制造业企业来说，绝大多数的产品要通过销售渠道销售，因而制造企业很难获得产品在何时、何处、被何人以何种方式使用等关键信息，对产品的最终消费者/用户使用产品的感受也知之甚少，只有在送货、售后服务等环节才有有限的接触点。如果制造企业想要了解最终消费者/用户对产品的评价与反馈，则必须依靠第三方调查公司以问卷和电话调查等方式进行，既不经济，又不客观。互联网和物联网带给制造企业最大的便利之一就是获得了低成本与最终消费者/用户甚至产品直接互动的机会，获得大量的关于产品（如运行状态、故障等）与消费者/用户（使用偏好、评价、反馈等）的数据，为产品的研发和改进奠定了数据基础。

（二）大数据驱动的制造过程质量控制

产品质量是产品及企业在市场中的核心竞争力，产品质量很大程度上取决于制造过程。随着需求的日益多样化，半导体、电子信息和生物制药等制造技术蓬勃发展，制造过程越来越复杂，衡量产品质量的维度和影响质量的因素早已从以前的一两个上升到几十个，乃至上百个，这也给质量控制带来了巨大的挑战。传统的质量控制技术已无法处理大量的数据，亟待与大数据的分析技术进行融合。

大数据驱动的制造过程质量控制实现诸多创新，主要包括以下内涵。

（1）通过全量数据的收集与分析，显著提升质量控制的精准度。传统的质量控制采用数据抽样，抽样数据量少，抽样反映的质量问题不能涵盖产品的全部质量问题。采用大数据分析的技术，可以分析和评估每一因素对质量的影响，对制造过程与质量之间的关系有更为全面的认识，从而能够更加精准地对质量进行控制。

（2）引入大数据的相关性分析，突破传统质量数据处理方式。产品生产过程是一个由若干子过程构成的复杂过程系统。传统质量管理模式受技术限制一般关注因果关系，而大数据则更多地关注相关性，能分析多种不同因素对质量的交互影响，从而更准确地识别影响质量的关键因素。

（3）建立产品质量与生产过程的实时关联，不断优化制造过程。传统的质量控制方法是在产品投入生产前进行相关的实验设计，完成相关的测试，获得不同生产环境下工艺设备的参数配置。但是在实际生产中，这些测试数据难以与实际的生产环境建立准确关联，且质量控制过程中对收集的数据进行分析、过滤、挖掘的速度较慢，得到的分析结果相对滞后，当生产过程中环境发生变化时，无法通过实时的调控避免相应的质量问题。采用大数据分析技术，实时监控、同步分析产品质量及其相应的环境、设备和工艺参数，能建立质量指标、参数配置与实时生产的强关联性，再结合从历史数据中学习的最优控制参数的配置方案，实现生产过程中的最优参数配置，进一步提升产品的产出质量。

（4）实现制造过程实时监控，预防产品质量问题的产生。采用传统的质量控制方法，当最终检测到质量问题时，难以追溯发生质量问题的原因，往往需要较长的时间定位和解决质量问题。大数据下的质量控制不仅对产品质量本身进行实时的监控，还对整个生产过程进行监控，包括人员、设备和工序等，当相关的人员、设备出现异常时，就能实时检测、及时修复。因此，大数据驱动的质量控制能够实现针对异常的实时、准确地诊断，快速完成异常处理，减少质量问题的产生。

（三）生产设备的预测性维护

“凡事预则立，不预则废”，对于制造企业的命脉——生产设备来说尤其如此。突发的设备故障不但会严重影响生产进程，严重的更会造成重大财产损失甚至人身伤害。传统的设备维护主要是依据设备的使用说明和维护规程，定期进行，一旦有故障发生，则需要快速响应。物联网和智能设备的发展使及时获得大量的设备状态数据成为可能，设备大数据的分析和数据挖掘则使提前预测设备故障成为可能，做到防患于未然，提前发现潜在的设备运行风险，优化设备的运维计划和提高设备的运行效率，并可有效延长设备使用寿命。

基于大数据的设备故障预测需要用到多种统计分析、数据挖掘及机器学习技术，并从多维度进行，如把设备状态与标准相比、把设备状态跟自身相比以及把设备状态与类似设备相比。表 3–1 列举了常用的设备故障预测技术。

将设备预测性维护的思路应用到产品，可以实现预测性的售后服务，这可以创新甚至颠覆整个售后服务体系，制定个性化的保修策略，也可开展新型业务，如设备租赁、提供保证零宕机（或极低宕机率）的服务等。

表3-1 常用的设备故障预测技术

模型描述	价　值	分析模型	数据源	解决的业务问题
主要部件故障预测	通过设备健康指数预测可能发生的故障	分类模型	维修历史，流体分析，重要信息管理系统，事件日志，等等	是否有迹象显示主要部件在近期将发生故障
通过特定设备历史预测部件生命周期	了解每个小故障可能带来的影响，同时估计部件的生命周期	回归模型	维修历史、时间日志等	小故障如何影响部件的生命周期长度？设备运行环境在当中占多大影响
识别并发故障	根据历史数据，识别高概率的设备并发故障	关联性模型	保修数据，维修历史	哪些故障容易并发
识别设备集群中的异常	识别异常运作的设备群	聚类模型	内容管理系统（趋势、流体分析、时间日志）以及其他电子数据	在某现场或某设备集群中，哪些设备的行为异于其他设备
统计过程控制	识别统计意义上的罕见状态，以对该状态进行进一步调查	运行控制图、范围控制图	内容管理系统（趋势、流体分析、时间日志）以及其他电子数据	当监测到电子数据变化时，系统根据何种规则触发警报
综合预测部件生命周期	延长部件寿命、更好的机读编目分析	威布尔分析	产品生命周期管理系统，维修历史、时间日志等	部件生命周期数据如何用于产品设计、反应时间决策等

（四）基于大数据的工业节能

统计数字显示，工业的能耗占据美国总能耗和温室气体排放的30%，在中国这一数字更高。同时，能源消耗也是制造业中仅次于原材料消耗的第二大成本来源，如在钢铁行业，能源消耗占制造总成本的20%，而在石油和化工行业，一半的工厂运营花销来自能源消耗。随着全球商业环境的变化，企业面临的竞争加剧，在不影响生产和产品质量的前提下如何节约成本显得尤为重要；另一方面，各国对环境保护的重视与日俱增，各国政府都在大力倡导节能减排，企业不但需要考虑更多的社会责任，也面临日益严苛的环保法规约束。因此，对于制造业来说，如何有效地进行能源优化，实现节能减排显得尤其重要。

实现工厂能源优化的基础是能源消耗的可视化，近年物联网和信息系统的发展使得工厂能源信息的采集和管理逐渐建立起来。各种传感器的加装以及能源管理系统（Energy Management System，EMS）的建立提供了能源消耗、能源供应、生产状态、设备与环境参数的统一视图，加上制造执行系统（Manufacturing Execution System，MES）提供的生产数据，能够为工厂实现设备粒度级别的能耗及状态监控，并为实现能源结构优化奠定了基础。

在实现了能源消耗可视化的基础上，通过大数据分析，可以从以下几方面有效地节省能耗。

（1）优化排产。通过精准的需求预测以及生产计划优化，可以有效地减少不必要的生产设备开机运行时间，从而减少能源浪费。

（2）优化设备使用。在优化排产的基础上，结合生产和设备的特点，合理调度设备的使用状态，适时关停设备或将设备置于待机或节能状态，从而减少不必要的能源消耗。

（3）平衡能源供需。对于一些特殊行业，如钢铁、石化等流程制造行业，能源的供应和生产的过程都是连续的，一经开始轻易无法暂停，在这样的情况下有效做到能源的供需平衡就显得格外重要。基于对能源供应以及需要的精确预测，合理调度生产活动，就可以有效避免供过于求时的能源浪费或供不应求时对生产进度的影响。

（4）合理利用次生能源。对于钢铁、石化等流程行业来说，生产的过程中除了消耗大量的一次能源，如煤、电等，同时产生大量的次生能源，如高压蒸汽、可燃气体等。由于这些能源的存储难度极大，如果不能及时有效利用，必将造成大量的能源浪费。通过对能源产生及消耗的精确监控与预测，通过优化排产及工艺，可以有效地避免次生能源的浪费。

第三节　智能制造与云计算

智慧云制造是正在到来的“互联网 + 人工智能 +”时代的一种智造新模式、新手段和新业态，是实施“中国制造 2025”战略规划和“互联网 + 制造业”的一种智能制造模式、手段和业态。

一、智慧云制造的产生与发展

云计算作为推动车间智能化发展的核心技术，最早出现于 1983 年，由太阳计算机系统有限公司提出。此时，云计算主要指通过电脑储存整合网络信息，有“网络是电脑”之称。

2006 年 3 月，美国最大的网络电子商务公司亚马逊推出“弹性计算云”服务，即一种提供云计算服务的平台。

2006 年 8 月 9 日，谷歌首席执行官埃里克·施密特在 2006 年搜索引擎大会上第一次明确提出“云计算”的概念。次年，“云计算”开始在美国知名大学推广，力图通过新技术带动学术领域的发展。

2008 年年初，谷歌开始在中国台湾知名大学推行“云计算学术计划”，这是谷歌在推行云计算与学术领域结合的又一次深化。同年，雅虎、惠普和英特尔三巨头联合创建“云计算测试平台”。

云计算在中国落地发展始于 2008 年 5 月，中国首个云计算中心在无锡太湖新城科教产业园建立，随之云计算研究基地在北京、东莞、南京等多地相继建立。

当前，全球制造业的发展正在经历深刻的调整和变革。一方面，发达国家高端制造回流本土和一些发展中国家制造业低成本优势日趋明显，引发国际制造业发展态势和竞争格局面临重大调整；另一方面，新一代信息通信技术和人工智能技术快速发展并与制造业深度融合，引发了制造业制造模式、制造流程、制造手段、生态系统等的重大变革。与此同时，中国正面临从价值链的低端向中高端、从制造大国向制造强国、从中国制造向中国创造转变的关键时期。

二、智慧云制造的技术实现

（一）智慧云制造定义

智慧云制造基于泛在网络，是借助新兴制造技术、新兴信息技术、智能科学技术及制造应用领域技术四类技术深度融合的数字化、网络化、智能化技术手段，将智慧制造资源与能力构造成智慧服务云（网），构成以用户为中心的统一经营的智慧制造资源、产品与能力的服务云（网），使用户通过智慧终端及智慧云制造服务平台便能随时随地按需获取智慧制造资源、产品与服务，对制造全系统、全生命周期活动（产业链）中的人、机、物、环境、信息进行自主智慧地感知、互联、协同、学习、分析、预测、决策、控制与执行，使制造全系统及全生命周期活动中的人 / 组织、经营管理、技术 / 设备（三要素）及信息流、物流、资金流、知识流、服务流（五流）集成优化，形成一种基于泛在网络，以用户为中心，人 / 机 / 物 / 信息融合，互联化、服务化、协同化、个性化（定制化）、柔性化、社会化的智慧制造新模式和“泛在互联、数据驱动、共享服务、跨界融合、自主智慧、万众创新”的新业态，进而高效、优质、节省、绿色、柔性地制造产品和服务用户，提高企业（或集团）的市场竞争能力。

“智慧云制造”的“智慧”体现在制造资源、产品、制造能力、制造云平台及制造云的构成、运行、评估等方面，即“智慧云制造”在制造模式、手段和支撑技术（智慧化的信息技术和智慧化的制造技术）方面都体现了智慧特征。这里的“智慧”强调了：创新驱动；以人（用户）为中心的人机深度融合；数字化、网络化（互联化）、智能化的深度融合；工业化与信息化的深度融合；智慧地运营制造全系统和制造全生命周期活动中的人、机、物、环境与信息等方面的内容。

（二）智慧云制造系统概念模型

智慧云制造系统是按智慧云制造模式和手段构建的制造系统（智慧制造云）。

智慧云制造系统的概念模型如图 3-5 所示，一个核心支持：智慧云制造平台；两个过程：智慧资源 / 能力 / 产品服务接入、智慧资源 / 能力产品服务取出；三大部分：智慧制造（软、硬）资源 / 制造能力 / 产品、智慧制造云池、制造全生命周期智慧应用活动；三类人员：智慧制造服务提供者、智慧制造云运营者、智慧制造服务使用者（制造企业、产品用户）。

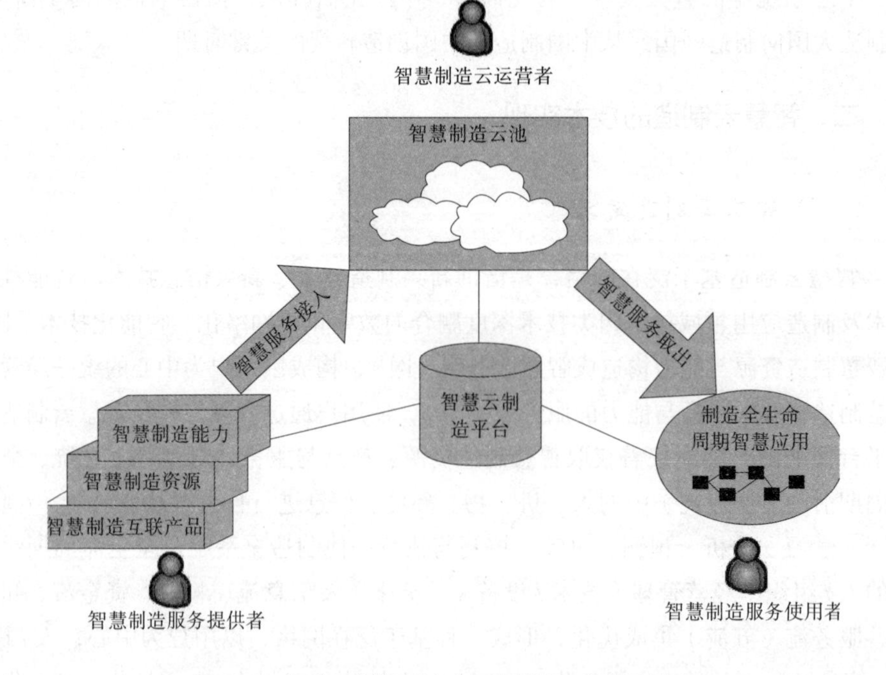

图 3-5　智慧云制造系统（智慧制造云）概念模型

（三）智慧云制造系统体系结构

智慧云制造系统实质上是一种基于泛在网络及其组合的、人 / 机 / 物 / 环境 / 信息深度融合的、提供智慧制造资源、产品与智慧制造能力随时随地按需服务的智慧制造服务互联系统。它就是一种“互联网（云）+ 智慧制造资源、产品与能力”的智慧制造系统。它的体系结构如图 3–6 所示。

值得注意的是，智慧云制造系统的实施范围可以是区域、行业乃至跨行业的层次，也可以是工厂、企业的层次，还可以是制造单元、车间的层次，如图 3–7、图 3–8、图 3–9 所示。

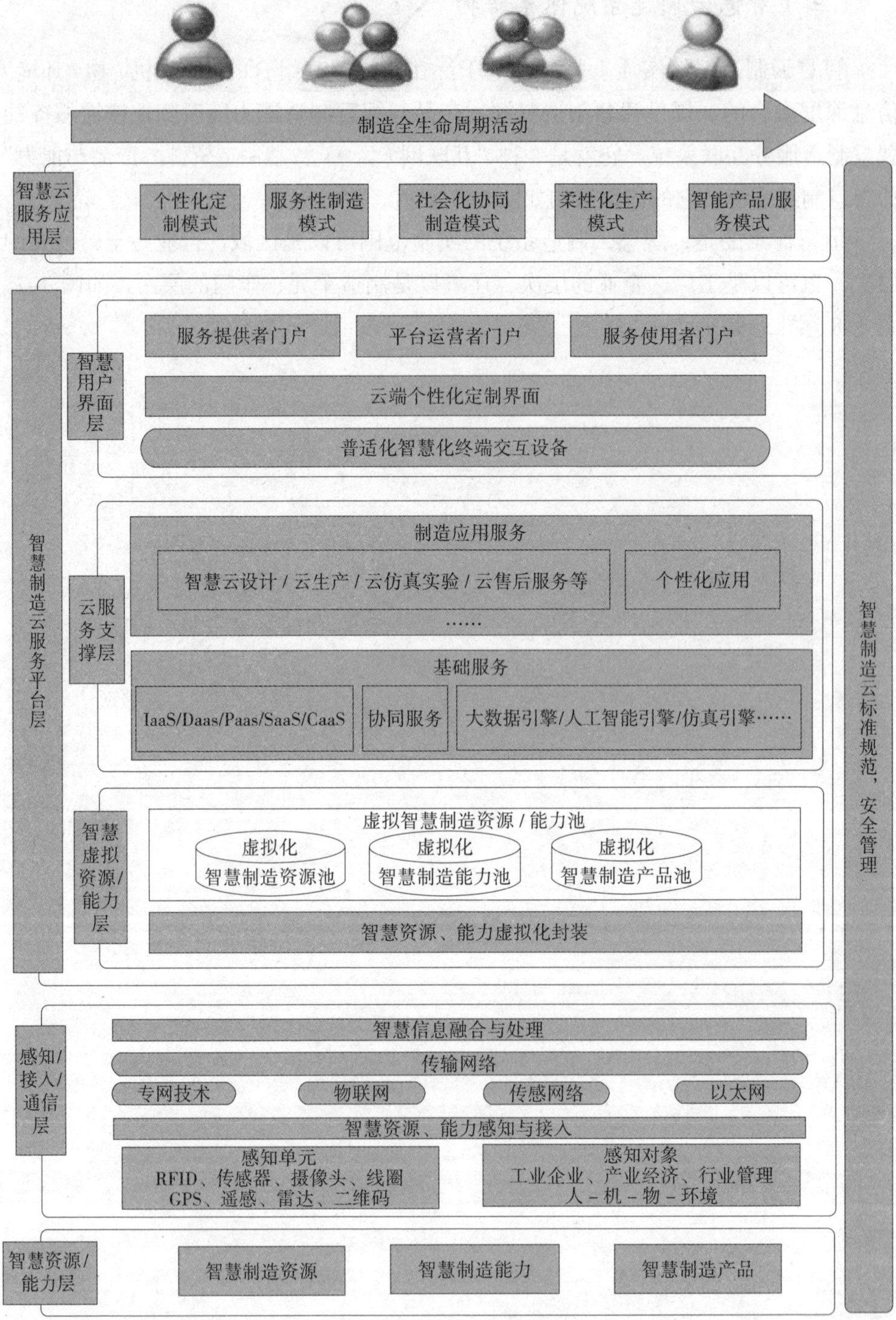

制造全生命周期活动

智慧云服务应用层

个性化定制模式

服务性制造模式

社会化协同制造模式

柔性化生产模式

智能产品/服务模式

智慧制造云服务平台层

智慧用户界面层

服务提供者门户

平台运营者门户

服务使用者门户

云端个性化定制界面

普适化智慧化终端交互设备

云服务支撑层

制造应用服务

智慧云设计 / 云生产 / 云仿真实验 / 云售后服务等

个性化应用

……

基础服务

IaaS/Daas/Paas/SaaS/CaaS

协同服务

大数据引擎/人工智能引擎/仿真引擎……

智慧虚拟资源/能力层

虚拟智慧制造资源 / 能力池

虚拟化智慧制造资源池

虚拟化智慧制造能力池

虚拟化智慧制造产品池

智慧资源、能力虚拟化封装

感知/接入/通信层

智慧信息融合与处理

传输网络

专网技术

物联网

传感网络

以太网

智慧资源、能力感知与接入

感知单元
RFID、传感器、摄像头、线圈
GPS、遥感、雷达、二维码

感知对象
工业企业、产业经济、行业管理
人 - 机 - 物 - 环境

智慧资源/能力层

智慧制造资源

智慧制造能力

智慧制造产品

智慧制造云标准规范，安全管理

图 3-6　智慧云制造系统（智慧制造云）体系结构

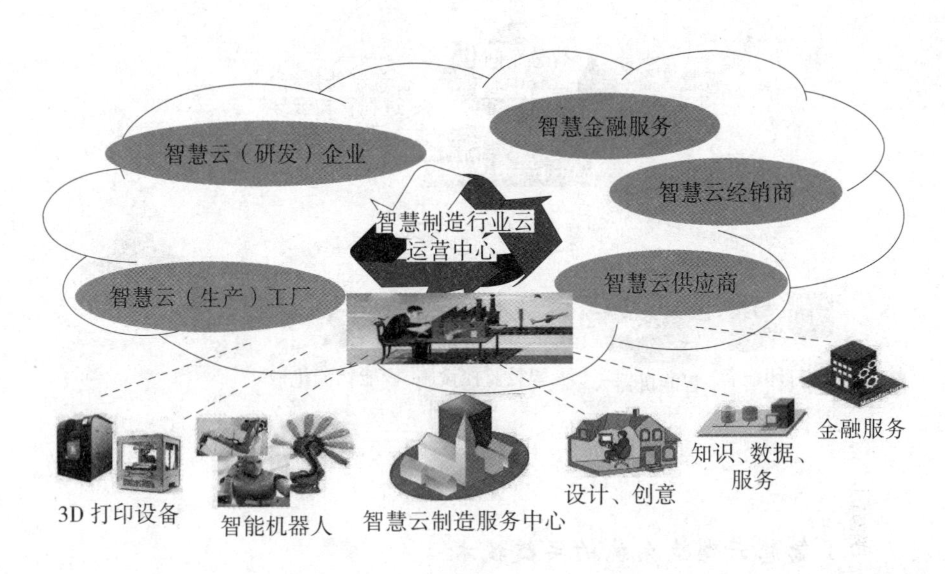

图 3-7　智慧制造行业云示意图

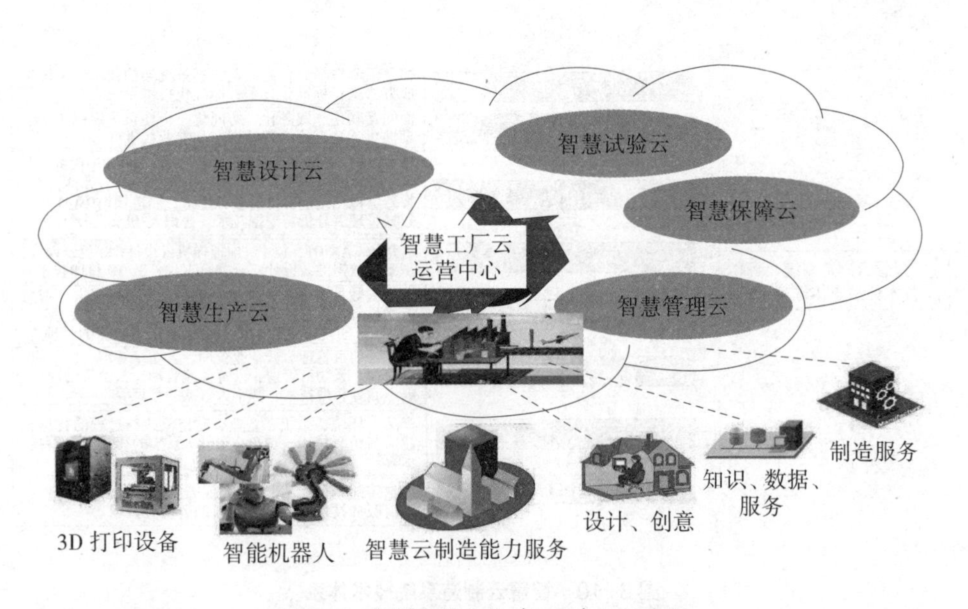

图 3-8　智慧制造企业（工厂）云示意图

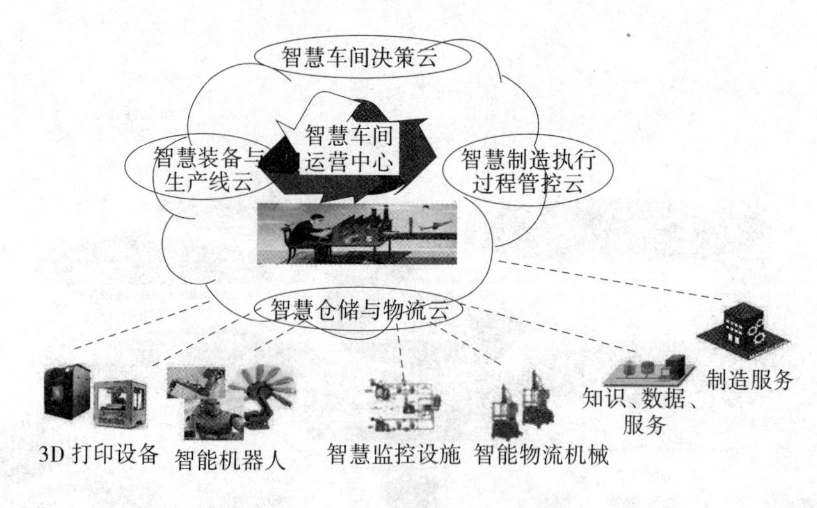

图 3-9　智慧制造车间云示意图

（四）智慧云制造系统的关键技术

智慧云制造系统技术体系包含八大类关键技术（如图 3-10 所示），是实现智慧云制造所需关键技术的集合，它为智慧云制造的研究与实施指明了方向。

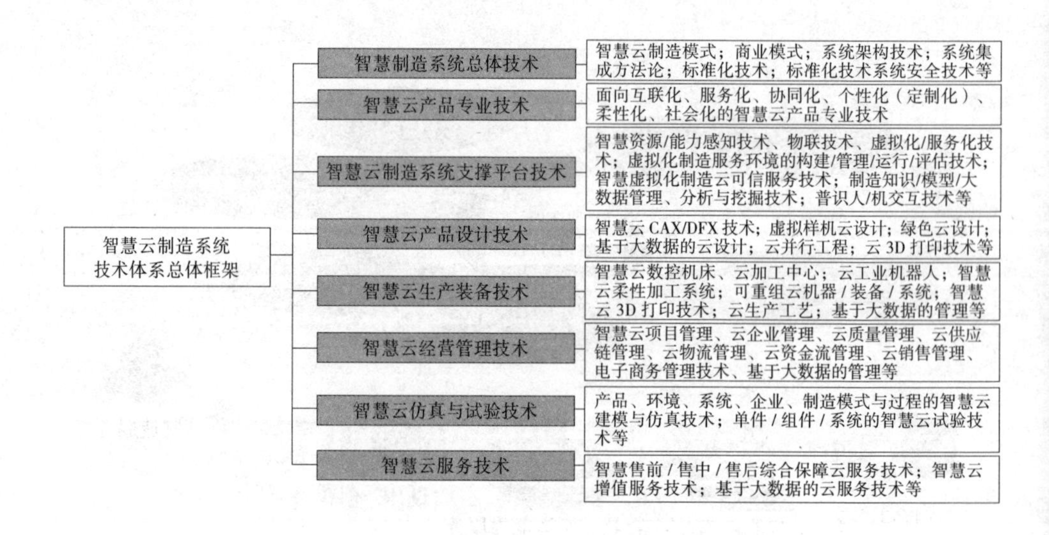

图 3-10　智慧云制造系统技术体系

针对构建智慧云制造系统，智慧云制造软件技术体系包括智慧云制造的系统软件技术、平台软件技术以及应用软件技术（如图 3-11 所示）。

针对构建智慧云制造系统，智慧云制造支撑技术体系包括新兴（大）制造技术、信息通信技术、智能科学技术以及制造应用领域专业技术（如图 3-12 所示）。

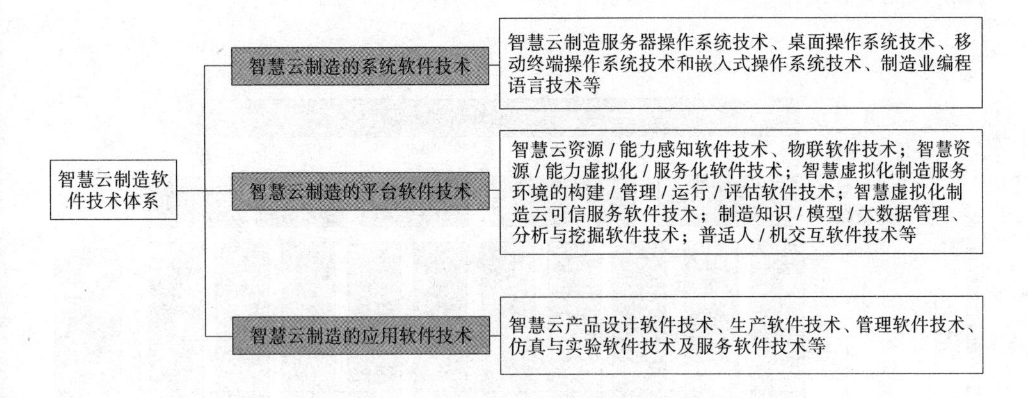

图 3-11　智慧云制造软件技术体系

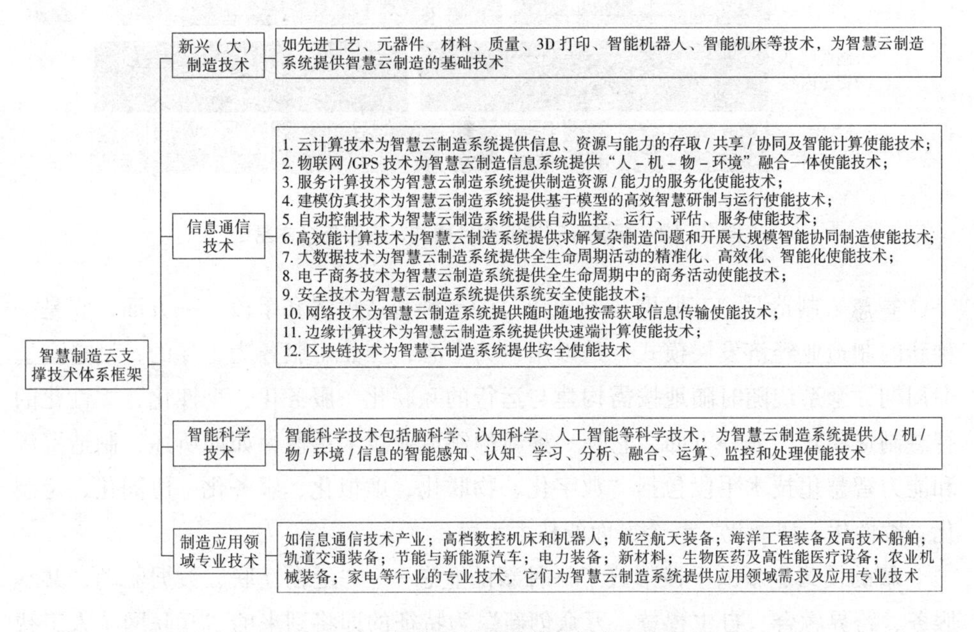

图 3-12　智慧云制造支撑技术体系架构

（五）智慧云制造系统的特征

智慧云制造是基于云计算提供的 IaaS（基础设施即服务）、PaaS（平台即服务）、SaaS（软件即服务）在制造领域的落地和拓展，它丰富和拓展了云计算的资源共享内容、服务模式和支撑技术。智慧云制造的服务模式、内容与技术基础如图 3-13 所示。

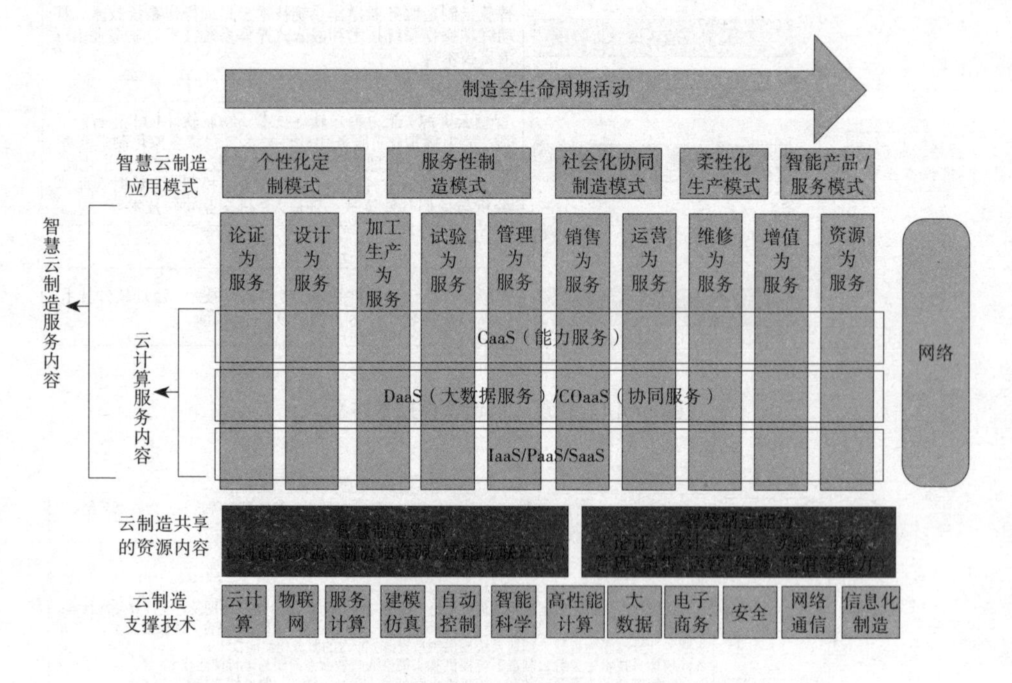

图 3-13　智慧云制造的服务模式、内容与技术基础

智慧云制造是“互联网 + 制造业”的一种智造模式和手段。一方面，它是一种新的制造业经济发展模式，是以用户为中心，产品 + 服务为主导的，制造全生命周期、全系统随时随地按需构建与运行的互联化、服务化、个性化、柔性化的智慧制造模式；另一方面，它是一种新的制造业技术手段，如前所述，制造资源和能力智慧化技术手段包括“数字化、物联化、虚拟化、服务化、协同化、定制化、柔性化、智能化”八个方面的技术手段。

新的模式、新的手段形成了一种新的业态——“泛在互联、数据驱动、共享服务、跨界融合、自主智慧、万众创新”为特征的即将到来的“互联网 + 人工智能 +”时代中的新产业生态，如图 3-14 所示。

值得指出的是，智慧云制造在促进企业创新驱动和转型升级方面的优势正符合当今我国制造业发展对策的需要。

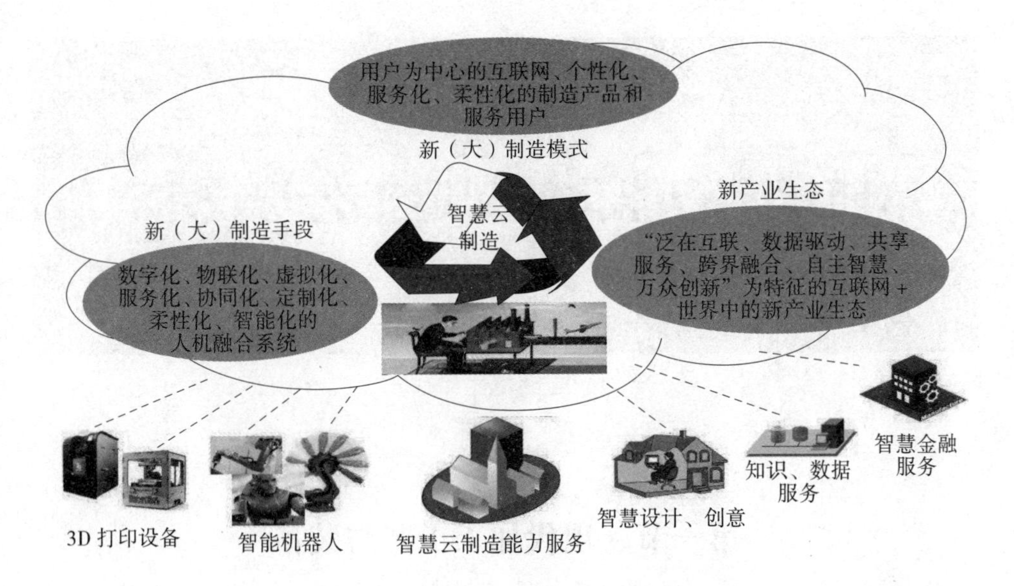

图 3-14　智慧云制造的新特征示意图

第四章　智能化的制造工艺与技术

第一节　现代加工工艺与装备

一、现代制造工艺及装备的发展趋势

“优质、高效、低成本和绿色”是制造技术和制造业发展的永恒目标，为满足现代复杂产品制造过程中质量、成本、效率和环保的新需求，现代制造工艺及装备技术的发展呈现出高速化、复合化、精密化、微细化、自动化、数字化、绿色化等趋势，把握这些发展趋势对于实现智能制造具有重要意义。

（一）高速化和复合化

高速加工已成为21世纪机械加工工艺中最重要的手段。目前，国外铝合金的高速加工切削速度可达2000~5000m/min，切削进给速度可达20m/min以上，快速进给速度可达60~200m/min，材料去除速率5000cm³/min以上。

工艺复合化正在成为制造技术发展的热点。工艺复合化是将不同的加工工艺方法集成在同一台（套）装备上，实现工艺集中，以减少加工工序，缩短辅助时间，提高加工效率和质量，在航空、航天、模具、汽车等生产领域得到成功应用。近两年来，金属切削（减材加工）与激光融覆（增材制造）两种加工方式混合的新型增/减材混合加工中心也已问世，有望获得工业应用。

（二）精密化和微细化

加工的精密化是实现复杂产品精确化、轻量化、智能化要求的必要基础。例如，成形加工技术越来越多地采用精密铸造、精密锻压冲压技术，并向精密成形

或近净成形/净成形方向发展，金属材料增材制造的发展为复杂结构零件近净成形/净成形提供了一种新的技术途径。高精度电加工机床、高精度双主轴车削中心、高精度齿轮磨床、超精密光学零件加工机床等精密/超精密加工设备不断涌现。这些工艺装备的研发应用使得产品的零件精度、材料利用率都将得到大幅提高。精密金属切削数控机床已稳定达到微米级定位精度，并在向亚微米级发展，超精密加工则可实现纳米级的加工精度。

随着微纳制造技术的发展，硅微加工、LIGA、准LIGA技术等MEMS加工技术已得到越来越多的应用，微细电火花、飞秒激光加工、电子束加工等微细特种加工技术已在微小型复杂结构加工方面获得成功应用；利用扫描隧道显微镜和原子力显微镜的纳米加工、聚焦离子束加工、准分子激光直写加工、纳米压印等纳米加工方法，可以通过原子和分子的去除、搬迁和重组，实现纳米级精度和纳米级表层的加工。

（三）自动化、数字化和智能化

先进集成制造技术正成为制造业不断推出新产品、快速响应市场并赢得竞争的主要手段。在设计制造过程中，CAX（CAD、CAM、CAE、CAPP等）一体化及实现与后端的CNC、CMM集成；在生产系统管理中，实现ERP、SRM、CRM、MBOM、MES等的集成应用；在产品全生命周期过程中，实现PDM、PLM的一体化。

数字化技术以及先进工艺与装备技术在制造业中的广泛应用，大大提高了现代产品研制生产的效率。例如，发达国家数控机床占机床总数的30%~40%，航空制造业达到50%~80%，普遍采用了工艺、程序、刀具及切削参数优化和车间数字化管理等技术，显著提高了数控机床利用率和切削效率。

伴随着当今社会从"工业3.0"时代走向"工业4.0"时代，现代制造技术进一步将向装备智能化、工艺优化方向发展，各种智能化加工装备，如智能机床、机器人、智能物流和增/减材混合加工装备等正在越来越多地应用于各种加工过程和生产线，三维智能化工艺规划、基于加工过程仿真的工艺优化和虚拟车间/工厂等，正在使得制造工艺和制造流程变得更加高效、优质、节能和可控。优化的加工工艺、智能化的加工装备、赛博物理融合的生产系统和生产过程将极大地改变传统的制造模式和制造形态。

（四）绿色化和安全化

绿色化是现代制造发展的新趋势，包括环境友好的设计与制造、生态工厂、清洁化生产等方面，并且在产品全生命周期中采用各种绿色化技术，是可持续发展战略在制造业中的体现。例如，飞机、汽车、机车、机床等装备的结构轻量化设计制造，金属切削加工过程采用干切削、微量润滑切削、低温切削等技术，以减少车间的油雾污染和废液排放，还有电子产品绿色清洗、无铅组装等技术的推广应用。

一些特殊用途产品，如危险化工、火炸药等产品生产过程的安全技术，受到欧美及俄罗斯等发达国家的特别重视，他们广泛利用先进制造工艺及自动化装备技术，推动安全生产技术的发展，在实现生产的自动化、柔性化、高效化的同时，提高生产过程的本质安全水平。

二、现代加工工艺及其智能化发展

由于现代加工工艺涉及的专业范围宽、关键技术多、应用面广，且是一个内容丰富、不断发展的专业技术领域，限于篇幅，难以在一章的篇幅中一一述及。因此，下面仅选取智能机床及智能数控加工、超精密加工、无模成形、高能束流加工、机器人和增材制造等几个重点工艺及装备技术进行讨论。

（一）智能机床及智能数控加工

作为用来制造机器和装备的加工母机，机床的发展在不同的工业时代具有显著不同的特点。

在“工业 2.0”时代，随着伺服控制技术的进步，世界上出现了第一台数控机床（1952 年），随后，电子数字计算机技术的应用使数控机床（Numerical Control，NC）成为计算机数控（Computerized Numerical Control，CNC）机床。CNC 机床及其加工技术综合了机床设计与制造、自动控制与测量、电动机与驱动、计算机软硬件、切削加工原理、切削刀具及工艺等多学科的原理、方法和技术，具有加工精度高、生产效率高、零件适应性强、生产柔性好、自动化程度高等特点，成为“工业 3.0”时代的制造业中广泛应用的制造装备，是实现计算机集成制造、数字化制造和未来智能制造的基础。

CNC 机床的坐标轴联动控制已从最初的两轴、三轴联动发展到五轴联动控制，并可实现更多轴的控制。五轴联动 CNC 机床可实现对五面体零件和复杂空间曲线及曲面的高效率、高精度加工，属于高端制造装备，主要应用于飞机整体结构件、航空发动机复杂零件、模具等各种复杂零件的切削加工，如飞机各种梁 / 框 / 肋等结构件、航空发动机叶轮 / 叶片 / 整体叶盘、大型船用螺旋桨、重型发电机转子、汽轮机转子、大型柴油机曲轴、汽车覆盖件模具等。

未来 CNC 机床将向智能机床发展，智能机床是一种对机床和加工过程具有信息感知、数据分析、优化决策、适应控制和通用网络互联等能力的高性能数控机床。智能机床将具有多功能化、集成化、聪明化和绿色化等特点，能够感知和获取机床状态和加工过程的信号及数据，通过变换处理、建模分析和数据挖掘，形成支持决策的信息和指令，实现对机床及加工过程的监测、预报、优化和控制，同时还具有符合通用标准的通信接口和信息共享机制，使机床满足高效柔性生产和自适应优化控制的要求。

高端数控机床及加工过程智能化已成为国际上机床技术发展的主要趋势，工业发达国家都致力于研究开发智能数控关键技术，推出智能机床相关产品。

DMG Mori（德国 + 日本）2013 年推出 CELOS 智能化数控操作系统，具有防碰撞功能、自适应控制功能、五轴自动标定 / 补偿、主轴监控 / 诊断等功能。2015 年发布的 CELOSApp 功能包括：任务管理器、任务规划、任务助手、刀具处理、托盘交换、数控系统、CAD-CAM 视图、切削计算器、文档管理、效率工具、网络服务、服务代理、节能、设置、状态监测、短信服务 16 项智能应用。

MAZAK（日本）2006 年提出"Intelligent Machine"，即智能机床概念，在其智能机床产品上不断开发出振动抑制、主轴监控、热位移控制以及防碰撞等智能化功能。MAZAK 的智能机床产品上的智能功能已由最初的几项发展到 12 项功能：拐角平滑控制、可变加工速度控制、热位移控制、干涉防止、5 轴高精校准、加工参数精细调整、振动抑制、主轴监测、语音导航、保养监控、工作台平衡感知、棒材供应控制。

SYMG（中国沈阳机床）研发并向市场推出了 i5 系统智能机床，i5 意为：Industry，Information，Internet，Integrate，Intelligent 五个词汇中的首字母"i"。i5 系统赋予了数控机床编程智能化、操作智能化、维护智能化和管理智能化等多方面的智能化。

HAIDENHAN（德国）一直致力于发展智能数控技术，在智能防碰撞、虚拟机床、动态高效、动态高精、自动校准和优化机床精度等方面为数控系统增加智能化功能，将过去在 CAD/CAM 中实现的一些高效高精加工策略，以及自动校准、抑振控制、适应控制等作为智能化功能加入数控系统之中。

智能机床将成为实现"智能工厂"和"智能生产"的基本要素和物理基础，以智能机床为基础将实现加工过程的网络化、数字化和智能化，即智能加工。在智能加工中，基于智能机床的传感、检测、仿真、补偿、优化、监测、诊断、控制和通信等功能，将实现"人—机—物"互联、信息系统与加工过程互联和加工工艺过程优化，实现真正的智能加工和智能生产。

（二）超精密加工技术

超精密加工是指几何精度在亚微米量级以下、表面粗糙度值小于 25nm 的制造技术。超精密加工技术是先进制造的核心技术之一，是制造工程与科学发展的前沿，是实现现代装备精确化、轻量化、智能化的关键基础。

20 世纪 50 年代，美国率先开发了金刚石刀具超精密切削——单点金刚石切削（Single Point Diamond Turning，SPDT）技术，用于加工激光核聚变反射镜、战术导弹及载人飞船用球面、非球面大型零件等，开创了超精密加工领域。随后，工业发达国家，如英国、荷兰、日本等国家，相继推动和发展超精密加工技术，现已形成超精密切削加工、超精密磨削加工、超精密抛光加工和超精密特种加工（如电子束、离子束加工）四个分支，并且已广泛用于航空航天、军工、天文、精密光学仪器、电子等领域。各种超精密加工方法能达到的精度范围，如图 4-1 所示。

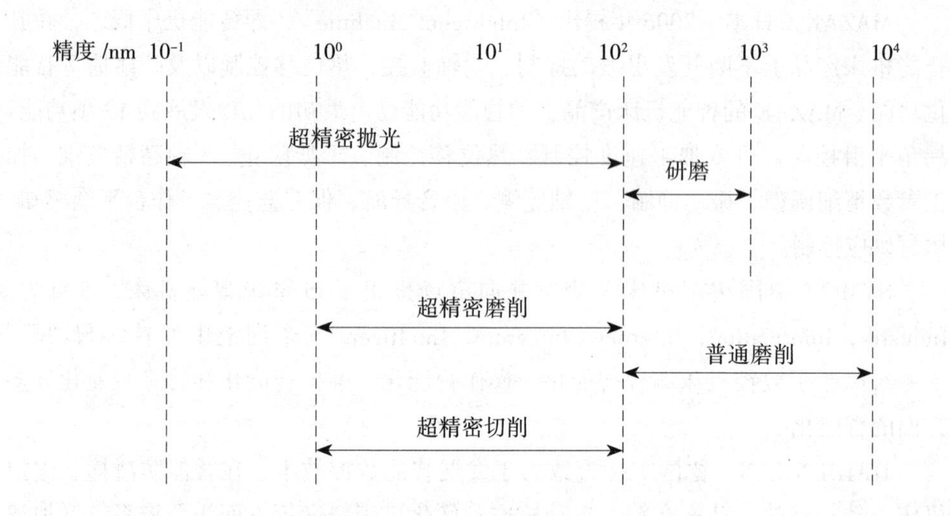

图 4-1　各种超精密加工方法能达到的精度范围

超精密切削加工通常是采用金刚石等超硬材料作为刀具进行微量切削加工的技术，包括超精密车削、镗削、铣削及复合加工等，其加工表面粗糙度 *Ra* 可达到几十纳米，常用于有色金属材料的球面、非球面和平面等反射镜零件的加工。国外典型的超精密切削加工装备有美国 LLNL 实验室的 LODTM（Large Optic Diamond Turning Machine）大型金刚石超精密车床、日本丰田工机的 AHN60-3D 超精密车 / 磨加工机床等，在超精密加工技术与机床系统发展史上具有里程碑的示范作用。北京航空精密研究所研制的 Nanosys-1000 数控光学加工机床，可加工工件尺寸大于 1m，具有纳米级的测量和控制系统分辨率，加工面形精度达到亚微米级，工件表面粗糙度达到纳米级。

超精密磨削是在磨削加工机床上利用细粒度或超细粒度的固结磨料砂轮实现材料高效率去除的加工方法，其加工精度达到或高于 0.1μm，加工表面粗糙度 *Ra* 值小于 0.025μm，超精密磨削是超精密加工技术中兼顾加工精度、表面质量和加工效率的加工手段，主要应用于单晶硅片、工程陶瓷、光学玻璃、光学晶体、蓝宝石基片等硬脆材料零件的高效超精密加工，是球面、抛物面、保形曲面等多种曲面的透镜、反射镜、腔体等光学激光关键零件的主要加工手段。

超精密抛光是利用微细磨粒的机械作用和化学作用，在软质抛光工具或化学液、电场、磁场等辅助作用下，获得光滑或超光滑高质量表面的一种加工方法，是当前主要的最终加工手段。近 30 年来，不断出现超精密抛光加工新原理，如超精密无损伤抛光、非接触抛光、界面反应抛光、电 / 磁场辅助抛光等新概念和新原理，发展了化学机械抛光、机械化学抛光、水合抛光、磁流体抛光、磁磨料抛光等新方法。

超精密特种加工是近年来发展起来的应用光能、电能、热能、化学能和电化学能等非传统加工方法的超精密特种加工技术，主要有电子束加工、离子束加工、激光束加工、微细电火花加工等方法。

超精密加工的发展趋势：一是加工精度和效率进一步提高；二是加工工艺过程的整合化和复合化；三是加工对象尺度的大型化和微型化；四是完善在线检测手段以提高加工质量；五是在数字化和标准化基础上的智能化。

智能化是超精密加工发展的重要方向。超精密加工智能化离不开 3D 数字化设计仿真、工艺过程全参数量化、工艺过程标准化、工艺装备模块化等基础。其中，3D 数字化设计仿真是实现超精密加工智能化的前提，基于数字化设计仿真的虚拟制造可以将动态仿真与拟实环境相结合，可对超精密加工过程进行仿真、预测和优化；工艺过程全参数量化是智能化的核心，即通过多种传感器和感知手段，如位移、振动、温度、图像等传感器，感知和获取加工过程几何变形、位置误差、表面形貌、表面粗糙度以及表面残余应力等状态和属性参数，进行实时处理和智能分析，对超精密加工过程进行实时监测、参数补偿、自动调整和适应控制等。

（三）先进无模成形技术

无模成形技术是近年来快速发展起来的一种先进智能化成形制造技术，它是借助于计算机技术，利用多点成形或增量成形方法，实现金属板料的无模具塑性成形。无模成形技术主要有：喷丸成形、数字化渐进成形、无模多点成形、激光无模成形等。

喷丸成形是利用高速的球形弹丸流喷射撞击工件表面层，使受撞击的表面及其下层金属材料产生塑性变形而延伸，从而逐步使板材发生弯曲变形而达到所需外形的一种成形方法。喷丸成形最早是一种飞机钣金工艺加工方法，具有不须使用模具、降低零部件工作应力等优点，特别适合应用于大型机翼、机身、火箭等的整体壁板类零部件的成形。

数字化板材渐进成形是近十几年来兴起的一种无模具柔性成形新技术，它引入了快速原型中的分层制造思想，将复杂的三维数字模型沿高度方向离散成许多断面层（即分解成一系列等高线层），并生成各等高线层面上的加工轨迹，成形工具在计算机控制下沿该等高线层面上的加工轨迹运动，使板材沿成形工具轨迹包络面逐次变形，即以工具头的运动所形成的包络面来代替模具的型面，以对板材进行逐次局部变形代替整体成形，最终将板材成形为所需的工件。该技术适用于航空航天、汽车工业和其他民用产品小批量、多品种成形加工，尤其适用于难成形的钣金件加工和新产品研制。

无模多点成形是采用柔性多点模具进行成形加工的一种方法，其基本原理是将传统的整体模具离散成一系列规则排列、高度可调的基本体（或称“冲头”），由基本体群冲头（点阵）的包络面（或称“成形曲面”），拟合出模具的三维型面，形成离散曲面的模具从而进行成形加工。无模多点模具型面可由计算机控制快速形成，便于实现数字化和智能化，有利于缩短零件研制周期，提高生产效率。

激光成形技术是近年来发展的一类无模成形技术，属于无模具、无外力的非接触式成形技术，主要有激光热应力成形、激光冲击成形和激光喷丸成形等。激光无模成形技术具有生产周期短、柔性好、成形精度高、洁净无污染等优点，并可用于常温下难以变形的材料的成形加工，已成功应用于航空、航天、微电子、船舶制造和汽车工业等多个领域的大型零部件、小批量或单件产品的成形加工。

成形技术总体的发展趋势是自动化、智能化和网络化。计算机技术、数字化技术、控制技术等为无模成形快速发展应用奠定了基础，数字化伺服、柔性数控技术、工艺参数库和工艺知识库等关键技术大大提升了成形装备和成形工艺过程的自动化、数字化水平，智能化成形装备、成形过程数字化和智能化控制、智能化柔性成形生产线、成形过程机器人应用和全面信息化管理将加快实现成形技术向智能化的发展。

（四）高能束流加工技术

高能束流加工是一种利用高能量密度束流对零件进行加工的方法，它利用光量子、电子、等离子等为能量载体，将光、电、磁等能量或能量组合直接作用在被加工零件上，实现对零件的减材、增材加工，或对零件进行变形或改性。高能束流加工过程中主要不依靠机械能的作用，因而作用在“工件、刀具、机床”工艺系统上的作用力小，产生的加工变形和加工应力小；同时，高能束流加工过程整体发热少、热变形小。

高能束流加工技术主要有号称“三束加工”的激光加工、离子束加工、电子束加工等。

激光加工是采用高功率密度的激光束聚集照射工件，使材料（包括金属与非金属）瞬时急剧熔化和气化，并产生很强的冲击波，使被熔化的物质爆炸式地喷溅从而实现零件加工的一种方法。目前，激光加工主要包括激光板材切割、激光打孔、激光打标、激光焊接、激光表面处理以及激光熔覆增材制造等。

电子束加工是一种利用高能量的会聚电子束热效应或电离效应对材料进行加工的方法。常见的电子束加工是在真空条件下，利用电子枪产生电子，经过加速、聚集后形成能量密度极高的电子束流，以极高的速度轰击到工件被加工部位，在极短时间内其能量大部分转换为热能产生高温，从而使材料局部熔化或气化实现加工；电子束加工的另一种方式是利用能量密度较低的电子束轰击高分子材料，将其分子链切断或重新聚合，使材料化学性质和分子量发生变化从而进行加工。电子束加工具有加工材料范围广、加工精度好、表面质量高、加工效率高、便于采用计算机控制、污染小等特点，可应用于打孔、切割、焊接、光刻、表面改性等，近年来采用电子束的金属材料直接增材制造发展较快，如图 5-11 所示。

离子束加工是在真空条件下，将离子源产生的离子束经过加速聚集，撞击到工件材料表面，从而对工件进行加工。离子束加工具有材料适应性好（金属材料和非金属材料都适用）、加工应力及热变形极小、加工表面质量好、污染少等特点，此外材料由于可对离子流密度和能量精确控制，从而可控制实现纳米级的离子刻蚀精度和亚微米级的离子镀膜精度。离子束加工主要应用有：实现工件材料去除的离子刻蚀加工、用于工件表面增材的离子镀膜加工、用于工件表面改性的离子注入加工等。

高能束流加工技术近年在切割、制孔、连接、表面工程、增材制造等不同领域获得了快速增长的应用，成为 21 世纪不可缺少的先进特种加工技术。其进一步发展的主要方向是高效化、复合化和智能化。

第二节　工业机器人

一、工业机器人的特点

机器人是一种能完成有益于人类的工作的半自主或全自主工作的机器，应用于生产过程的机器人称为“工业机器人”。通常，工业机器人是面向工业领域应用的多关节机械手或多自由度机器人，它可以根据人类的指令或设定的程序执行运动路径和作业，依靠自身动力和控制能力来实现各种功能。

工业机器人早期的典型应用有：焊接、喷涂、组装、搬运、上下料、包装、码垛、产品检测和测试等。随着工业需求和机器人技术的发展，工业机器人已应用在钻孔、铆接、打磨、抛光、切割、铣削等机械加工过程。当前工业机器人广泛应用的行业主要是汽车和电子行业，在其他行业的应用也在快速推广，如军工制造、航空航天制造、食品工业、医药设备、金属制品、橡胶塑料等。此外，工业机器人在军事、精细外科和危险作业等方面的应用也已见端倪。

按照工业机器人的结构和工作特点，可将工业机器人分为：移动式工业机器人、多臂协同工业机器人、末端伺服工业机器人和灵巧关节工业机器人。

二、工业机器人关键技术

工业机器人关键技术主要涉及模块化可重构的工业机器人新型机构设计技术、基于实时系统和高速通信总线的高性能开放式控制系统、高速及工作负载环境下工业机器人优化设计方法、工业机器人精度运动规划和伺服控制、三维虚拟仿真与工业机器人生产线集成技术、复杂环境下机器人动力学控制技术、工业机器人故障远程诊断与修复技术等多个方面。针对我国工业机器人发展和存在的问题，王田苗等人建议对工业机器人关键技术开展攻关，重点突破和掌握如下工业机器人关键技术。

（一）灵巧操作技术

工业机器人在制造业应用中需要采用机械臂和机械手模仿人手进行灵巧操作，需要具有高精度、高可靠性感知以及灵敏的运动规划和控制等功能，需要进一步突破独立关节和机构设计技术、传感器、触觉感知阵列等技术，开发出具有高复杂度和优异动力学性能的机械手，实现机器人在加工制造环境中的灵活性操作。

（二）自主导航技术

工业机器人需要在工厂典型的非结构化环境中进行多种工作，如在装配生产线进行原材料搬运装卸、柔性制造系统中AGV高效运输等，所以工业机器人必须具有安全自主的导航功能，重点须突破工业机器人在静态障碍物、车辆、行人以及其他运动物体组成的非结构化环境下的自主导航技术和系统。

（三）环境感知与传感技术

未来的工业机器人须实时检测机器人及其周围设备的任务进展情况，及时检测部件和产品组件的生产情况，感知并判断出工人情绪和身体状态等。因此，应该重点突破高精度触觉、力觉传感、实时图像检测及其解析算法等传感器和信号感知处理技术，具有挑战性的技术还包括非侵入式的生物传感器、人类行为和情绪建模、3D环境感知、基于高精度传感器构建用于装配任务和跟踪任务进度的物理模型等，从而使工业机器人更加智能、更加灵活地在非结构化环境中运行。

（四）人机交互技术

人机合作、与人共融，是未来工业机器人智能化发展和应用的重要趋势，需要研究开发力、温度和振动等多物理作用效应的人机交互装置，建立三维全息环境建模、全浸入式图形化环境和真实三维虚拟现实装置等；还需要解决工业机器人本质安全、对任务环境的自主适应、人机高效协同、人和机器人的交互操作设计等一系列问题。

（五）基于实时系统和高速通信总线的开放式控制系统

基于实时操作系统和高速通信总线的开放式控制系统是实现工业机器人应用的核心技术之一，重点需要突破支持总线通信的模块化分布式实时控制系统结构设计、开源软件与工业机器人操作系统兼容性、模块化软硬件设计与接口规范、集成平台软件的评估与测试方法、控制系统硬件和软件开放性、工业机器人总线通信协议等关键技术，从而可以支持典型多轴工业机器人控制，实现工业机器人与工厂自动化设备的快速集成。

三、工业机器人的智能化发展

未来工业机器人技术的发展聚焦在三个方面：高速高精度化、柔性化、智能化。

工业机器人的高速高精度化主要是为了满足加工应用中的越来越高的效率和质量要求，通过机器人轻量化结构优化设计、高速伺服总线控制、精密定位装置、视觉检测、自学习优化、减振抑振等技术应用和综合改善，不断提高工业机器人的工作速度和精度。

柔性化是现代生产过程中越来越多的产品个性化要求带来的。在未来智能生产过程中，要求工业机器人能够感知生产环境、设备状态、生产情况、人员情绪和身体状态等，更加智能、更加灵活地适应在非结构化环境中执行任务，满足多品种、小批量、个性化生产的需要。

智能化是下一代工业机器人的发展方向，表现在让工业机器人具有“感知与决策、灵巧作业、人机共融”的能力，成为一种可融入人类生产、工作和生活环境，与人优势互补、合作互助，进而成为具备可变作业能力的人类助手型机器人。

工业机器人智能化的两个显著特征是具有智能感知与智能规划能力，智能感知使得工业机器人可以实时获取和处理工作环境下的各种信息，智能规划使得工业机器人在感知环境信息的基础上进行最优决策并做出相应的操作。当今，工业机器人技术正逐渐向着具有行走能力、具有多种感知能力、具有较强的对作业环境的自适应能力的方向发展。

第三节　智能传感器技术

传感器、通信技术、计算机作为现代信息技术系统的三大支柱，已被许多工业发达国家列为近代和未来科学研究和科技综合水平提高与发展的首要战略重点，亦成为衡量一个国家科技发展水平的重要标志之一。

一、传感器概述

（一）传感器的特点

传感器是将某一种物理量，以特定的传递方式，作用在某种敏感材料上，并把感应出的物理量转变成可实测信号的装置。在现代控制系统中，传感器处于连接被测对象和测试系统的接口位置，构成了系统信息输入的主要“窗口”，为系统提供进行控制、处理、决策、执行所必需的原始信息，直接影响和决定着系统的功能。传感器可以直接接触被测对象，也可以不接触。通常对传感器设定了许多技术要求，有一些是对所有类型传感器都适用的，也有只对特定类型传感器适用的特殊要求。针对传感器的工作原理和结构在不同场合均需要的基本要求是：高灵敏度、抗干扰的稳定性、线性、容易调节、高精度、高可靠性、无迟滞性、工作寿命长、可重复性、抗老化、高响应速率、抗环境影响、互换性、低成本、宽测量范围、小尺寸、重量轻和高强度、宽工作范围等。许多控制系统的障碍，首先是难以获取控制对象的信息，一些新机理和高灵敏度检测传感器的出现，使控制技术获得了突破性进展，使其成为某些边缘学科新技术开发的先驱。

（二）传感器分类

传感器作为十四种基础电子元器件之一，其产业领域覆盖敏感材料、敏感元件、传感器件、集成工艺、信息处理、整机产品制造技术、系统应用等环节。

目前全球传感器种类约有 2.2 万余种，随着科技水平的不断提高，新的品种和类型仍在不断出现。而据不完全统计，我国目前已经拥有科研、技术和产品的种类约 1.2 万多种，约占全球种类的 1/2，大多为常规类型和品种，我国在医疗、科研、微生物、化学分析等特种高技术领域仍有大量的品种短缺和空白。

二、传感器技术与我国产业发展现状

（一）国外技术现状

美国、德国、日本等工业发达国家在传感器技术与制造工艺上处于领先地位，特别是产业化工艺技术方面领先国内 10~15 年。从近两年国际工业展览会的数据统计分析可以得出，国际传感器在数字补偿、网络化、智能化、多功能复合等方面技术已经成熟，新原理、新材料、新工艺运用的技术创新不断涌现，新结构、新功能层出不穷；技术指标更加严格；制造工艺更加精细；补偿工艺更加完善；外观质量更加完美。各种传感器的准确度、稳定性和可靠性是重要的质量指标，同时也是用户最直接关心的问题。国外传感器技术发展呈现如下特征。

第一，重视基础技术、基础工艺和共性关键技术的研究，做到基础研究与预先研究并行；共性关键技术研究与应用技术研究并行；典型产品开发与产品工程化并行，保证基础技术与基础工艺处于世界领先地位。

第二，重视基础设施建设和制造技术、制造工艺的研究与应用。配置优良的工艺装备和检测仪器，特别是智能化工艺设备，做到工艺装备最先进。

第三，瞄准全球传感器技术和市场的发展潮流和战略前沿，确定研究课题和产品开发方向。重视新产品和自主知识产权产品的开发，增强核心竞争力。其技术创新和新产品开发的标准是：具有较高的技术先导性，工艺先进性，市场扩展性，效益增值性，使技术与工艺始终处于领先地位。

第四，重视传感器的可靠性设计、控制与管理，严格设计符合性控制和工艺可靠性控制，有效地提高产品生产成品率。

第五，重视市场竞争，加强市场调查与分析，响应快速及时。21 世纪的市场竞争，以个性化服务为特色，以市场响应速度为焦点，以改进和创新产品为基础，以性价比高低为优劣。

第六，重视产品门类和市场应用的行业技术标准，全面理解并掌握整个控制系统或信息采集过程中，上下游接口连接的各项标准的完整性、统一性、协调性。

正因为如此，国外的各类型传感器的品种繁多，规格齐全，集成化与模块化结构，产品的内在与外观质量并重，结构种类千变万化，产业化规模水平不断提升，市场售后服务能力不断增强，把传感器技术推向一个新的发展阶段，把市场竞争推向新的高度。各制造企业都在努力培植自己的核心竞争技术与能力，应用高新技术成果和自主知识产权，打造自己的核心竞争产品。传感器的同类产品不仅在灵敏度、精度、稳定性和可靠性等指标上进行竞争；在新材料的应用、制造技术、生产工艺上也形成了强烈的竞争。

（二）国内产业发展状况

据行业统计，国内目前从事敏感元件与传感器研制与生产的单位共有 1700 家，生产厂家占 58.9%，科研单位占 27%，高等院校占 10%，其他占 4.1%。其中，生产厂家中 67% 与大专院校和科研院所有不同程度的关联，在生产企业中大多数为辅助产品、非专业厂，尚未形成产业化规模生产，相当一部分单位处于开发和研制阶段，在近百个专业生产厂家中 1/3 的厂家仅具有小批量生产能力，有 400 多个品种能够形成批量生产，1/5 的厂家具有中等批量生产能力，30 多个品种能够形成批量生产。

由此可见，国内传感器的生产状况相当薄弱。科研成果向产业化方向转化一直是困扰行业发展的关键问题，即使有些可以进行生产也仅为小批量，远不能用于工业化批量生产，在产品的技术工艺和生产加工制造工艺上与国外同行业相比也存在着相当大的差距。国内市场中大量使用的各类传感器仍要依靠进口。就行业自身来讲，传感器的产业化发展与国外相比有相当大的距离。

当前，国内各类传感器产品技术都有相应的技术和工艺，先后开发出 138 种系列，能够形成产品的有 2400 多个品种。但是，多数传感器中的核心技术，如敏感元件技术并不被企业掌握，大多是后封装工艺技术，部分特殊材料和工艺制作的传感器技术，国内仍没有掌握或正在研发之中。在已经开发出的产品工艺技术中，有些工艺和技术仍无法进行产业化的应用，存在严重脱节现象。研发水平和生产能力参差不齐，受到长期技术封锁和资金、人才制约的影响，这一问题和矛盾很突出。例如，在MEMS工艺等先进技术的应用上，仅停留在实验室或小批量实验阶段，其工艺技术都掌握在大专院校和科研院所，生产传感器的企业在进行批量生产的工艺技术上与国外相比存在着较大的差距，产品综合技术指标与国外也有一定的差距，其主要原因是投入严重不足，导致生产工艺技术和设备落后于国外制造商。目前除代理国外产品外，国内的制造企业均处于小规模生产阶段，存在工艺老化、结构不合理等问题，缺乏产业化生产的基础条件，致使市场应用广泛、技术先进的硅传感器产品长期不能进行批量生产。

据行业统计，我国2014年敏感元件与传感器销售额突破1200亿人民币，其产业辐射和带动作用较大。国内近5000家仪器仪表企业中，有1600多家不同程度地进行生产制造敏感元件及传感器（国内统计数）；国内各省市理工科大专院校、科研机构都有不同程度地开展传感器研发、小批量生产敏感元件及传感器；由于非专业型企业比例较高，因而在企业中传感器为附属产品，产值相对较低，而且重视程度不够。无论哪种类型企业，传感器产值过亿的仅占总企业数量的13%，全国不足200家。产品种类齐全的专业厂家不足3%。与国外相比，在产品品质、工艺水平、生产装备、企业规模、市场占有率和综合竞争能力等方面仍不能与同类企业存在实力抗衡。同国际先进水平相比，新品研制仍落后5~10年，而产业化规模生产技术工艺则落后10~15年。现阶段，我国市场主要应用的传感器绝大部分仍要依赖于进口，主流市场产品依赖国外配套的情况尤为突出。

近几年，国内传感器的市场一直持续增长，随着我国大力培育和发展战略性新兴产业，实施智能制造科技产业化工程、科学仪器设备科技产业化工程、智能制造装备发展工程等；“工业化与信息化”深度融合以及民生领域得到充分关注等为传感器产业的发展提供了广阔的市场，使我国传感器产业发展进入了重要战略机遇期。

工业及汽车电子产品、通信电子产品、消费电子产品和专用设备是我国传感器应用集中的四大领域。其中，工业和汽车电子产品约占市场份额的40%；流量传感器、压力传感器、温度传感器的市场规模最大，传感器市场占有率分别为21%、19%和14%。主要传感器企业中，外资企业比重超过60%，国有企业和民族企业所占比重不足40%。其中，在外资企业中，以日本、美国、韩国和德国企业为多，大约比例分别为27%、20%、15%和13%。

经过多年发展，我国传感器产业的科研、生产、应用体系及区域布局已基本形成：传感器形成了以中科院国家实验室、传感器国家工程研究中心、高等院校为核心的研发体系，以公司企业为主的生产体系，以工业自动控制、科学测试仪器、机电一体化产品为服务对象的应用体系，以地区中心城市为主的产业布局。传感器产业逐步形成长三角、珠三角、京津地区、东北地区、中部地区等五个较为集中的区域。伴随着物联网的兴起，在陕西、四川和山东等地，传感器产业发展很快。

三、传感器技术应用

我国将传感器技术列为国家“八五”重点科技攻关项目，建成了“传感器技术国家重点实验室”“微纳米国家重点实验室”“国家传感器工程中心”等研究开发基地。传感器产业已被国内外公认为是具有发展前途的高技术产业，它以技术含量高、经济效益好、渗透力强、市场前景广等特点为世人所瞩目。

传感器在冶金、能源、交通、石油、化工、水利、电子、环保、航天航空、军工等国民经济各个领域被越来越广泛地应用。

（一）在工业控制中的应用

在工业生产过程中，必须对温度、压力、流量、液位和气体成分等参数进行检测，从而实现对工作状态的监控，以诊断生产设备的各种情况，使生产系统处于最佳状态，保证产品质量，提高效益。目前，传感器与微机、通信等的结合渗透使工业监测实现了自动化和智能化，实现了节能减排和低碳环保，提高了工艺水平和产品品质。

（二）在汽车电控系统中的应用

汽车的安全舒适、低污染、高燃率越来越受到社会的重视，而传感器在汽车中相当于感官和触角，只有它才能准确地采集汽车工作状态的信息，提高自动化程度。汽车传感器主要分布在发动机控制系统、底盘控制系统和车身控制系统。普通汽车上大约装有 10 ～ 20 只传感器，高级豪华车使用则多达 300 个以上，作为汽车电控系统的关键部件，传感器直接影响着汽车技术性能的发挥。

（三）在现代医学领域的应用

医学传感器作为获取生命体征和生理参数指标信息的主要功能器件，其作用日益显著并被广泛应用。例如，在图像处理、临床化学检验、生命体征参数的监护监测，呼吸、神经、心血管疾病的诊断与治疗等方面，以及对人体血糖、血脂、脉象、心脑电、气味等生理特征指标的采集等十分普及。传感器在现代医学仪器设备中已无所不在，它是智慧医疗的基础技术产品。

（四）在环境监测方面的应用

在环境污染问题日趋严重的今天，迫切需要能对污染物进行连续、快速、准确的在线监测。目前，电化学、红外、激光等传感器用于城市整体环境监测和污染物排放点的监测以及排放过程的计量检测中。在大气环境中二氧化硫、有机物排放、粉尘颗粒浓度、水中有机污染物浓度等监测方面，各类传感器提供了多种检测方法和监测手段。

（五）在军事方面的应用

传感器为军事工业提供了信息化的基础和保障，促进了武器、作战指挥、控制、监视和通信方面的信息化与智能化。传感器在远程战场监视、防空、雷达、导弹等系统方面，对提升军事工业和武器装备的信息化水平发挥了重要作用。

（六）在家用电器方面的应用

家用电器正向自动化、智能化、节能、无环境污染的方向发展。一台空调器采用微电脑控制配合传感器技术，就可以实现压缩机的启动、停机、风扇摇头、风门调节、换气等，从而对温度、湿度和空气浊度进行控制。随着人们对家用电器方便、舒适、安全、节能的要求的提高，传感器将得到越来越多的应用。

（七）在学科研究方面的应用

科学技术的不断发展，蕴生了许多新的学科领域。无论是宏观的宇宙，还是微观的粒子世界，都有许多未知的现象和规律需要获取，任何科研实验没有相应的传感器是几乎不可能完成的。通过传感器，科学家可以听到原子发出的声音。

（八）在智能建筑领域中的应用

智能建筑是未来建筑的一种必然趋势，它涵盖智能自动化、信息化、生态化等多方面的内容，具有微型集成化、高精度、数字化和智能化特征的智能传感器将在智能建筑中占有重要的地位，而且在这一领域中传感器今后的作用更加突出。

下　篇

实践篇

第五章　智能制造执行系统

第一节　制造执行系统的体系架构

一、制造执行系统概述

制造执行系统（Manufacturing Execution System，MES）作为智能制造的枢纽，已经成为制造企业应打造的核心应用。

（一）制造执行系统的出现与发展

20 世纪 80 年代后期，美国在总结 MRP Ⅱ实施成功率较低的教训，并吸收日本准时制生产系统（JIT）经验的基础上，提出既重视计划又重视执行的管理新思想，提出制造执行系统（MES）的概念。

制造企业的信息化可分为三个层次。

（1）计划层：以资源（当然包括财务）管理为核心，包括经营决策级和企业计划级。主要功能：生产经营决策，长期、中长期生产计划编制，财务管理，成本管理，人力资源管理，辅助决策等。对于集团公司而言，往往强调的是集团公司的“统一性”。

（2）执行层：分为生产调度级和车间生产级，包括执行计划编制，生产和物流的指挥调度，对设备的采集和控制，质量控制和设备维护。对集团公司而言，往往用于实现各生产实体的“管理特色”。

（3）控制层：分为过程控制级、设备控制级和检测驱动级。主要功能模块包括自适应控制、设备控制、现场各种信号检测。

MES 的发展经历了以下三个阶段：

（1）单点 MES（Point MES)：针对某个单一的生产问题（如制造周期长、在制品库存过大、产品质量得不到保证、设备利用率低、缺乏过程控制等），提供的相应软件（如作业计划与控制、物料管理、质量管理、设备维护和过程管理等)。

（2）项目型 MES：实现了与计划层和控制层的集成，具有丰富的功能、统一的数据库。依赖特定客户环境，柔性差，缺少通用性、灵活性和扩展性。

（3）产品型 MES：参数化、平台化的 MES 软件产品，通用，可客户化，易扩展。

（二）MES 定义和功能特点

国际制造执行系统协会（MESA）对 MES 的定义为："MES 能通过信息传递，对从订单下达开始到产品完成的整个生产过程进行优化管理。当工厂里有实时事件发生时，MES 能对此及时做出反应、报告，并用当前的准确数据对它们进行指导和处理。

这种对状态变化的迅速响应使得 MES 能够减少企业内部没有附加值的活动，有效地指导工厂的生产运作过程，从而使其既能提高工厂及时交货能力、改善物料的流通性能，又能提高生产回报率。MES 还为企业乃至整个产品供应链提供有关生产和产品的关键信息。"

MES 在工厂信息系统中起着中间层的作用——在 MRPII、ERP 系统产生的生产计划的指导下，MES 根据底层控制系统采集的与生产有关的实时数据，对短期生产作业的计划、调度、资源配置和生产过程进行管理或优化。

NIST（美国国家标准与技术研究所）的定义为：MES 是对从实际制造工作启动到产品完工的生产活动进行管理和优化的信息系统，通过掌控最新的准确数据，基于实际情况进行指导、发动、响应、报告工作，为辅助企业决策提供有关生产活动的关键信息。

MES 具有如下一些功能特点。

1. 实时指挥

基于生产要完成的目标和生产现场的实际情况，全面指挥人、机、物，包括：对机加、装配、测试、质检、物流、现场工艺和设备维护人员的指挥，以便大家协同高效地工作。

2. 精益生产

精益生产是 MES 的指导思想,MES 围绕精益生产展开，解决生产什么（计划、调度）、如何生产（工艺、现场指示、设备控制）、用什么生产（人工管理、物料调适和设备维护）、质量控制和完成情况的实时获取（同步采集），其核心目标是“保质保量低成本”地完成生产目标。

3. 即时协调

MES 的即时协调功能如图 5-1 所示。俗话说“计划赶不上变化”，实际生产难免发生异常，如物料调适异常、零件质量异常、设备异常等。当这些异常发生时，MES 通过调度和同步两个层次，完成详细进度计划的更新，使进度计划重新回到“协调”状态。

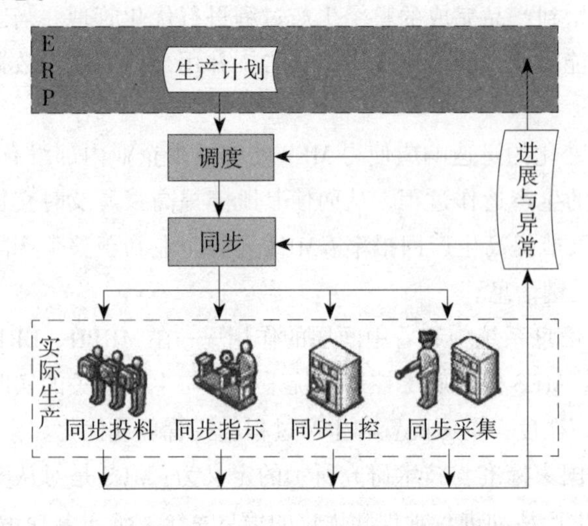

图 5-1 MES 的即时协调功能

4. 智能化

MES 对自控设备进行集中控制和采集，实现生产线的智能化。MES 实现的智能化，在单个设备智能化或单个自控系统智能化之上，是设备联网以及设备与生产计划 / 进度的协同，是管控一体化。

5. 同步（期）物流

物流管控是精益生产的重要内容，MES 的物流体系，不但包括各种物料上线调适方式、在线库管理，而且支持从拉料指示、外购库/自制件库管理，直至成品库和成品物流的全方位物流管理，并与生产实绩关联实现同步（期）物流。

（三）MES在智能制造中的地位及作用

制造信息化的Y字形架构如图5-2所示。制造企业的“核心”信息化，主要是三大系统领域：ERP、CAx和MES。ERP把生产计划传给MES，CAx把BOM和工艺传给MES。

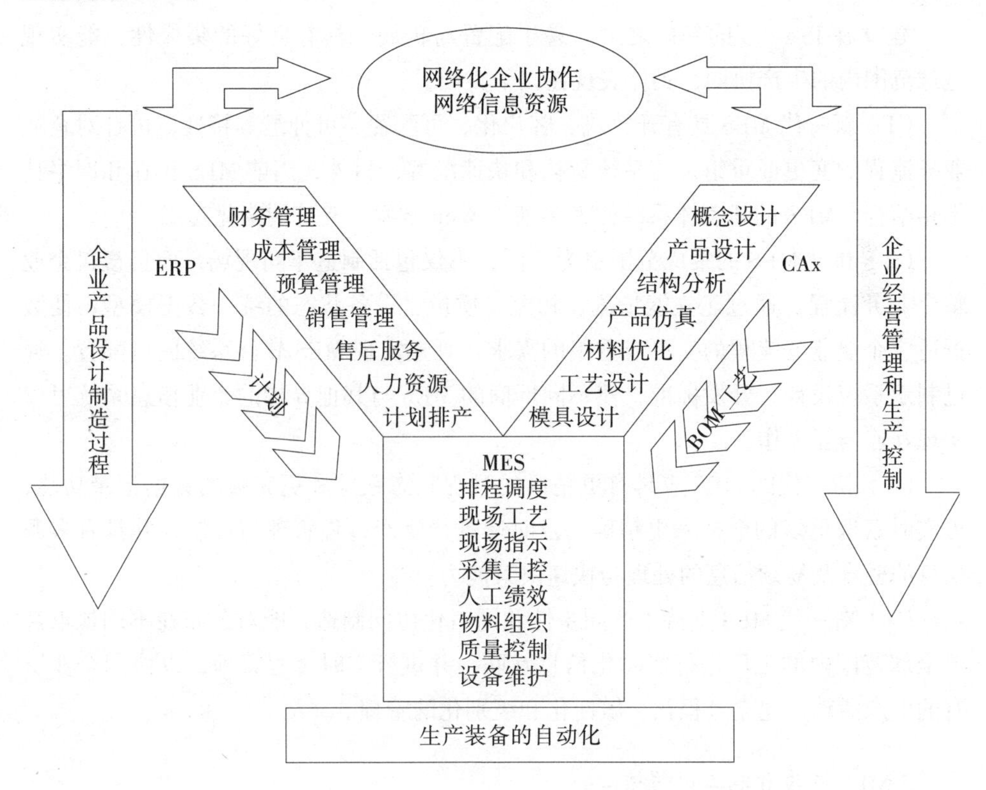

图5-2　制造信息化的Y字形架构

可以从数字化的角度来理解MES。

（1）数字化工位：包括现场指示、人工采集、设备采集、设备自控、现场呼叫（安灯）等功能，往往要结合工位的标准化作业设计，设计数字化工位的功能。

（2）数字化指挥：在各工位数字化的基础上，整体上的生产指挥数字化，以保证生产协同高效，包括计划排程、调度指挥、制程控制、制造协同和中央监控等。

（3）数字化保障：保证生产“保质保量低成本”进行，所需要的计划准确、工艺精准、物流准时、设备高效和质控全面。

（四）MES 的发展趋势

随着智能制造时代的到来，MES 被放到了前所未有的重要位置。近年来，MES 的发展呈现出以下几点趋势。

1.MES 朝着新一代 MES 的方向发展

建立在 ISA-95 的基础之上，易于配置与扩展，具有良好的集成性，能实现全球范围内的生产协同，具体表现在以下方面。

（1）新一代 MES 具有开放式、客户化、可配置、可伸缩等特性，可针对企业业务流程的变更或重组进行系统重构和快速配置；另外，当前 MES 正在和网络技术相结合，MES 的新型体系结构大多基于 Web 技术、支持网络化功能。

（2）新型 MES 的集成范围更为广泛，不仅包括制造车间现场，而且覆盖企业整个业务流程。通过建立能量流、物流、质量、设备状态的统一数据模型，使数据适应企业业务流程的变更或重组的需求，真正实现 MES 软件系统的可配置。通过制定系统设计、开发标准，使不同厂商的 MES 与其他异构的企业信息系统可以实现互连与互操作。

（3）新一代的 MES 应具有更精确的过程状态跟踪和更完整的数据记录功能，可实时获取更多的数据来更精确、及时地进行生产过程管理与控制，并具有多源信息的融合及复杂信息的处理与快速决策能力。

（4）新一代 MES 支持生产同步性和网络化协同制造，能对分布在不同地点甚至全球范围内的工厂进行实时化信息互联，并进行实时过程管理，以协同企业所有的生产活动，建立过程化、敏捷化和级别化的管理。

2.MES 成为智能工厂的核心

2000 年，针对生产制造模式新的发展，国际著名的咨询机构 ARC 详细地分析了自动化、制造业以及信息化技术的发展现状，针对科学技术的发展趋势对生产制造可能产生的影响进行了全面的调查，提出了多个导向性的生产自动化管理模式，指导企业制定相应的解决方案，为用户创造更高价值。其中，从生产流程管理、企业业务管理一直到研究开发产品生命周期的管理，从而形成“协同制造模式”（Collaborative Manufacturing Model，CMM）。按照这一模式，智能工厂可以从三个维度来进行描述，如图 5-3 所示。

生产制造：从 ERP 的产品计划出发，通过计划 MRP 展开上游生产环节的生产计划，把生产计划细化并派分到设备/人工，详细排程，并根据生产进展和异常进行动态排程、分批次管控或单台管控、设备联网采集和控制、采集实绩并报工。

供应链：通过 SRM、采购物流和制造物流，令外购、自制和外协物料“准时”调适生产现场，批量或单件管控，支持智能料架、AGV 和集配等，并对在线库、扣料、在制品和成品进行管控，支持生产判断和缺料预警。

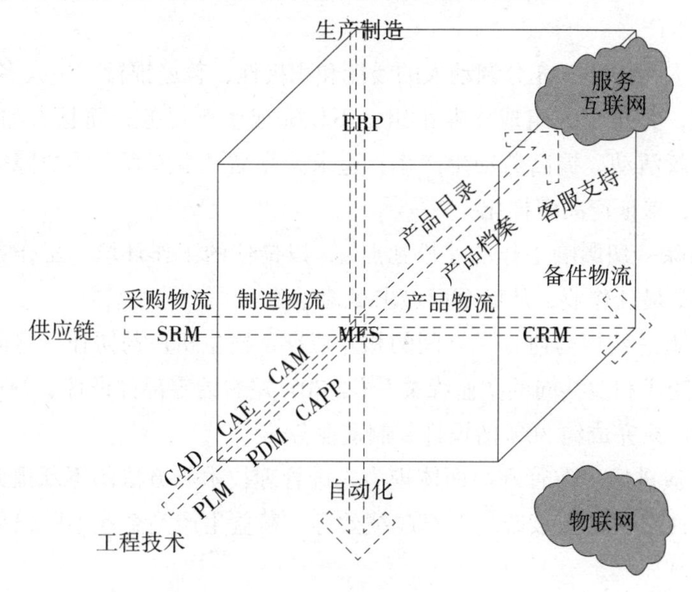

图 5-3　MES 是智能工厂的核心

工程技术：MES 管理 MBOM、辅助工艺或现场工艺，支持差异件指示、装配指示、现场看图和装配仿真等，并根据物流追溯、MOBOM 和关、重件等形成产品档案。在“个性化生产”时代，产品档案是客服支持（CSS）的主要数据源。

生产是工厂所有活动的核心，MES 是智能工厂三个维度的交叉点和关键点，是智能工厂的“大脑”。在智能制造时代，MES 不再是只连接 ERP 与车间现场设备的中间层级，而是智能工厂所有活动的交汇点，是现实工厂智能生产的核心环节。

3.MES 成为实现精益生产的关键环节

“精益生产”的概念是指杜绝浪费和无间断的作业流程，而非分批和排队等候的一种生产方式。精益生产系统综合了单件生产与大批量生产的优点，既避免了前者的高成本，又避免了后者的僵化，其主要内容及特征有：

（1）坚持以顾客为中心的策略，以销售部门作为企业生产过程的起点，产品开发与生产均以销售为起点，按订货合同组织多品种小批量生产。

（2）产品开发采用并行工程方法和主查制，确保高质量、低成本，缩短产品开发周期，满足用户要求。

（3）在生产制造过程中实行“拉动式”的准时化生产，把传统的“上道工序推动下道工序”的生产优化为“下道工序要求拉动上道工序的生产”，杜绝一切超前、超量生产。

（4）以人为中心，充分调动人的潜能和积极性，普遍推行“一人多机”操作，多工序管理，并把工人组成作业小组，不仅完成生产任务，而且参加企业管理，从事各种革新活动，提高劳动生产率；追求无废品、零库存、零故障等目标，降低产品成本，保证产品多样化。

（5）消除一切影响工作的“松弛点”，以最佳的工作环境、工作条件和最佳工作状态从事最佳作业，从而全面追求尽善尽美。

（6）注重总装厂与协作厂之间的相互依存，把主机厂与协作厂之间存在的单纯买卖关系变成利益共同的“血缘关系”，70% 左右的零部件设计、制造委托给协作厂，主机厂只完成约 30% 的设计、制造业务。

制造业演进历史在管理层面体现为先进管理技术和方法的不断提升，包括精益生产、六西格玛、持续改善、卓越绩效等。精益生产是企业不断发展前进的灵魂和动力。

智能制造能够进一步满足客户的个性化需求，提出完全个性化定制，过程更透明，更智能，将精益生产的思想融入信息系统、嵌入式软件、智能设备中，最终的目标还是适时适量适品、高质量短交期。在传统制造中，拉动靠纸质看板，报异常靠安灯，配送靠人工捡料（靠提示灯，用按钮灭掉）；在数字化制造中，有 IT 和自动化数字工具支撑，现场生产拉动仓储物流，人机配合捡料，扫码 RFID，自动定位货位，先进先出；在智能制造中，机械手自动配料，AGV 小车自动补货（不需要看板）。智能制造的核心思想是精益生产。

精益生产的思想需要融入数字化制造的各个环节，业务场景通过相关 IT 系统和业务的融合应用，将精益思想逐步固化在日常管理和 IT 系统中，并通过制度确保效果的持续化，如图 5–4 所示。精益生产的理念是减少浪费，消除制造过程中多余的、不必要的消耗。传统精益基本上靠人的经验来发现这些浪费，因而难以分析清楚。现在通过企业信息系统掌握具体的、实时的生产信息，以支撑对生产过程瓶颈问题的准确分析。在此基础上，支持企业在生产过程中实现精细化的生产管理与过程控制，从而减少浪费，实现精益生产。整个生产过程中处理变化的及时性、IT 信息传递的便利性与及时性为 JIT 的实现提供了可靠支撑。

MES是贯彻精益生产理念的一个平台，精益生产的规章制度及其落实都可以在IT系统中固化和体现出来。从传统精益推进到数字化精益，必须经历信息化深度应用。总体来说，先进的生产管理方式要靠先进的技术来推动。反过来，先进的技术也要和先进的生产管理方式融合起来。

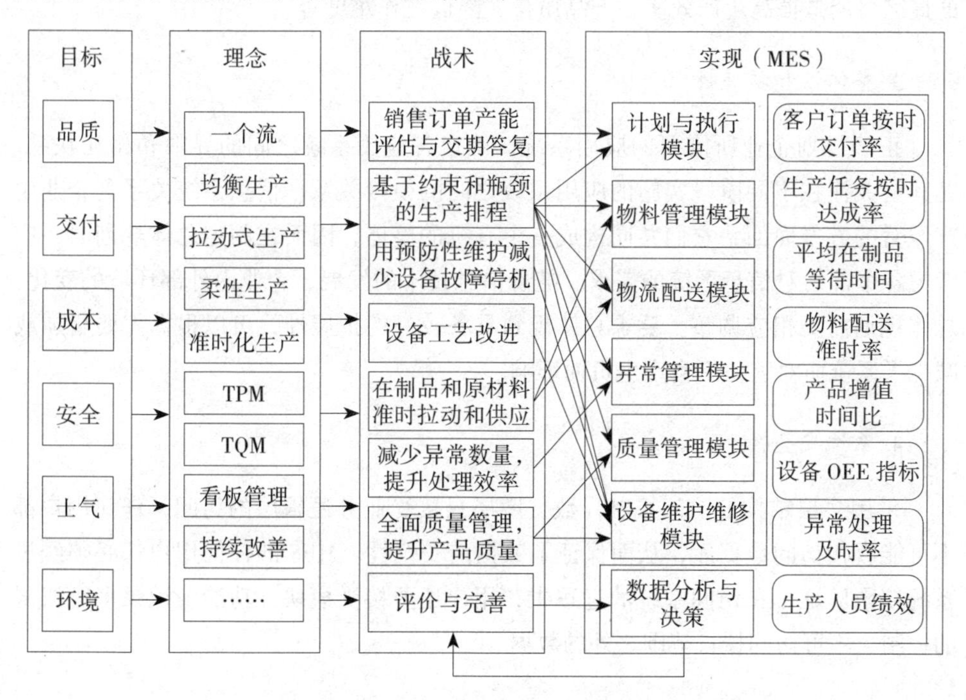

图5-4　精益生产的实现

二、MES的体系架构

（一）架构设计原则与项目目标

作为车间信息管理技术的载体，MES在实现生产过程的自动化、智能化、网络化等方面发挥着巨大作用。MES处于企业级的资源计划系统和工厂底层的控制系统之间，是提高企业制造能力和生产管理能力的重要手段。相关设计原则如下。

1. 成本控制

MES的规划应本着成本节约、高效率和低能耗的原则，减少对不必要的硬件或软件的购买和使用，确保MES在使用过程中不会造成附加成本的产生。

2. 目标一致性

MES 的体系架构必须结合企业的实际需求而构建，与实际需求相吻合，减少不必要功能的使用，控制成本，尽量避免增加使用人员的工作量或复杂度。MES 的最终目的是提高生产效率、产品质量，降低工作难度等。

3. 整体性和扩展性

正确规划企业所需要的应用系统，确定各应用系统之间的界限和相互联系，尤其要关注在不同阶段实施的应用系统之间的衔接关系。信息系统关系到企业生产经营的方方面面，它们共同构成一个有机的整体，因而在制定总体规划时，应考虑各个部门对信息系统的需求。随着信息技术的发展、企业内外部环境的变化，总体规划需要相应调整。要求总体规划具备较好的扩展性，可以根据需要增加或减少子系统而对整体不会产生负面影响。

4. 系统安全性

采用多层结构的访问机制，数据库层只接受业务逻辑层的访问，任何用户都不可能直接访问数据库，从而保证了数据的安全性。MES 的任何用户都必须经过系统权限验证，在访问系统的过程中，用户还要接受模块、功能、记录多级权限的控制，不可访问授权范围之外的数据。

5. 可维护性

网络的普及性使 MES 物理网络的维护更加容易，系统需支持以太网的数据传输方式。MES 定制化界面的开发需采用可以共享工具且有助于创建混合语言的解决方案，这使得 MES 人机界面的开发变得更加容易、方便，而且具有很好的调试性和可读性。另外 MES 的开发伴随着有关人员的专业培训，这些培训既包括基本知识和操作业务的培训，也包括基本开发的培训，以确保后期的可维护性。

6. 稳定性

MES 必须保持一定的稳定性，为了达到这个需求，MES 的开发需经过详细严格的测试流程。内部测试：一般包括模块测试、集成测试和系统测试三个部分。模块测试主要针对生产信息管理系统中各功能模块进行测试，在各模块编码结束后进行。在生产信息管理系统实施过程中，多个模块可同时进行模块测试，内部接口的模块需与接口模块同时测试。集成测试是基于模块测试的测试，在进行集成测试前将生产信息管理系统各功能模块组装到一起，对生产信息管理系统进行整体测试。系统测试是将软件放在整个计算机环境下，包括软硬件平台、某些支持软件、数据和人员等，在实际运行环境下进行一系列的测试。系统测试的目的是通过与系统的需求定义作比较，发现软件与系统的定义不符合或矛盾的地方。外部测试：针对生产信息管理系统和外部系统的每一个数据接口，由双方的工程人员互相配合进行，主要的目的是测试数据接口的稳定性、正确性和完整性等。

MES 的项目目标是通过信息可视化和流程规范化，提高制造过程透明度，强化生产控制和响应速度，构筑可持续改善的准时工厂，构建企业执行层生产信息系统的通用平台，如图 5-5 所示。MES 通过定义通用的模型和相应术语，为能够更好地与企业的其他业务系统协同工作提供有益的参考。MES 的主要特点包括：开放型、模块化、可扩展性、可整合性。

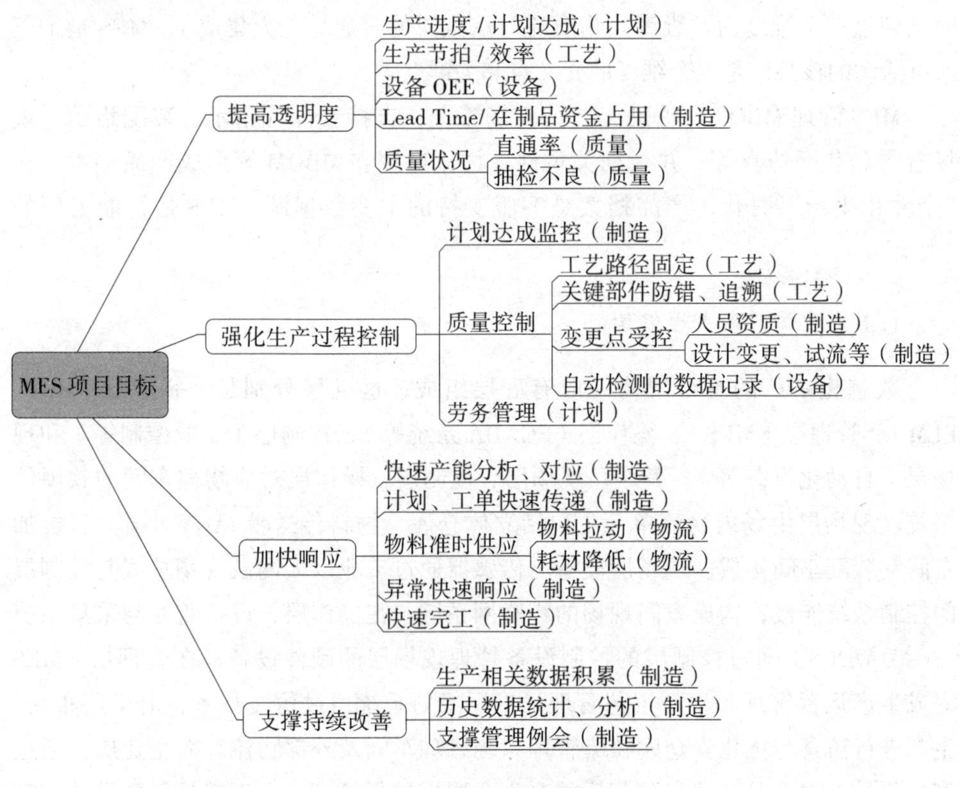

图 5-5　MES 的项目目标

（二）MES 体系架构组成

MES 能够利用实时的监控、准确的决策对生产现场进行指导和管理，通过信息传递对从订单下达到产品完成的整个生产过程进行优化管理。这种对状态变化的迅速响应使 MES 能够减少企业内部没有附加值的活动，有效地指导工厂的生产运作过程，从而使其既能提高工厂的及时交货能力，又能改善物料的流通性能。

MES 的关键是强调整个生产过程的优化，它需要收集生产过程中大量的实时数据，并对实时事件及时处理。同时，又与计划层和控制层保持双向通信能力，从上下两层接收相应数据并反馈处理结果和生产指令。因此，MES 不同于以派工单形式为主的生产管理和以辅助的物料流为特征的传统车间控制器，也不同于偏重于以作业与设备调度为主的单元控制器，而应将制造执行系统作为一种生产模式，把制造系统的计划和进度安排、追踪、监视和控制、物料流动、质量管理、设备的控制和计算机集成制造接口等一体化去考虑，以最终实施制造自动化战略。在智能工厂架构的设计中，必须涵盖供应链、工程技术与生产制造三个维度，同时做到这三个维度内及维度间物质流与信息流的贯通（三大集成）。MES 是工厂所有活动的核心，是三个维度的交叉点和关键点。

MES 管理 MBOM、辅助工艺或现场工艺，支持差异件指示、装配指示、现场看图和装配仿真等，并根据关重件、物流追溯和 MBOM 等形成产品档案。在“个性化生产”时代，产品档案是客服支持的主要数据源。MES 是智能工厂的“大脑”。

1. 数字化工厂的平台架构

数字化工厂的平台架构一般有五层组成，这五层分别是：企业层（ERP、PLM）、管理层（MES）、操作层（SCADA 系统等）、控制层（工业控制等）和现场层（自动化设备等）。其中，现场层、控制层、操作层对应物理车间的软硬件系统。现场层由场内物流单元（包括立体仓库、物料传送带 /AGV 小车）、机加车间和装配车间构成。现场层设备与传感器通过工业以太网及现场总线与控制层的控制系统连接，构成车间现场的物联网系统。在操作层，设备监控与采集系统（SCADA/DCS）通过控制层的控制设备管理现场层的硬件设备。在管理层，MES 完成生产运营管理和生产工艺管理，工厂规划系统通过仿真技术，对工厂布局、生产进行仿真与优化。仓库物流管理系统管理车间及外部物流。在企业层，通过 PLM 系统，对产品从研发到售后的全生命周期进行管理，实现产品创新设计与客户个性化定制。ERP 系统实现企业的顶层管理。

随着信息集成程度的提高，层与层之间的间隔日益模糊，原有的多层结构会日益扁平化。随着 PLM、ERP 与 MES 系统的日益融合，企业层与管理层逐步合并，同时由于智能设备的增多，控制设备越来越多地以嵌入式系统的形式安装在生产设备上，使得控制层与现场层变得密不可分。MES 作为面向制造的系统必然要与企业其他生产管理系统有密切关系，MES 在其中起到了信息集线器的作用，它相当于一个通信工具，为其他应用系统提供生产现场的实时数据。MES 与其他分系统之间有功能重叠的关系，如 MES、CRM，ERP 中都有人力资源管理，MES 和 PDM 都具有文档控制功能，MES 和 SCM 中也同样有调度管理等。各系统重叠范围的大小与工厂的实际执行情况有关，但每个系统的价值又是唯一的。

2.MES 的功能框架

MES 集成了生产运营管理、产品质量管理、生产实时管控、生产动态调度、生产效能分析、物料管理、设备管理和文档管理等相互独立的功能。使这些功能之间的数据实时共享，同时 MES 起到了企业信息系统连接器的作用，使企业的计划管理层与控制执行层之间实现了数据的流通。MES 的功能框架，如图 5-6 所示。

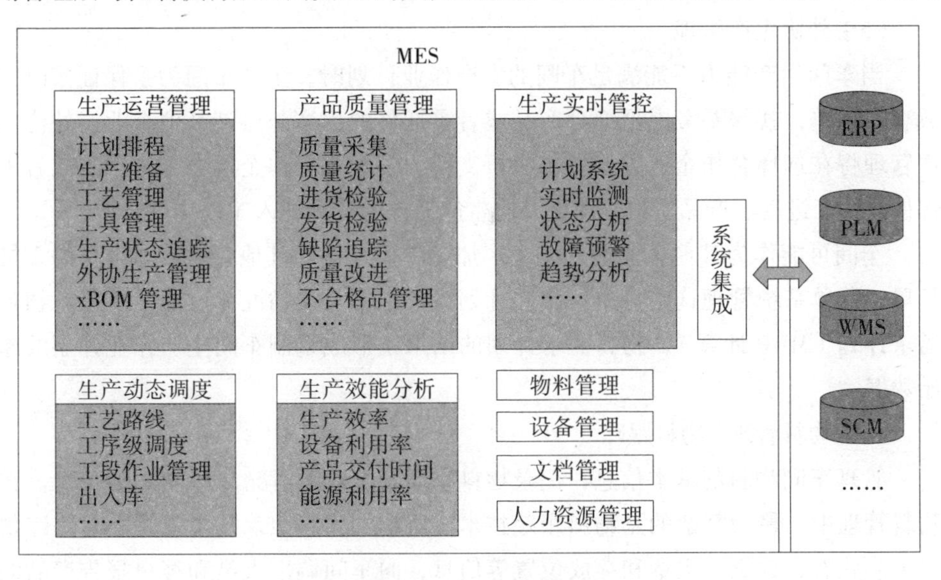

图 5-6　MES 的功能框架

（1）xBOM 管理

MES 把 PLM 系统视为其重要的集成信息来源，MES 需要从 PLM 系统中提取产品的原始设计 BOM 数据，包括产品的设计 BOM 和工艺 BOM 文件，并通过 xBOM 管理，把产品的设计 BOM 数据转换成支持 MES 的各种 BOM 数据，包括产品的制造 BOM、工艺 BOM、质量 BOM 等，从而快速、准确地建立 MES 中的产品基础数据。通过 xBOM 管理，MES 实现与 PDM 系统的集成和 MES 内部产品数据管理。

（2）计划系统

一方面，实现从企业的上层计划系统 MRP/ERP 中获取车间的本月生产作业计划；另一方面，接收外协订单分解后的物料需求计划。两个方面结合起来，为车间计划人员编制车间生产作业计划提供原始数据。通过计划系统，MES 实现与 MRP/ERP 系统的集成。

（3）人力资源管理

管理车间员工的各种基本信息，提供实时更新的员工状态信息数据。人力资源管理可以与设备资源管理模块相互作用来进行最终的优化分配。

（4）工序级调度

工序级调度是 MES 与 ERP 系统有根本差别的地方，MES 要通过工序级调度形成零部件各个工序的生产调度指令。工序级调度需要借助各种调度理论和方法，在 MES 中属于难度级别较高的问题。

（5）外协生产管理

当车间生产能力不能满足车间的生产作业计划时，生产车间为了保证按时完成客户订单，就需要考虑把部分产品或者零部件的生产外协到其他企业。外协生产管理将在选择合作企业方面提供决策支持，并跟踪合作企业中外协产品或者零部件的生产进度、产品质量，即把外协生产任务的管理纳入 MES 中来。

车间可能作为其他企业的外协生产加工单位，接受其他企业或者客户的直接订单，订单系统管理这些订单，车间计划人员根据订单情况，可能需要进行物料需求计划（MRP 计算），物料需求计划的结果是形成编制车间生产作业计划的原始数据。

（6）物料管理 / 物料跟踪

管理车间物料的基本信息，记录物料库存及出入库情况，管理 WIP 信息。在物料管理中，最为复杂的是物料跟踪技术，所谓的物料跟踪技术就是随时跟踪物料工艺状态、数量、质量和存放位置等信息，向车间调度人员和客户报告产品的生产进度等信息。

（7）统计 / 历史数据分析

统计系统在 MES 中有重要地位，它随时向车间管理人员提供产品及其零部件的生产数量统计、生产状态报告、生产工时统计、成本统计、质量统计等信息，以便于车间管理人员更好地掌握产品的生产进度、控制产品的生产质量和产品生产成本。MES 需要完整准确的产品基础数据做支持，如在 xBOM 管理中建立了大量的产品基础数据，然而这些数据，如零部件工时定额、零部件采购成本、设备使用效率等，不可能完全与实际情况相符。因此，需要在大量历史数据统计分析的基础上不断地完善和提高 MES 基础数据的准确性，而准确的 MES 基础数据又会提高车间生产计划、调度指令的准确性和正确性。

（8）质量管理

对从制造现场收集到的数据进行实时分析，从而控制产品生产质量，并提出车间生产过程中需要注意的问题。

（9）设备管理

指导企业维护设备、刀具，以保证制造过程的顺利进行，并产生除报警外的阶段性、周期性和预防性的维护计划，也提供对直接需要维护的问题进行响应的能力。

（10）工段作业管理

执行车间生产调度指令，并在不影响车间或企业全局生产进度的前提下，对局部生产计划做适当调整。完成生产作业现场的数据采集、监控生产过程，随时向车间计划员和调度员汇报工段生产作业进度等信息，以便能够修正生产过程中的错误，提高加工效率和质量。

第二节　典型制造执行系统

一、元工 MES

元工 MES 是由北京元工国际科技股份有限公司（元工国际）研究开发的面向智慧工厂的制造执行系统。

（一）智慧工厂平台

元工国际的智慧工厂平台，包括 APS、MES、SCM 和 CPS，全面支持智慧工厂制造执行、工程和供应链三个维度和 CPS。

高级排产排程 APS，能够用于计划排产、项目型制造的排程、纯离散制造的排程和流水线制造的排序。

制造执行系统 MES，支持纯离散制造、流水线制造和项目型制造三种制造模式，并具备 NIST 和 ISA95 标准所要求的所有功能，是精益生产的支撑平台、智慧工厂的大脑，对计划、制程、工艺、物流、质量和设备精益管理，是实现管控一体化的生产指挥系统。

智慧供应链 SCM，通过物流优化和系统整合，提高全链效率，降低整体成本，是企业升级到拉式供应链、实现全链精益化的支持平台。

赛博物理系统 CPS，包括一个平台联网 PLC、数控（CNC)、机器人、仪表/传感器和工控机/IT 系统 5 种“设备”，实现采集、组态监控、三维实况、过点控制和参数下发等。

（二）MES 功能

元工 MES 支持汽车、发动机、工程机械和轨道车辆等的流水线制造，支持下料、焊接、锻铸、机加和热表等的纯离散制造，支持飞机、船舶和大型装备等的项目型制造，支持计划排程、协同制造、制程管控、制造物流、产品物流、辅助工艺、质量控制、产品档案、设备维护和能源管理等。元工 MES 的功能模块，如图5–7 所示。

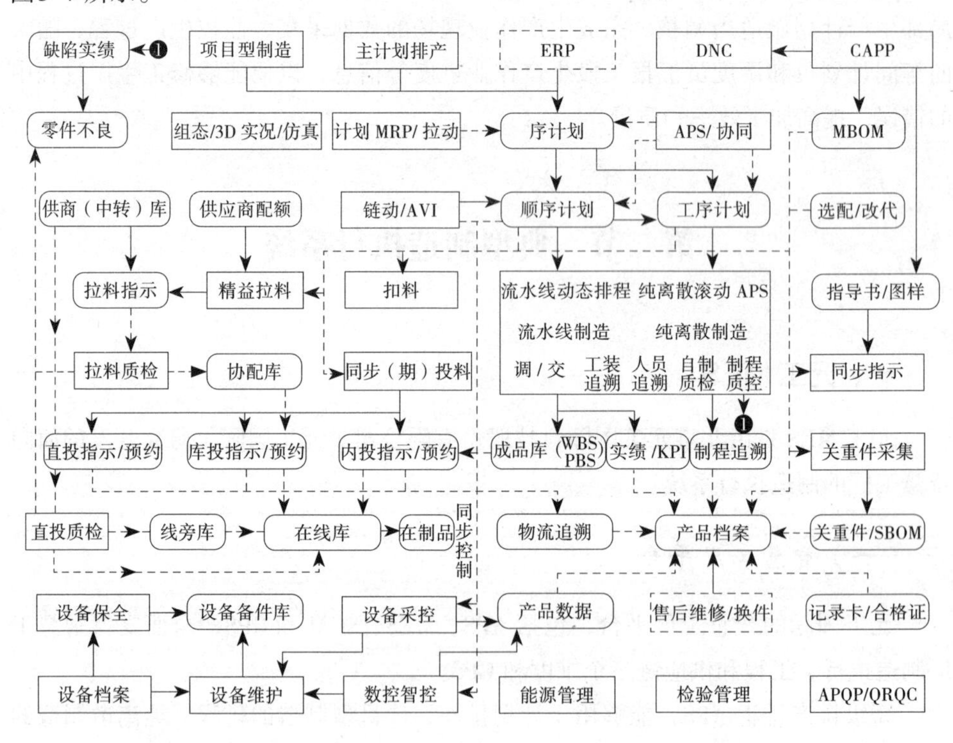

图 5–7 元工 MES 的功能模块

（三）开放的定制平台

元工 MES 具有开放的定制平台（如图 5–8 所示），软件产品与实施定制的属性/行为分开存储，项目灵活适配与软件产品升级互不干扰，向客户提供精心研发、严格测试和众多客户验证的产品的同时，又能够通过强大的客户适配能力精心贴合客户需求。元工定制平台向客户开放，客户可轻松学会定制、改进和新开发，以便客户持续改进自己的系统。

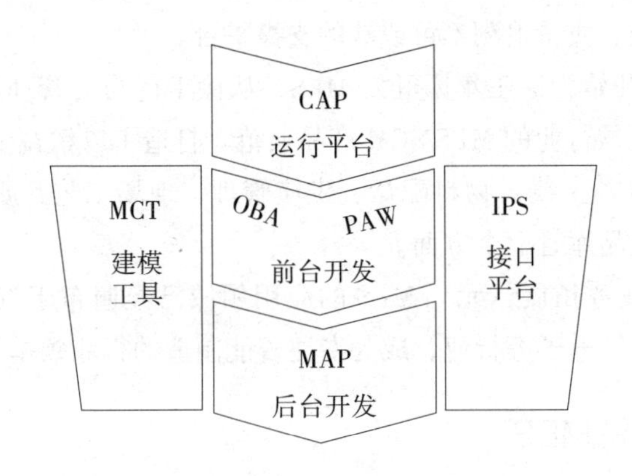

图 5-8　开放的定制平台

CAP 是 OBA 和 PAW 应用的运行平台，支持用户 / 权限管理、工作流、实时沟通和后台事务 / 日志等，包括备份服务器、消息服务器和告警服务器。

专业配置开发平台 OBA，智能化总线驱动，省去了界面控制代码，具有强大的客户适配能力。同一配置以两种方式（.net thin C/S 和 .net B/S) 运行。

跨平台 / 移动配置开发平台 PAW，同一配置多平台多方式运行，移动 Native 应用 (Android、iOS 和 WP) 和 PC 应用（JSB/S、.net B/S 和 .net thin C/S)。

MAP 是业务逻辑配置开发平台，既能方便地重用业务逻辑（元动作），又能与 DRO 配合处理复杂报表和打印。

MCT 建模工具，包括 ER 图、数据字典、配置参数、代码表和元动作等，一览无遗，方便定制，并提供界面生成、SQL 生成、后台日志配置和工作流开发等工具。

IPS 接口平台，提取要发送数据和接收数据更新 DB，都可配置；支持与 MQ/ESB、SMQ/MQTT、EDI、FTP 和 SAP(RFC/iDoc) 交互。

（四）元工 MES 的应用领域

经过十多年的实践锤炼和精益求精，元工智造平台已经成为国际一流的成熟产品，伴随东风日产、徐工集团、东风沃尔沃、中集集瑞、东风风神、郑州日产、东风雷诺、中航力源和宇通客车等客户的管理提升而不断进步。

2004 年起，在丰田和日产生产方式的基础上，为东风日产开发 MES/SCM 并在东风的多家工厂实施，取得了很好的效果，得到用户的一致好评。MBOM、计划、调度、实绩、现场指示、供应商管理、要货预告、拉料、投料、协配库、线边库、设备采控、质量控制、设备维护等模块，已成为组织物料、指导装配、优化生产、信息采集、质量追溯不可或缺的支撑平台。

2008 年起，开始为徐工集团开发 MES，从徐工优秀的管理经验中得到提高，逐步形成了工程机械行业的 MES/SCM 产品典范。打造了以精益生产为中心，制造管理和产品档案两条主线，物料配盘、供应管理、现场工艺、质量控制、设备采控、维护能源、成品库管七个方面。

近年来随着业务拓展，元工 MES 的应用领域已经遍布于汽车制造、机械加工、军工行业、电气电子等行业，成为专注智能制造的行业领军企业。

二、华铁海兴 MES

华铁海兴 MES 是北京华铁海兴科技有限公司开发的智能制造整体解决方案。它将企业经营目标转化为生产操作目标，同时将经过处理验证的生产绩效数据进行实时、可视化反馈，从而形成计划管理层、生产执行层和过程控制层三个层次的周期循环。

（一）功能模块及技术特点

华铁海兴 MES 主要功能模块如图 5–9 所示，其技术特点如图 5–10 所示。

（二）华铁海兴 MES 的应用领域

自 2000 年起，华铁海兴公司致力于轨道交通装备制造企业 MES 研发，对轨道交通装备制造企业的每一个需求点进行对应的普遍性研究，通过多个项目的实施，将其融合到华铁海兴 MES 的标准框架中，并不断扩充、强化、完善。

十几年来，华铁海兴在深度了解轨道交通装备制造行业制造现场实际生产过程与细节追求的基础上，不断地完善 MES 产品，最终形成集轨道交通装备制造行业标准与集团下属企业个性化需求于一身的华铁海兴 MES 产品平台。

目前，华铁海兴为轨道交通装备制造业量身打造的 MES 产品已广泛地服务于大连机车车辆、沈阳机车车辆、二七机车、二七车辆、济南机车、四方客车、戚墅堰机车车辆、戚墅堰研究所、洛阳机车、大同机车、太原机车等几十家企业不同制造类型（下料、机加、装配、流水、检修）的生产车间，成为国内轨道交通装备制造业 MES 行业市场占有率最高的产品。

华铁海兴从2005年至今，为南车二七车辆有限责任公司实施MES系统，从两个新造车间开始，迄今已推广到全厂所有车间。目前，系统运行正常可靠。

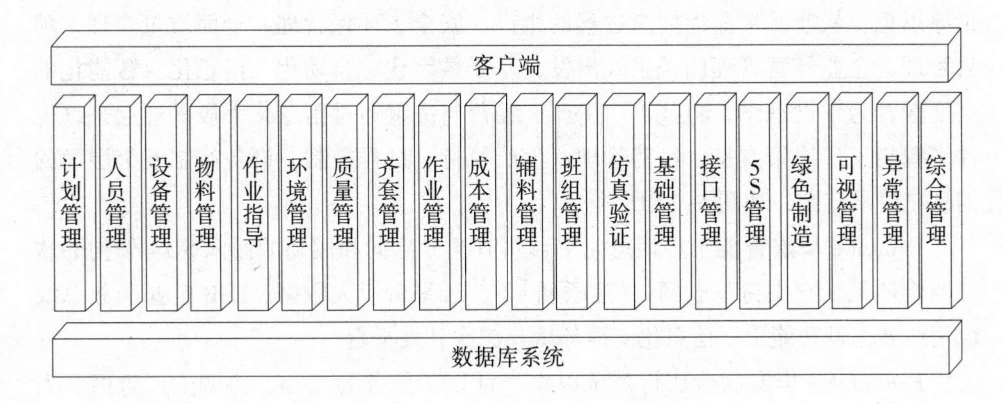

图5-9　华铁海兴MES主要功能模块

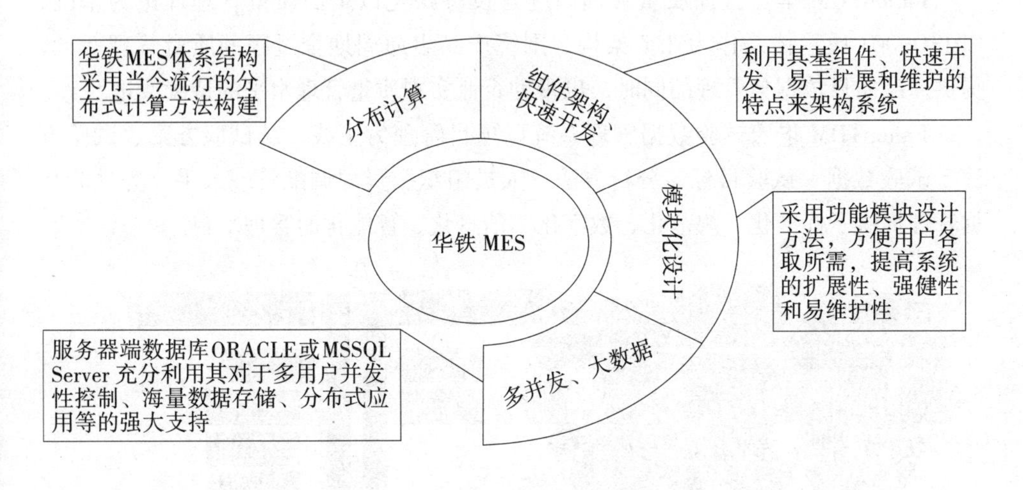

图5-10　华铁海兴MES技术特点

三、华宏信达MES

北京华宏信达科技有限公司成立于2008年，一直专注于装备制造业与离散制造业的两化融合，与国内外行业领先企业形成战略合作，致力于制造企业信息化整体建设方案的咨询设计、软件研发、系统集成、工程实施、系统维护服务。

（一）产品服务体系

华宏信达产品服务体系（如图 5-11 所示）以“中国制造 2025”建设目标为指导思想，从产品生命周期全过程的生产、安全、环保管理，全面质量管理，项目管理，企业经营管理四条主线出发，基于数字化、自动化、信息化、智能化的高度融合为建设理念，将技术、生产、经营与决策通过信息化手段贯通起来，设计了智能工厂决策支持、经营管理、生产执行、过程控制、设备控制五个层面的信息化建设蓝图，如图 5-12 所示。

FahonF6 华宏智能工厂信息化平台具有业务导向和驱动的面向 SOA 架构的软件架构体系，它支持物联网、“互联网 +”、云平台、大数据、ESB 企业服务总线应用拓展，是智能工厂信息化支撑环境与二次开发平台。

FahonMES 华宏制造执行系统以生产计划和任务为核心，协调生产进度、人力、设备、工装、物料、质量、成本等生产要素，推进生产制造过程数字化、自动化、信息化与智能化的高度融合，不断促进制造过程精细化管理的进程。

FahonTQM 华宏全面质量管理系统建设思路是以全面质量管理理论为基础，以 ISO9001 质量体系作为业务架构，围绕产品生命周期全过程的质量管理活动，提供产品质量数据包管理的同时，也帮助企业实现质量管理水平的持续改进。

FahonTDM 华宏试验数据管理系统以项目管理为主线，从试验方案、试验方法、试验数据、试验目标、分析方法、人员组织、资源调配管理入手，为试验数据管理提供了标准化、规范化、数字化、信息化、智能化的管理平台。

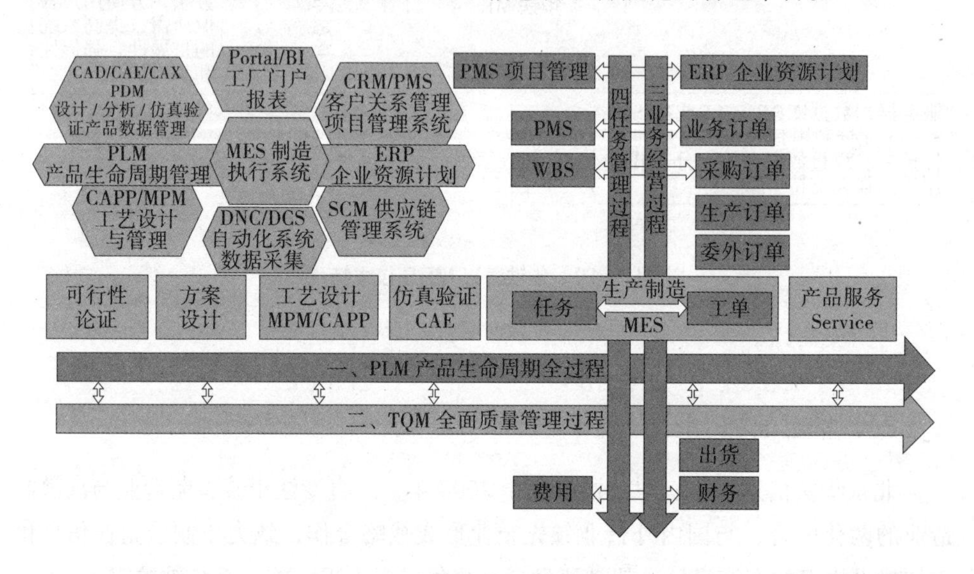

图 5-11　华宏信达的产品服务体系

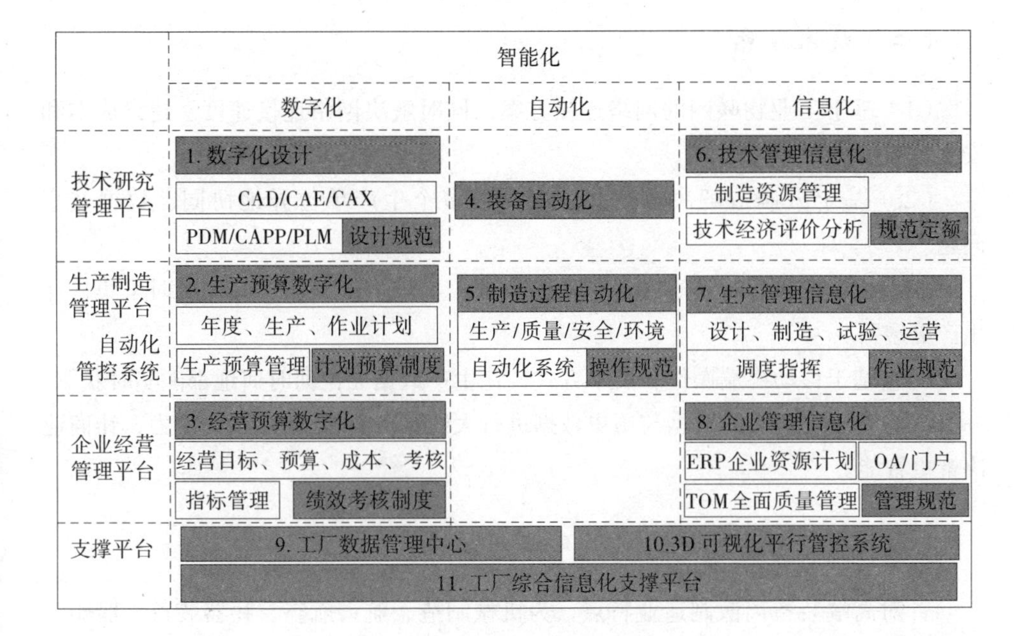

图 5-12　华宏信达的信息化建设

（二）华宏信达 MES 的应用领域

华宏信达的成功案例涵盖了电子科技、兵器工业、兵器装备、航天科技、航天科工、船舶工业集团等军工制造业。

四、天河智造云 T5-MES

天河智造云 T5-MES 产品以精益生产为管理理念，以中国制造业实现智能制造为目标，通过移动互联、工业物联网、大数据、云计算等技术手段，面向高端装备离散制造业提供创新型软件服务。

（一）天河智造云 T5-MES 简介

天河智造云 T5-MES 产品覆盖离散制造企业项目型、批产型、混合型生产模式。采取流程管理的模式，实现了企业生产业务的流程化、规范化、制度化；通过企业及流程建模，主数据管理、生产计划、车间调度、现场执行采集、设备管理、质量管理、刀具管理、库存管理、工时管理、文档管理、物料管理、看板管理，统计分析等功能模块，实现了企业计划、执行、反馈、控制全过程管理；与 PLM，CAPP，ERP、DNC 等集成，实现了生产数据实时、准确传递共享。

（二）技术特色

（1）基于工业物联网的网络连接方案，同时解决网络连接速度、建设成本和安全等问题。

（2.）基于云制造解决方案，解决用户多个生产单位异地协同、数据共享问题。

（3）通过与硬件设备、传感器等的集成，实现生产数据自动化实时采集，让生产更透明。

（4）基于移动终端操作和展示方式，让生产数据无论何时何地都能实时获取。

（5）基于用户实时数据与历史数据进行大数据分析及 BI 展示的能力，让商业决策更智能。

（三）天河智造云 T5-MES 的应用领域

针对高端装备离散制造业特点，为机械制造、航天航空、兵器装备、船舶工程等行业提供数字化工厂、云制造、智能制造等解决方案。

五、兰光 MES

兰光 MES 是借鉴“中国制造 2025”、德国“工业 4.0”、美国 GE 工业互联网等先进理念，由兰光创新公司为中国离散制造企业量身打造的“设备自动化、管理信息化、人员高效化”的智能 MES 系统。

（一）系统特点

兰光 MES 是国内第一套平台化、企业级、B/S 架构的 MES 系统；系统功能涵盖计划、排产、派工、物料、工具、设备、质量、采集、决策支持、DNC 等近 20 个模块；可兼容机加、装配、铸造、电装等常见专业车间的管理；从计划源头、过程协同、设备底层、资源优化、质量控制、决策支持六个方面，实现智能化、精准化、数字化，从而达到智能化的生产过程管理与控制。

（二）技术特点

1. 智能互联互通

基于先进的工业互联网技术，一台服务器可实现对 4096 台数控设备的网络通信与数据自动采集。支持 Fanuc、Siemens、Heidenhain 等上百种控制系统。兼容

RS232、422、485、TCP/IP、无线等各类通信方式，可实现对生产设施（包括数控设备、熔炼、压铸、热处理、机器人、AGV、各类测量测试等数字化设备）的远程监控与透明化管理。

2. 智能计划排产

采用图形化的高级排产算法，最大限度地优化生产计划，具有按交货期、精益生产、生产周期等多种排产方式，可最大限度地满足各类复杂的排产要求。通过系统，监控所有产品的进度和生产，一旦一个产品投产后，就可随时监控和控制这个产品的进度情况。基于设备有限生产能力进行排产，智能计划排产能够考虑到实际的能力，并可根据实际情况随时做出调整。

3. 智能生产协同

通过生产协同，充分利用网络技术、信息技术，将串行工作变为并行工作，从而最大限度地缩短新品上市的时间，缩短生产周期，快速响应客户需求，提高设计、生产的柔性。面向工艺的设计、面向生产的设计，可以提高产品设计水平和可制造性以及成本的可控性，有利于降低生产经营成本，提高质量，提高客户满意度。

4. 智能资源管理

对生产资源进行精细化管理，有效避免库存的不足及积压等情况的发生。库房管理人员按照计划部门的生产计划准备工具及物料，并向操作人员配送工具及物料。通过安全库存设置（库存上限及下限），管理人员及时了解库存不足及积压情况，及时采取措施，确保资源配置合理化。

5. 智能质量过程管控

智能质量过程管控对影响产品质量的生产工艺参数进行实时的、自动的采集，确保产品的质量稳定性、一致性，具体价值主要体现在以下三个方面：设备、工艺指标实时监测、动态预警；个体工件的加工过程信息化再现，便于质量追溯；关键工艺参数变化趋势与产品合格率动态对照分析，便于参数优化。

6. 智能决策支持

根据系统产生数据形成各种报表，报表内容包括计划完成进度、质量信息、物料 / 工具消耗信息、工人工时、设备利用率等。管理层人员根据报表统计信息，分析质量问题、瓶颈工序等，以便采取相应的措施进行对策，如工艺改善、增加设备、外协加工、工序分批等，将进度延误带来的影响降到最低。

（三）功能模块

兰光智能 MES 系统模块按照功能划分为五个功能层，对企业业务应用层的具体生产业务进行功能支撑。

（1）基础数据层：基础数据管理平台，包括组织机构、人员及工作日历、产品工艺路线等，该部分是整个 MES 系统运行的基础。

（2）数据集成层：提供 MES 系统与其他系统集成接口，实现数据源出一处。

（3）资源管理层：管理车间设备、工具、资料、物料等生产资源，这些资源是以后进行计划、调度、派工等工作的基础，并直接影响生产计划安排。

（4）生产管理层：涵盖了计划管理、高级排产、作业管理、质量管理、DNC、MDC 等业务流程，属于生产管理层。

（5）输入输出层：生产数据可用条码扫描、触摸终端等辅助手段进行及时的数据采集；工人也可以通过触摸终端进行任务的查看、工艺文件调阅等功能，实现无纸化制造的环境；此外，系统还提供各类统计分析功能，为计划人员、生产管理人员、技术管理人员、设备管理人员、库房管理人员、质量管理人员、现场操作员等各类人员提供各种各样的报表、饼图、柱图等分析报告。

（四）兰光 MES 的代表性应用企业

陕西柴油机重工有限责任公司，河南平原光电股份有限公司，中航工业洛阳电光设备研究所，淮海工业集团有限公司，宁夏共享集团有限公司，重庆建设工业集团，重庆铁马工业集团，中信盟威戴卡轮毂（滨州）公司，凯斯曼秦皇岛汽车零部件制造有限公司等。

六、虎蜥 ABP-MES

北京虎蜥信息技术有限公司 2004 年 6 月成立于北京，是国家高新技术企业、海淀高科技园区高新技术企业、中关村创新示范软件企业。其业务覆盖业务基础软件平台研发与应用、制造业信息化系统定制及落地服务、IT 咨询领域，也是最早致力于新一代管理软件体系架构研究的技术领导型组织。

（一）虎蜥 ABP-MES 简介

虎蜥 ABP-MES 是基于 ABP_J2EE 敏捷业务平台的典型离散制造业 MES 解决方案，具有如下应用特点。

1. 平台化

ABP-MES 及相关基础信息系统全面基于 ABP_J2EE 敏捷平台，平台的开放、灵活、敏捷开发特性为 ABP-MES 系统在用户现场打通各类信息孤岛并成功应用奠定了关键基础。

2. 个性化

采用 ABP_J2EE 敏捷业务平台，实现了系统快速开发和随需应变，技术人员劳动强度大幅降低的同时，可以将更多精力用于企业个性化需求的梳理、设计实现及服务，这也是 MES 在企业成功落地的关键。

3. 无纸化

ABP-MES 可实现企业生产车间计划导入及管理、排产派工、进度采集、资源配送、进度监控、问题警示及处理、质量检验、完工交付及绩效考核等全过程无纸化管理，在车间取消了传统生产管理的各类纸质媒介，如制造记录（生产流转卡）、产量报告、零件图样、检验单据及报告、工艺目录等。

4. 可视化

ABP-MES 基于分布在车间的大型 LED 屏、液晶看板、工控机、桌面终端、移动终端可随时随地展示生产进度、车间问题及处理状态、生产报表、通知公告等生产信息，实现了生产过程全程可视化。

5. 透明化

系统基于车间生产全过程的条码进行工序级生产进度实时采集、资源配送及车间问题反馈及处理过程，使计划部门获得了有效的生产决策支持信息，实现了透明车间。

6. 集成化

开放的软件平台确保了 ABP-MES 可有效集成包括 ERP、PDM、CAPP、供应链/物流、质量管理、设备管理、成本核算、DNC/MDC 等各类车间管理的信息孤岛，实现了数据实时交互，形成统一的智能制造信息化平台。ABP-MES 业务流程框架，如图 5-13 所示。

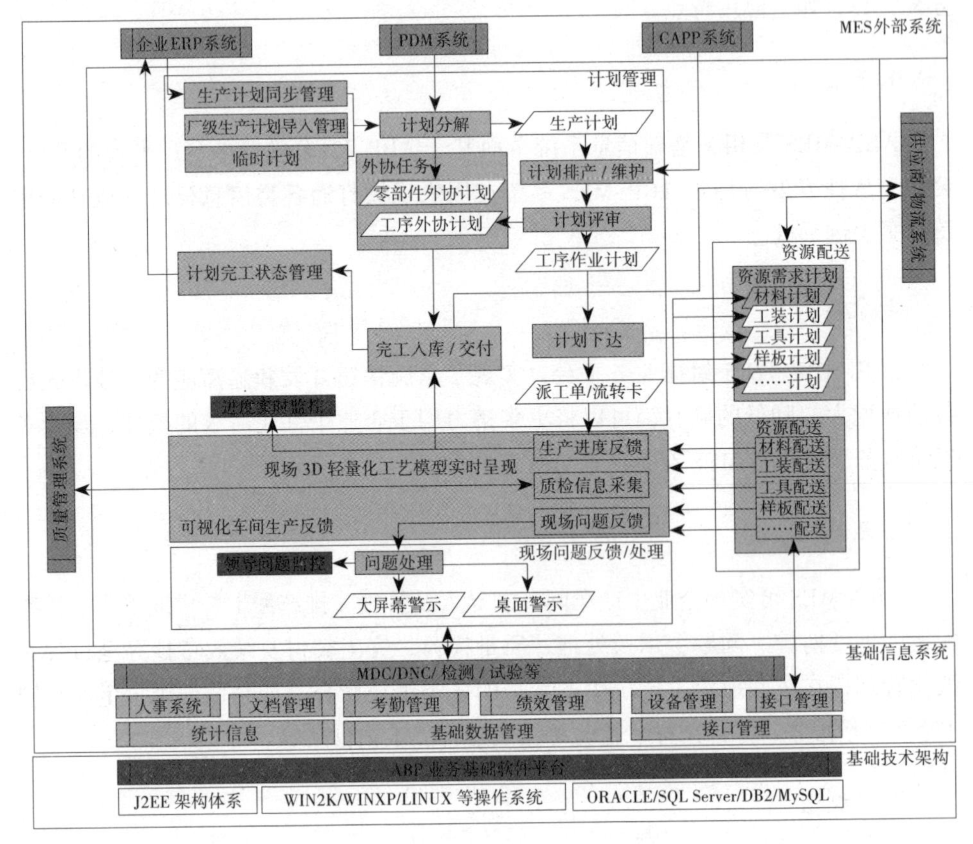

图 5-13　ABP-MES 业务流程框架

（二）技术特点

ABP_J2EE（基于 SOA 的敏捷业务平台）是虎蜥软件的核心竞争力，平台的声明式元模型技术体系是对传统软件开发平台技术的一种理论创新。经过多个企业大型的 MES 系统开发验证的平台元模型理论和模型体系架构设计已成为 ABP_J2EE 平台的关键技术，居于行业领先位置。

（1）基于元模型的声明式开发技术体系：基于元模型的声明式开发设计思想在业务基础软件平台领域具有超前先进性，系统以元模型为基础，提出声明式业务对象概念，建立了完整的声明式元模型体系及平台执行引擎，以业务对象为单位组织业务，可实现数据层智能映射。业务的实现基于规则、面向服务、可配置，相对灵活，可实现较复杂的业务对象关系：组合、聚合、自连接；通过规则来自定义业务对象之间的约束关系，并可通过规则完成复杂的业务逻辑。

（2）无须编码、专注领域，大幅降低开发工作量：ABP_J2EE 平台对数据层的封装，可有效节省开发人员对数据层的代码编写工作量，减少视图层烦琐重复的页面代码编写和基础的功能测试，使开发人员更专注于逻辑层的需求开发。

（3.）跨平台：完全基于 J2EE 的 B/S 技术架构，采用 pure java 并充分考虑 IBM JDK 和 Sun JDK 的差异，实现了真正意义的跨平台。

（4）可透明支持主流的分布式异构数据库：如 Oracle、DB2、Sybase、SQLServer、MySQL 等。

（5）同时跨多数据库进行系统开发和部署：当用户采用不同数据库的多个系统需要进行整合或集成时，或用户的一个应用系统构建在多个数据库上时，采用 ABP_J2EE 平台是恰当选择。

（6）支持多种主流 Web 服务器 :Tomcat、WebLogic、WebSphere、JBoss、Caucho 等。

（7）支持 WindowsXP、Linux、Unix 等主流操作系统。

（8）扩展性：具有优异的扩展性，可以集成任何 J2EE 组件；对于用户的特殊需求，视图层可以自行扩展。

（三）ABP-MES 的应用企业

ABP-MES 方案定位于中大型航空航天、兵器船舶、装备制造、电子装备制造等按照订单组织生产的各类企业。

第三节　智能制造执行系统实例

本节以西门子的智能制造执行系统——SIMATIC IT 为例展开分析。

一、案例简介

SIMATIC IT 是一套优秀的工厂生产运行系统，它提供了“模型化”的理念，可用于工厂建模和生产操作过程的模拟；它的整个功能体系都是依照功能以模块和组件的协同工作来执行的。此平台的优点包括，它所实施的 MES 项目是采用 ISA-95 国际标准进行整体流程的搭建，可以满足几乎所有生产执行功能的要求；

SIMATICIT 以“框架 + 组件”的灵活结构，提供方便和可配置的系统功能来满足客户的需求；在技术层面上采用了以服务为支撑的业务流程，对外接口可以使用标准通信协议；对于需要客制化的功能，提供系统接口和开发环境，对外数据的传输进行客制化开发。

简单来说，西门子的企业运维管理系统 SIMATIC IT 完全契合企业系统与控制系统集成的国际标准 ISA–95，且由一组专门的组件和软件库组成。图 5–14 为 SIMATIC IT 在整个企业系统中的层级功能与上下游系统的关系。

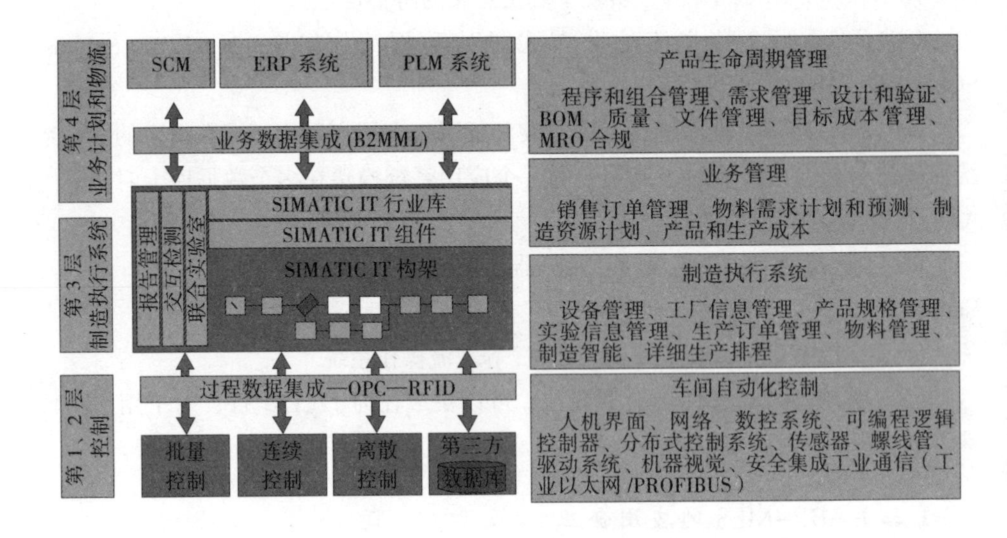

图 5–14　SIMATIC IT 架构图

西门子有世界一流的硬件控制系统，能与自己的 SIMATIC IT 进行无缝连接，而上层的 PLM 产品也为西门子重要的产品设计软件，能够和 SIMATIC IT 进行工艺文件传递。对于第三方的底层控制系统，SIMATIC IT 可以使用标准的 OPC 协议进行数据采集；对于上层的其他业务系统，可以采用 B2MML 的国际标准数据协议进行通信。

工厂的建模体系：SIMATIC IT 有着一整套建模体系，所有的工作流程都可以在建模器中建立实际的模型，模拟工厂的生产状况。为了实现流程的多样化适应目标，可以在编辑更新流程的时候，使用不同版本来控制，既更新了产品生产的流程，又保留原有的模型不受影响，这就给产品生产增添了许多灵活性。在建模过程中对每一个模块的定义和流程段的说明，更让整个工厂的生产处于透明化监控之下。

在SIMATIC IT建模器中，每一个图标都是一个功能控件，SIMATIC IT提供了丰富的控件来以图形的方式进行设计，并用拖拉和连线的方式快速建立各种流程，以配置内部信息，从而将不同的流程集成为一个系统。这样的生产线建模大大地降低了工程量，提高了部署速度和可扩展性。

二、功能系统的数据管理

（一）控制系统的数据管理

数字化系统的重要基础就是数据的获取和存储。SIMATIC IT Historian是西门子MES解决方案中的重要模块，是专门用于数据采集、数据处理和数据分析的组件，它可以从各种不同的设备中采集数据，也会将来自各种不同系统的数据进行统一使用和存储，以满足企业对数据收集和利用的目的。

SIMATIC IT Historian可以作为一个独立产品使用，即单为企业提供数据采集、处理和管理的解决方案，但更大的功能是作为生产线数据的收集系统，来为MES项目提供实时和现场的第一手信息。

在国际标准ISA-95的范围内SIMATIC IT Historian可涵盖以下领域：

（1）实时数据采集。

（2）历史数据管理。

（3）生产过程分析。

（4）质量标准监控。

模块中主要的名词解释：

（1）数据点（Tag）：每一个数据点就是需要采集、验证和归档的最小单元。

（2）数据获取通道（OPCDAC）：自动配置连接数据点和WinCC无缝连接。

（3）工厂绩效分析器（PPA）：存储采集的各种数据。

（4）历史数据展示（HDD）：把收集起来的数据，进行各种图形曲线展示。

（5）管理工具（PPA-AT）：管理数据采集的项目、数据库，以及数据库备份。

（6）工厂数据备份（PDA）：压缩大量数据到备份数据库。

在应用层面，SIMATIC IT Historian进行数据连接时，可在网络上直接看到所有的OPC开放服务器。这就简化了不同系统之间的数据连接，因为根据OPC的标准协议，各种不同厂商的数据系统都在使用，都可以接到SIMATIC IT的平台上，如此就简化了数据采集的难度，而这些硬件设备和控制系统的供应商需要给出的就是数据点的信息列表。

数据连接配置：

（1）自动在网络中寻找 OPC 服务器。

（2）选择数据采集的 OPC 服务器。

（3）选择具体的数据点。

在连接遵循标准协议的第三方控制系统的时候，SIMATIC IT Historian 的配置过程非常简便，在网络畅通的情况下，输入几个系统配置参数，数据服务器之间就开通了数据通道。例如，自动化设备系统连入 OPC 服务器后，SIMATIC IT Historian 就可以对其开放的数据点进行实时读取。

一般来说，自动化设备只保证生产运行正常就可以了，并不保存过往的数据，它们的监控画面主要是实时管理，而 MES 却可以完整保留生产的历史数据，两者结合，就可以对生产进行追溯，对效率进行分析，起到之前工厂单个系统难以达到的作用。在数据接口为标准的状况下，MES 对自动化设备的数据采集会成为简单的配置过程。自动化系统原先并不保存的历史数据也将完整地存储在 MES 里面。这样就给出了针对整个生产线分析的基础数据。

（二）业务系统的数据管理

对于工厂生产业务来说，物料管理是个典型的范例，它关联了客户的订单、生产的工艺，以及人员和物流的各种信息。在数字化工厂的体系下，整个生产过程中的物料流动带动了生产信息的变化，也把 MES 大框架内上层和下层的数据整体结合了起来。

物料管理器是 SIMATIC IT 系统的主要功能器件，不仅仅存储物料信息，而且会记录物料与整个生产过程中的工单、装配、成品等的一系列关系，这样会对物料在追溯过程中起到整体划一的作用。在 SIMATIC IT 系统中，物料的管理有着非常有规划的结构。

物料管理器的功能就是帮助回答 ISA-95 标准中“什么可以被生产”的问题。针对物料在生产中的应用以及物料的管理，SIMATIC IT 使用了层级性定义的方式来关联物料，并说明物料之间的各种组合关系。

对于物料来说，构建物料体系颇为重要，为了区分各种不同的物料，又能在系统中可以顺利地查找物料，SIMATIC IT 使用了物料类型、物料类别和物料定义的层级构架来定义整个生产过程中的各种物料及其相关属性，如图 5-15 所示。SIMATIC IT 要求不能有不归类的物料，如果有了这样的物料，系统对成品的定义将会无法实现，在生产过程中，未定义的物料也将造成无法对物料清单有完整的说明，生产质量无法保证。

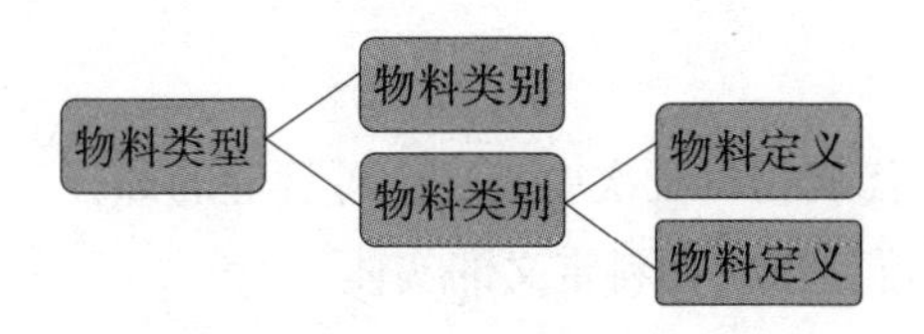

图 5-15　物料层级构架图

1. 物料类型

（1）SIMATIC IT 定义一组物料类别，所有都和某特定生产相关。
（2）对于一个物料类型，可以有多个物料类别与其相对应。

2. 物料类别

（1）SIMATIC IT 定义了一组物料定义，用来在生产排程或生产过程中使用。
（2）对于一个物料类别，可以有多个物料定义与其相对应。

3. 物料定义

（1）SIMATIC IT 描述生产拥有相似的特性，这些特性可以用来描述生产的产品。
（2）对于一个定义，可以有多个物料批次与其相对应。

在物料被定义清楚之后，实际的物料将按照物料定义进行管理，管理的方式以物料批次为概念，以实际物料使用的单位为量度，进行实际生产中需要的批次和子批次的划分。一个批次只能是同一种被定义的物料（如图 5-16 所示）。

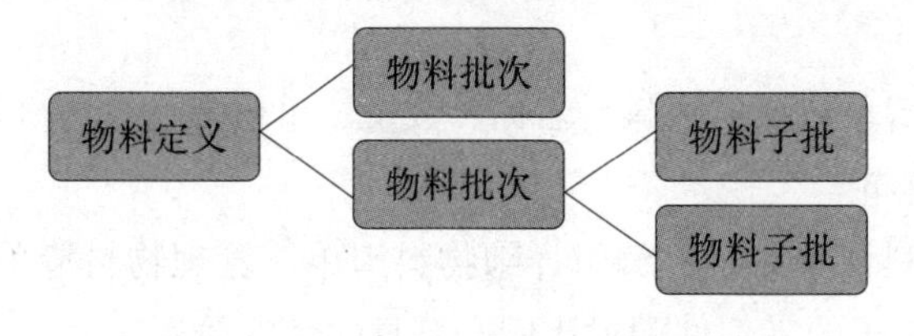

图 5-16　物料定义层级构架图

4. 物料批次

（1）SIMATIC IT 序列号代表了特定数量的物料定义。
（2）对于一个物料批次，可以有多个物料子批次与其相对应。

5. 物料子批次

（1）SIMATIC IT 代表物料批次中某一个可管理的部分。

（2）在生产中，可为特殊物料定义的实体。

对于数字化工厂来说，物料清单是从工艺设计软件导入 MES 系统中的。数据在各种系统之间的传递，让生产系统能够自动获取正确的设计信息、工艺信息。整个生产工艺带动了正确的物料需求，而生产则会以物料清单（如图 5-17 所示）为基础进行装配，整个装配信息又存储于 MES 当中。

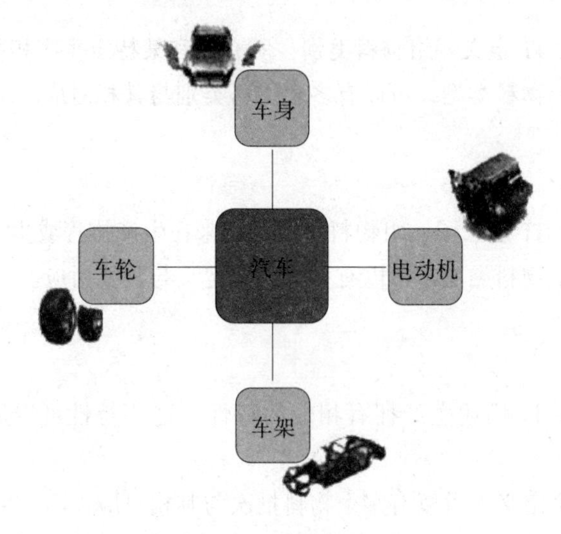

图 5-17　物料清单示意图

6. 物料清单

（1）建物料清单包括：物料、名称、数量、单位等信息。例如：汽车的车身、车架、电动机、车轮。

（2）配置物料清单包括：编辑详细物料清单、管理物料清单属性等信息。例如：整车需 4 个轮子的零部件配置比例、车身颜色的属性。

物料在生产过程中不单单是不变的数量，而是不断变化的过程。为了满足对物料处理的说明，SIMATIC IT 提供了一整套的物料生产的辅助功能，可以对物料的搬运工具进行定义和说明，并对物料在生产区域中的存放和移动进行记录。

7. 辅助配置

（1）搬运单元：代表某种可以批次装入物料的容器。例如：垛（Pallet）和箱

(Box)，可以向其添加物料，也可以从中全部或部分地取出物料。

（2）物料位置（Location）：位置为物理性的区域，用来存放某批次或子批次的物料。例如：工位、线边库。位置信息可以和在建模器中定义的车间（Site）、区域（Area）相关联。物料可以在位置间移动。

8. 物料管理器——追溯

（1）向前追溯：系统展示对于生成所选择的批次而进行的操作。

（2）向后追溯：系统展示对于使用所选择的批次而进行的操作。

SIMATIC IT 的物料管理器有网页和视窗应用两种界面，可方便地按照物料的类型进行定义，并且对实际的物料进行批次区分。所有的物料都用唯一序列号进行编码，而相关物料的层级关系与实际物料的对应关系在系统中都给予了结构化的展示。

三、生产过程和生产管理

传统企业的生产信息（机加工、热处理）大都是通过纸面方式进行记录的，由于生产信息比较多，容易出错，质量检验信息只记录结果，不登记具体数值，质量部门只知道检测结果，而不清楚检测数值。而当产品质量出现问题时，收集当初的生产信息和检验信息就比较困难，尤其是大批量生产的产品，问题更是严重。SIMATIC IT 使用了一系列的功能产品来保证生产过程中的正确运行。SIMATIC IT 的优势就是在各类数据被采集之后，这些数据能在系统中按照功能定义，进行相应的联系，从而使生产正常而有效地进行。其中，产品定义和人员管理就是生产过程中不可或缺的重要功能。

（一）产品定义和产品生产

MES 产品定义管理器（Produc tDefinition Manager，PDefM）是制造执行系统 SIMATIC IT 中的一个组件，用来更简便地管理产品和生产，让不同产品能被配置在系统中，并让操作人员在生产过程中尽量减少工作量，以便提高生产效率。产品定义管理器的功能是在配置过程中定义说明各种产品和生产所需的资源、步骤、过程。产品定义管理器的设计是按照国际标准 ISA-95 来制定的，以最大限度地满足行业规范。

产品定义管理器就是要回答“如何来生产”一个产品，建立每一个生产步骤的描述、生产途径、生产线关系等，还需要把设备、物料、人员和各种相关参数一并关联起来。也可以这样来理解，当要生产一个确定的产品时，什么技能的人员在什么设备上进行生产，所需要什么样的物料，所有这些信息都是产品定义所需要的。

1. 理论框架

（1）产品生产规则：产品的生产必须符合一定的规则

根据 ISA-95 国际标准，产品生产规则定义了生产一个产品的步骤，给出了一个基本问题的答案“这个产品是怎样生产的”。

（2）产品段：产品成品的各个阶段

根据 ISA-95 国际标准，产品段定义了完成每个特定生产步骤的变量、物料、设备等资源配置，回答了一个生产中的基本问题“一个生产操作的完成需要什么样的资源”，产品段是直接和产品操作相关的，对应于生产中的流程段，不同点是流程段不和具体产品相关，而产品段和某一特定产品紧密相关。

（3）产品段的资源类型

每个产品段都会给出相应的资源，大致分为以下几类：变量、设备、物料、人员。在相应的生产步骤中，这些资源会共同参与以完成特定产品的生产。

2. 产品定义的规范

对于一个产品来说，MES 应当给出其是采用什么样的生产工艺流程生产出来的步骤，这在 SIMATIC IT 中与生产规则相同。这里介绍产品定义管理器使用的规范，包括产品生产规则、管理产品生产规则的生命周期、版本、产品段的生成和管理，以及定义后的合格检测。

（1）生成产品生产规则。在产品定义管理器中，生成产品生产规则（PPR）是第一步，具体有两种：

①标准型规则：允许在生产系统中定义。

②变量型规则：是一类特殊的规则，其用途是在标准型规则中作为某类输入。

（2）对产品生产规则可以做全新定义，也可以用下列方式重用：

在 SIMATIC IT 的操作层面，产品生产规则拥有可重用性，这样大大提高了产品生产的速度；而在同类系列产品只有少量配置不同但基本生产都相同的情况下，应用不同版本号来表达不同型号的方式被采用；版本高的产品并不表明是现有产品，版本低的产品依然可以恢复生产。

在生产过程中，工单将和生产规则相连接，这样一来，生产的流程就和客户所需要的订单在生产体系上匹配起来。从图 5-18 可以看出某种关联关系，产品生产过程被放大以后，就知道具体的生产线是否可以生产这种产品，而产品线的设备和技术要求将与工人的技能相关联，生产过程的物料与仓储管理紧密结合。这样的多重关系被定义在产品模块里，生产依照产品生产的定义进行。由此SIMATIC IT做到了完整的控制。

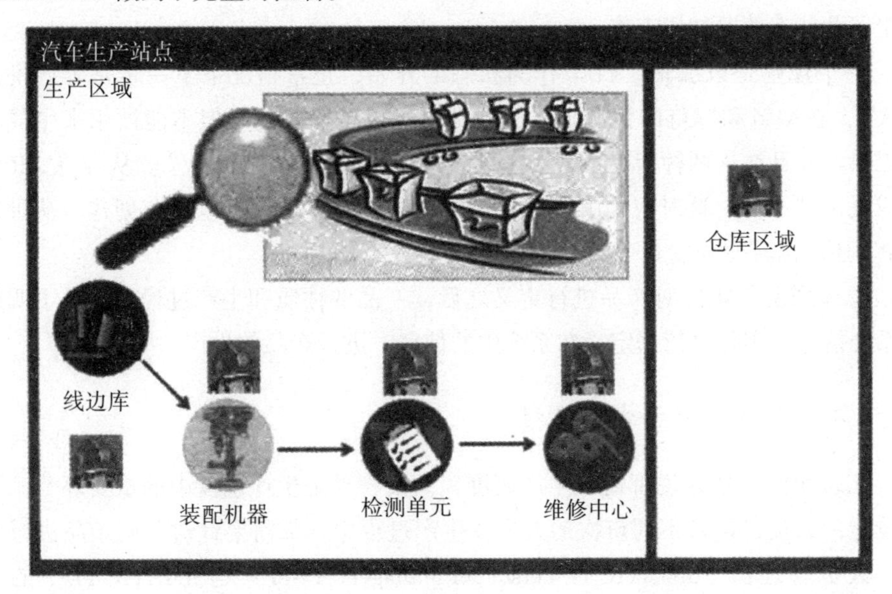

图 5-18　生产线设备操作人员

3. 规则的生命周期

任何一个产品都有其生命周期，产品生产规则也有其生命周期，它的意义是在发布给生产之后就不可以再进行编辑，管理生命周期是配置生产的重要环节。

（1）生命周期及其属性

产品定义管理器提供两类产品生产规则基本的生命周期：

①开发状态（DEV）

②标准状态（STD）

产品定义管理器中的生命周期有两个主要特性：

①启用，确定规则是否能在工单管理器建立生产工单时被使用。

②编辑，确定规则的配置可以被编辑或消除。

（2）生命周期中的开发状态

开发状态的规则一般是用来进行开发和测试的，不会要求任何审核，所以拥有的状态只有无须分配“NA”。任何一个规则如果是“NA”，就表明可以同时进行编辑和使用，即可以对其进行编辑、配置、消除，或通过工单管理器进行工单关联。要说明的是，此类开发状态的规则可以随时转换成标准状态的规则。

（3）生命周期中的标准状态

标准状态有若干生命周期环节，每个状态都是启用和编辑特性的组合，它们决定了此状态情况如何工作。

一个规则是以编辑“ED”作为状态的开始，正常情况下下一步是等待批准“RA”，在编辑和等待的情况下，此规则是可以被修改的，但不能被用来生成生产工单。并且在这两种情况下，状态可被转换到开发状态“DEV”。从等待“RA”变成批准“AP”，这时规则就不能再被修改了，而工单就可以由此创建。从批准“AP”还可以转变为废弃“OB”。

总体来说，MES对产品进行定义之后，产品的性质和生产过程就都有了明确的系统信息。实际将依据定义在系统中的信息，进行产品的生产。

（二）人员管理和生产规划

工厂生产一般来说都需要生产调度，人员管理是生产调度中的重要环节。不同技能的人员，以及不同班次的人员在生产过程中，都需要针对不同产品进行编排。人员管理器（SIMATIC IT Personnel Manager，PRM）是SIMATIC IT中的一个组件，可用于便捷地管理人员，在工厂中按照系统配置的技能，进行一系列的工作。

人员管理器主要是针对生产过程中的人力资源进行管理，其在ISA-95的规范中帮助回答了“什么时间有什么产品被生产出来”的问题，因为人员记录了产品生产的进度。那么在系统中进行配置的时候，需要把各种人员特质，如资质、分组等都配置出来。系统也需要指定人员到各个班组，还可以查看人员操作的过程记录。最终的人员数据和生产数据将会被系统整合，如某操作员完成了什么任务、操作了哪台机器、使用了哪些物料、完成了哪个工单等。

配置基本数据：在使用人员管理器的各项功能之前，需要对基础数据进行配置，主要包括：配置日期类型、配置操作类型、配置角色、配置组类型、配置属性类型。基本数据配置见表5-1。

表5-1　基本数据配置

配置项	使用模块
日期类型（Day Type）	排班日历（Shift Calendar）
操作类型（Operation Type）	客户端日志记录（Personnel Log）

（续 表）

配置项	使用模块
角色（Role）	人员（Person）
组类型（Group Type）	人员组（Group）
属性类型（Property Type）	属性（Property）
资格测试（QualificationTest）	属性（Property）

人员管理器提升了 SIMATIC IT 作为优秀制造执行系统的整体效能，它可以对人员进行基本的分组，即按照生产班次、职位和技能进行分组管理。相关信息还可以与休假、交接班以及关键岗位联系起来，如个人资质认证的信息。

人员管理器的另外一个主要功能就是记录特定人员的岗位操作。在关键岗位上，操作的指令将被记录在数据库中，这对整体的追溯性起到了重要作用。当一个操作人员主要在某个机台上工作的时候，那么这个机台的所有操作记录就都与此操作员关联。这样对于人员的技能和考核，就有了非常充分的判断依据。

举例来说，在整个工厂生产不同类型的车时，因为生产工艺、物料、设备的不同，可能需要接受过不同培训的工人进行装配。进一步而言，物料仓储管理人员的技能一定不会和车间生产人员的技能一样，当有物料管理或物料交接的情况，物料管理人员也需要在系统中定义。也就是说，两类车由两个不同的班组来生产，生产流程将按照生产线设备的步骤进行，而物料会由另一个仓储管理组来运作。

如果要总结人员数据的定义，在人员管理器中，需要对人员组及其相关的功能进行定义，其包括配置人员、配置人员组、配置资格测试。建立人员组时，配置人员是指实际的工厂员工，并不要求一定是人员管理器中配置的系统使用用户，因为只有与系统有数据交互的操作人员才需要分配一个系统账户。

（三）工单管理和制造执行

工单管理的重要性是不言而喻的，因为只有有了工单才有生产。在我们定义好了生产系统之后，就可以根据生产的定义阐述工单的执行了。SIMATIC IT 生产工单管理器（Production Order Manager，POM）是 MES 中的一个组件，可用来更简便地实现系统操作与过程控制，让生产能在要求的时间内开始。

工单管理器不但和客户订单相关联，也和产品生产、生产排程有紧密的关系。在 ISA-95 的标准里，工单管理器帮助回答了“什么可以被生产”的问题。工单管理器依然遵循生产运行条件来构建工单的层级关系。

工单管理器的功能是为了让工单能够在系统遵循规则的情况下被结构性配置，以最大限度地满足市场行业规范。

1. 工单层级模型

工单管理器使用规划（Campaign）树来管理工单结构（如图 5-19 所示）。

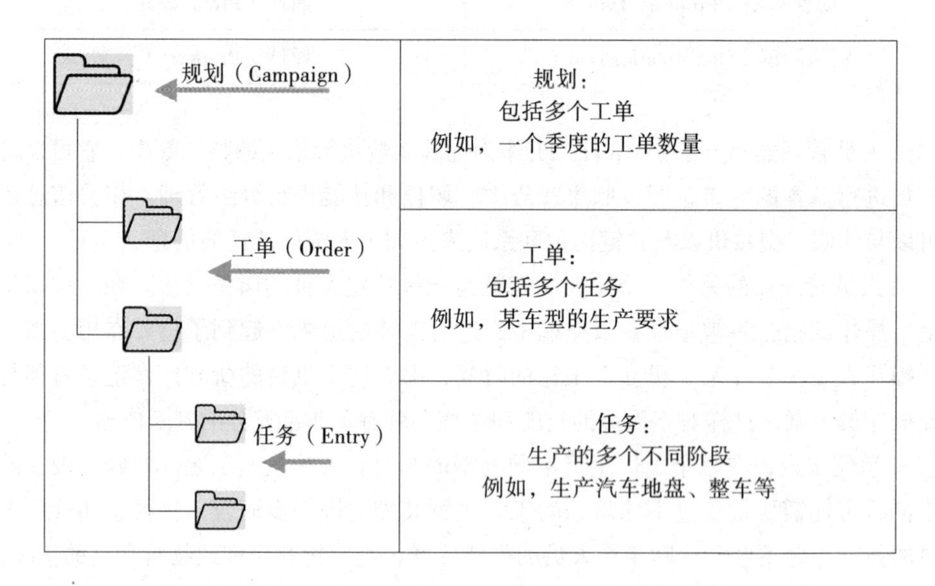

图 5-19　工单层级

规划：任务的最上层是规划。用来定义特殊生产排程，并收集某时间段内的生产要求。

工单：规划归组一系列的生产要求。用来定义特殊的生产要求，其可由多个需求子集组成。

任务：工单是由一系列要求阶段组成。用来定义特殊的需求子集，以支持生产操作。

2. 时间范围

时间范围可以是生产要求的计划阶段，用来确认分配时间的合理性；规划的配置过程会确认配置的阶段是否合理，用以限制规划的开始和结束；工单管理器中的时间范围表达了某确定的时间段，如，月、年。工单也可与时间范围关联，用以限制工单的开始和结束。

3. 家族和类型

工单虽然可以用层级的方式来划分，但要按照具体情况清楚归类工单的话，就不是一件容易的事情。SIMATIC IT 给出了两种归类的方法，即家族和类型。家族代表汇集起来的有共同目的的工单、任务；类型定义有相同特性的工单、任务。

在工单管理中，其关联的生产过程，如工单的完成状态，也都需要在生产过程中进行数据采集和存储。

第六章　智慧工厂

第一节　智慧工厂的优势

一、大规模定制生产

（一）传统工厂的生产局限

从世界工业发展总趋势来看，以科技创新引领的新一代工业革命将会打破原有生产模式。其中，工业发达国家掌握着世界工业发展的方向和核心技术，是世界工业发展水平提升的决定力量。发展中国家，如中国、印度等，虽然分布着世界工业的大部分生产基地，承担着世界工业生产的大量生产任务，同时也拥有巨大的消费市场，但生产力水平相对较低。同时，受发展中国家劳动力价格的提升、资源的匮乏等因素的影响，工业生产的社会效益日渐下滑。要扭转这一局面，就是要以科技创新带动工业生产，改变落后的生产方式。

我国正式进入工业生产时代，要从改革开放说起。20 世纪 80 年代，我国凭借自身低廉的劳动力成本和丰富的自然资源优势成功完成了从农业大国向制造大国的转型，诞生了大批工业生产企业。然而，这些企业大多属于劳动密集型和资源密集型的工矿企业。随着市场需求的转变和工业发展越来越侧重技术创新，我国粗放式的生产方式暴露出诸多弊端，如产品同质化严重造成市场滞销、过分依赖资源造成环境污染和严重资源匮乏以及廉价劳动力资源优势消失等。

在传统工业生产企业的工厂内部，加工不同型号的零件需要不同的生产设备，如在汽车生产工厂，甲型号的车身需要甲型号的专用冲压机，一个车身组装车间需要几十台不同型号的冲压机，整个工序需要上百人的生产队伍才能完成生产。

传统工业生产企业的生产流程繁多复杂，生产工艺和工厂管理模式同样错综复杂。

同时，更为严重的一个问题是，传统工业生产企业的侧重点是以产品为核心，整个生产活动围绕产品进行线性生产，以制造优质产品为目的。但是，随着市场经济的深化和互联网时代产品的透明度越来越高，消费者已经开始追求个性化的产品体验。

按消费者需求设计、大规模定制生产的趋势快速增长，如果企业盲目大规模生产的产品充斥市场，造成产品市场的供给大于需求，传统生产规模越大对企业造成的危害也越大。这就要求工业生产企业必须具备高度柔性，缩短产品的生产周期，加快对新技术的应用和新产品的研发和生产，保证市场需求大于供给。

总之，国际市场对我国工业生产企业的产品种类要求更加多元化，对品质要求更加稳定，对产品生产的技术含量要求更高，对产品的数量要求更多。所以，我国工业生产企业必须完成从大规模生产向大规模定制生产的转型。

（二）智慧工厂的大规模定制生产

智慧工厂可以实现上述转型的需求。智慧工厂提倡以市场需求为核心，借助互联网平台链接消费市场，准确把握和满足消费者需求，重建供求关系，由传统的“先供后需”模式转变为“先需后供”，实现消费者、生产、产品三者共赢，将整个生产线串联在一起，建立一条完整的定制生产体系。

大规模定制生产是智慧工厂的核心元素。从某种意义上说，大规模定制生产是利用互联网技术对传统工厂内生产设备的智能升级，使工厂内的所有事物及时、有效地分析、总结、归纳客户需求，可以自动根据现场生产情况作出判断，系统自动识别不同型号的产品，可以自动切换不同的冲压设备，进行自我调整和自动驱动生产，实现工业生产的大规模、低成本定制化生产。

大规模定制生产具有极大的优势。在生产成本上，大规模定制生产可以通过用户订单实现原材料和零部件的及时发送和生产，进行实时供应，减少中间环节，降低运输和库存成本。在市场竞争上，以客户的生产要求为核心，根据消费者需求大规模定制生产，了解消费者偏好，满足消费者个性化需求，使生产企业具有绝对的市场主导优势。在产品效益上，大规模定制生产的产品，本身符合消费者需求，对消费者而言属于“私人定制”，享有更高的价值，因而可以获得更好的产品收益。

智慧工厂在中国的发展，正处在起步阶段，在未来的发展过程中应充分借鉴发达国家的先进生产经验，结合我国制造业基数大的现状，保留一定的生产柔性，绘制中国智慧工厂的未来蓝图。

二、自行组成最佳系统结构

信息技术的突飞猛进，致使工业生产不进则退。从机器人参与工业生产，到生产线的自动化，世界各国纷纷顺应工业社会发展大势，开启了新一代工业生产技术的创新。

德国依据自身的制造优势提出“工业 4.0”，美国则以互联网为基础提出“工业互联网”。中国作为制造大国，自然不甘落后，已经制定了“中国制造 2025”的发展战略。无论是“工业 4.0”还是“工业互联网”或者“中国制造 2025”，其本质都是智慧工厂。

智慧工厂具有鲜明的智能优势——自行组成最佳系统结构。

智慧工厂是以信息物理技术为基础的自动化高能效工厂，目标在于连通生产与售后全过程，形成可循环的各生产环节与生产要素按需分配的智能生产模式，系统内部各个生产环节具有智能感知能力，能够自行传输系统资讯，能够自行判断决策，能够自行依照系统决策对应完成实体生产。

智慧工厂的智能生产系统由综合数据集成系统、智能化决策系统、自动化生产系统、智能服务系统等四大系统组成，四者相辅相成，自行组成最佳系统结构（如图 6-1 所示）。

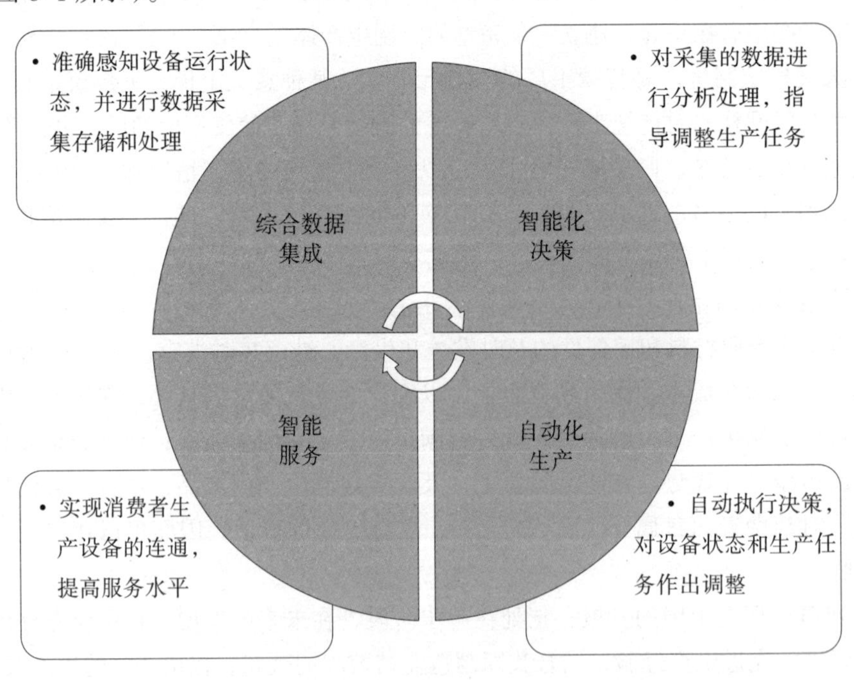

图 6-1　智慧工厂系统结构

（一）综合数据集成系统

在传统生产模式中由于缺乏系统的数据导入和管理，大量基层生产信息没有及时采集，生产信息存储方式基本依靠员工手动输入，造成很多信息不能及时上报，影响生产。

智慧工厂综合数据集成系统是基于解决工业生产中数据繁杂、多维、海量等难点，搭建的物联网与云计算集成的硬件环境。在生产线上，建有无数实时数据采集的传感设备，形成集数据采集、数据存储、数据处理三位一体的综合数据集成系统。

系统中数据采集是针对生产线上的生产设备和生产产品，根据不同生产情况采集不同的数据，能够保证实时掌握生产情况的第一手资料；数据存储是针对系统服务器，将已采集数据放入数据库，完成对数据的存储和管理，保证数据的高度集成；数据处理是对数据库数据进行处理，以数据变化曲线表、流程图、高数据预警等形式对生产情况进行分析，对不符合要求的生产行为进行自动调整。

该系统实现了生产企业从产品设计、制造、零部件加工与组装到产出等全过程的数字化管理，在实时数据采集分析之外，还可以实现生产环节的虚拟建模，模拟真实生产程序，进而验证生产的科学性。

（二）智能化决策系统

信息技术、自动化技术在工业生产领域已深入应用到工厂的生产、管理过程中，推动了生产设备的智能决策。传统工厂生产管理中，人作为主体对生产设备进行决策，而在智慧工厂中生产设备在掌握大量生产信息的情况下，同样可以做出决策，甚至比人的决策更具科学性。

智慧工厂的生产车间装有智能感应设备，具有一定的智能感知和分析能力，对生产任务进行实时跟踪、生产进度统计、运行情况分析等，展示生产全过程信息，实现生产设备的可视化和智能化管理。人工只需要向生产设备的程序设定相应的生产准则，设备便可以遵循准则自行决策，避免由人工操作失误而造成不必要的损失，增加智能决策系统的原始积累，提高智能决策水平。在传统生产模式下，由于人工自身因素对设备的熟练程度不够或情绪消极等，以及生产设备存在维护保养不善或生产结构不合理等问题，往往会降低生产效率。

自动化生产系统依据数据处理系统提供的数据资料，实现了对不同生产任务采用不同的生产设备和加工工艺，优化配置生产线上的各类生产资源。对发生的故障进行诊断、维护，对系统不能处理的故障可发出预告。

各个车间和生产线是产品制造的互通空间，各项生产设备和零部件均拥有唯一的射频识别编号，在生产过程中会根据生产任务提供的生产信息，自行生成生产指令，自动完成零部件和选取，并根据具体任务需求将其送至相应生产线，进行加工生产，可以避免传统生产过程中零部件错乱造成的失误。

此外，通过对综合数据集成系统提供的数据分析、优化，还可对生产工艺进行总结和优化，对于生产效率低、资源消耗高等生产工艺进行改进，对设备生产情况进行实时预测，对可能出现的问题进行提示。

智慧工厂拥有智能服务系统，通过移动网络和智能终端实现人员、车辆、产品卫星定位，进行实时任务派发，掌握产品生产、流通情况，与后台管理系统实时信息交互，为消费者提供实时售后服务和健康监测等，从而提高管理服务水平。

具体来说，智慧工厂的运行系统包括产品质量追踪、物料清单管理、生产计划管理、时间需求分析、生产订单管理、生产任务下达、生产物料调拨、生产进度汇报、委外生产管理、产品返工处理、订单统计分析、订单成本核算等（如图6-2所示）。

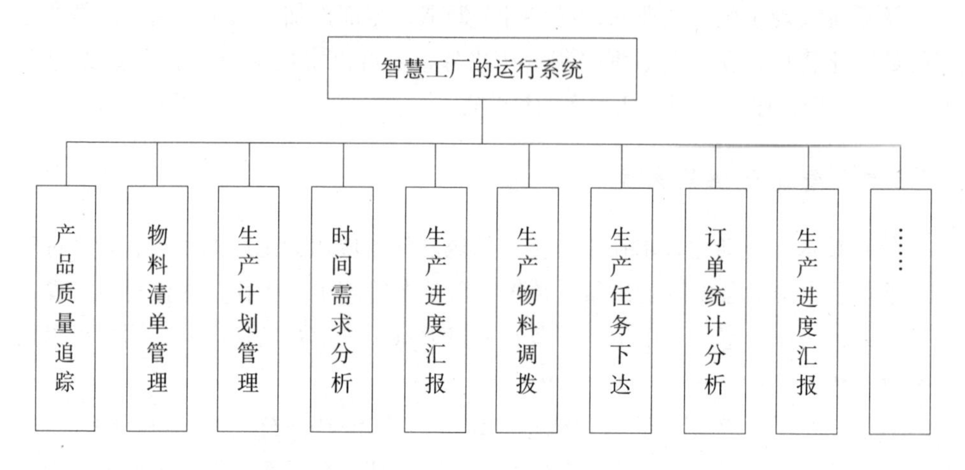

图6-2 智慧工厂的运行系统

总之，世界工业发展的总趋势已经走向智能化发展，在互联网、物联网、云计算、大数据等科技信息技术遍及工业生产的大潮下，传统企业只有完成从“工业3.0”时代向“工业4.0”时代的跨越，构建最佳系统结构，才能生存下来。

三、构建高效节能型工厂

我国的工业发展存在一个不争的事实：虽然经济发展快速，但以巨大的能源投入为代价，同时粗放的生产方式制约着我国经济的健康发展。所以，早在

“十二五”期间，我国工业和信息化部已制定了工业生产节能减排的四大目标，即“2015年我国单位工业增加值能耗、二氧化碳排放量和用水量分别要比‘十一五’降低18%、18%以上和30%，工业固体废物综合利用率要提高到72%左右”。并提出三点要求：“一要继续抓好产业结构的优化调整，二要狠抓企业和行业技术进步，三要狠抓企业的节能降耗管理。”

可见，国家对于降低能源消耗的信心十分坚决。能源是人类社会赖以生存和发展的重要物质基础，全球都在面临严重的能源危机。

但是，我国传统工业生产仍然存在以巨大的能源投入为代价的现象。以钢铁生产为例，通常需要负责开采的原料提取设备、需要高温加工的炼钢炉、成品加工的轧钢制造设备以及后续的仓库转运站等，会产生超大电力负荷。一家年产100吨左右的钢铁厂，日电能消耗超过数十万度，其中大部分电能却是在设备无作业情况下消耗的，造成了严重的电能浪费。

此外，劳动力资源成本逐年增高，传统工业生产面临严重的成本压力（包括原材料成本、能源成本、劳动力成本）。于是，不少企业经营者想方设法努力控制生产成本，但效果微乎其微，以至于众多企业无力承担高昂的生产成本时，开始使用劣质原料，导致整个工业生态链出现恶化趋势，甚至有不少企业走向灭亡。工业生产如果盲目把精力放在扩大生产，依靠能源投入为代价换取利润，追求数量上的增长上，而忽视能源消耗的沉重代价，必然走向灭亡。其实，要改变这一现状，就要从根本上降低能源消耗、控制生产成本，以提高企业效益。

效益是衡量一家企业成功与否的重要标准。对于一家企业而言，在相应的成本投入后能否产出预期的产品，以及如何提高效率是需要时刻关注的。推行智慧工厂的先进智能化技术，可以提升工厂的产能，减少能源的消耗。例如，先进智能化技术在部分试点企业的成功运行，已为工业发展指明了新的方向。

在智慧工厂的电力能源管理中，对电压、电流、频率和电力传输系统等设备进行实时监控，将不在工作状态的生产设备及发电机、照明灯、变压器等及时关闭，对能源、电源消耗情况进行实时记录，为检修人员提供精确的数据参考，这些都是从每一个生产细节减少能源消耗。

众所周知，传统工厂依靠人工生产，对照明系统的依赖程度较高。例如，普遍存在的一种现象是：众多电能设备基本24小时处于开机状态，造成严重的能源浪费现象。而在智慧工厂使用智能照明控制系统，可以大幅度降低照明的能源消耗。智能照明系统由灯光控制器、智能网关、节能监控平台组成，利用物联网和数字化的系统结构，可以自动调节照明的开关、强弱、色彩等（如图6-3所示）。

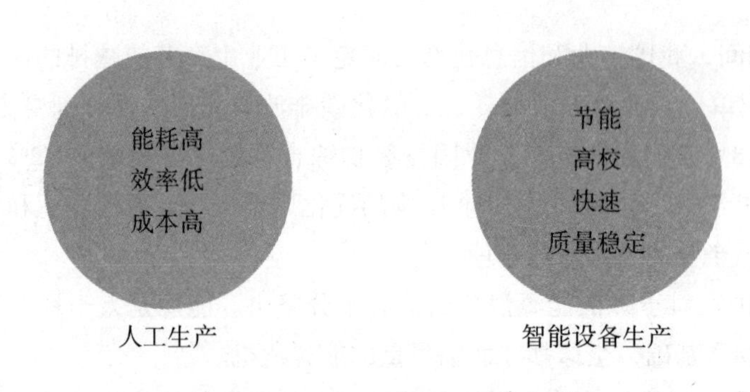

图 6-3 人工生产和智能设备生产对比

传统工厂和智慧工厂的生产效率相比，有明显的不同。传统工厂是以员工为主体进行生产，不排除员工生产中因情绪等因素造成生产效率低下以及在工作时间混日子的现象，而智慧工厂不存在类似问题，只要开启设备便会始终处于“任劳任怨”的工作状态。

同时，传统人工生产具有诸多弊端。比如，人工生产的产品质量和生产效率参差不齐，动作敏捷、操作熟练的员工可能生产效率较高，但反应迟缓不熟悉生产流程的员工，生产效率很可能较低；人工生产中各个生产线的连接不够紧密，需要耗费大量时间和精力进行产品中转等。而智慧工厂在生产环节上环环相扣，各道生产工序紧密连接，生产速度始终如一，可以保证生产效率。

具体而言，智慧工厂的生产线集产品需求、生产、包装、出售为一体，从产品订单到最后出售的每个阶段都采用自动化生产。比如，在工业生产中常见的生产环节——喷涂，传统人工喷涂中存在诸多弊端，喷漆本身属于有害物质，对人体自身和环境的危害很大。其次，喷涂施工效果因人而异，在成品的质量和色彩上很难达到高度的一致性。再次，人工很难在短时间内完成大批量的订单任务。但是，智慧工厂使用智能设备喷涂，在密闭的工作空间既能减少对环境和人体的危害，也能保证质量的稳定性，并能高效率完成大批量订单的生产。

总之，我国作为全球最大的制造基地，在工业发展处在能源消耗较高和总体生产效率较低的大环境下，推动工业发展走向节能、高效、绿色、生态，把握时代发展大潮，积极推进智能化设备的改进，构建智能型工厂是非常有必要的。

第二节　智慧工厂的体系架构与要素

一、智能工厂的架构与功能定义

智能工厂是实现智能制造的基础与前提，它在组成上主要分为三大部分（如图 6-4 所示）。在企业层对产品研发和制造准备进行统一管控，与 ERP 进行集成，建立统一的顶层研发制造管理系统。管理层、操作层、控制层、现场层通过工业网络（现场总线、工业以太网等）进行组网，实现从生产管理到工业网底层的网络连接，满足管理生产过程、监控生产现场执行、采集现场生产设备和物料数据的业务要求。除了要对产品开发制造过程进行建模与仿真外，还要根据产品的变化对生产系统的重组和运行进行仿真，在投入运行前就要了解系统的使用性能，分析其可靠性、经济性、质量、工期等，为生产制造过程中的流程优化和大规模网络制造提供支持。

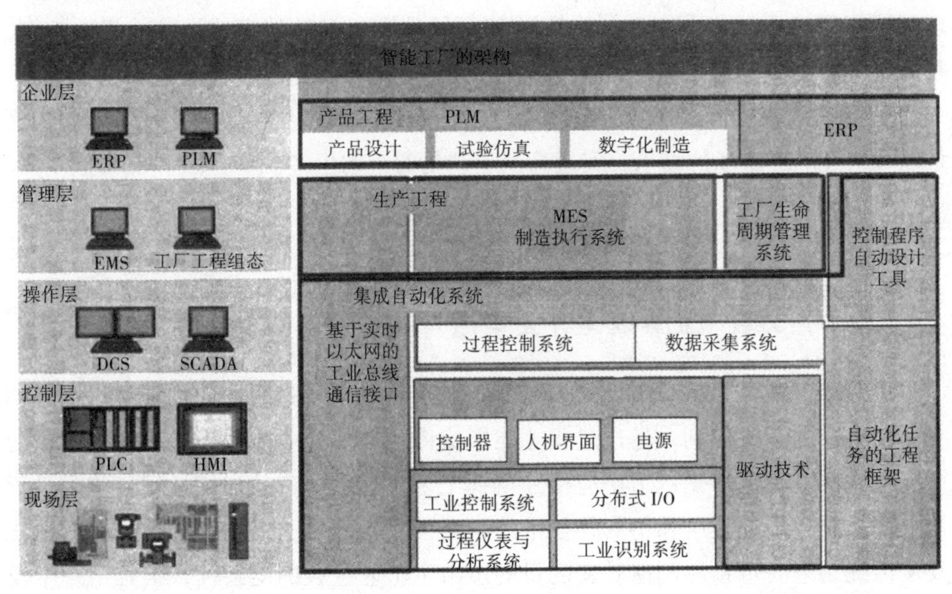

图 6-4　智能工厂的架构

（一）企业层——基于产品全生命周期的管理层

企业层融合了产品设计生命周期和生产生命周期的全流程，对设计到生产的流程进行统一集成式的管控，实现全生命周期的技术状态透明化管理。通过集成PLM系统和MES、ERP系统，企业层实现了全数字化定义，设计到生产的全过程高度数字化，最终实现基于产品的、贯穿所有层级的垂直管控。通过对PLM和MES的融合实现设计到制造的连续数字化数据流转。

（二）管理层——生产过程管理层

管理层主要实现生产计划在制造职能部门的执行，管理层统一分发执行计划，进行生产计划和现场信息的统一协调管理。管理层通过MES与底层的工业控制网络进行生产执行层面的管控，操作人员/管理人员提供计划的执行、跟踪以及所有资源（人、设备、物料、客户需求等）的当前状态，同时获取底层工业网络对设备工作状态、实物生产记录等信息的反馈。

（三）集成自动化系统

自动化系统的集成是从底层出发的、自下而上的，跨越设备现场层、中间控制层以及操作层三个部分，基于CPS网络方法使用TIA技术集成现场生产设备物理创建底层工业网络，在控制层通过PLC硬件和工控软件进行设备的集中控制，在操作层有操作人员对整个物理网络层的运行状态进行监控、分析。

智能工厂架构可以实现高度智能化、自动化、柔性化和定制化，研发制造网络能够快速响应市场的需求，实现高度定制化的节约生产。

二、智能工厂解决方案要素

（一）产品数字化建模与开发系统

产品的研发、设计、制造、质检等组成了产品生产过程，而过程是一系列相关活动组成的有机序列，通过过程才能形成产品并产生效益。为提高制造的成功率和可靠性，在数字化制造中应格外重视工艺过程，即产品加工过程、装配过程及生产系统规划、重组和仿真等技术的研究，以实现生产资源和加工过程的优化及从传统制造向可预测制造转变的目的。出于工艺过程的复杂性，很难用一个模型来描述，所以在工艺过程建模中往往采用多视图和复合过程模型描述。所谓多视图，即从产品信息、开发活动、企业资源和组织结构等多方面分别进行描述，然后通过集成化方法产生模型间的映射机制；复合过程模型是指对过程、产品数据及资源数据的复合描述，也包括复合各种模型的特点，如功能模型中的结构分析，动态模型中的状态转移及对象模型中的封装、继承等特点。按照加工过程的特点，加工过程中的建模和仿真指的是对刀具轨迹进行运动模拟，并判断在刀具与原材料的相对运动过程中是否存在干涉。同时在智能工厂装配环节，通过虚拟装配环境可以有效地提高装配车间现场的现代化管理水平。在车间现场，所提供的三维可视化装配工艺文档（包括装配工艺过程动画、三维模型、装配工装和工具、辅助材料清单等）使装配人员可以更清晰、更快速地理解装配意图，从而减少或部分替代实物试装，提高生产效率，降低生产成本。

可以说，产品数字化模型不仅是产品性能仿真的基础，而且是生产系统建立、工艺路线确定和工艺过程建模的基础。产品数字化建模技术主要研究的是在计算机内部采用什么样的数字化模型来描述、存储和表达现实世界中的产品，包括产品的几何形状、结构、性能与行为状态等信息。对机械产品而言，由于产品的几何形状和结构是最基本的信息，因而自三维 CAD 系统（如 NX）出现以后，数字化建模技术首先成功应用在产品的数字化定义和数字化预装配方面。

下面以西门子产品数字化建模与开发解决方案 NX 为例进行详细阐述。NX 支持产品开发中从概念设计到工程和制造的各个方面，为客户提供了一套集成的工具集，用于协调不同学科、保持数据完整性和设计意图以及简化整个流程。应用领域最广泛、功能最强大的最佳集成式应用程序套件 NX 可大幅提升生产效率，帮助客户制定更明智的决策并更快、更高效地提供更好的产品。除了用于计算机辅助设计、工程和制造（CAD/CAM/CAE）的工具集以外，NX 还支持在设计师、工程师和更广泛的组织之间进行协同。为此，它提供了集成式数据管理、流程自动化、决策支持以及其他有助于优化开发流程的工具，主要有：

（1）面向概念设计、三维建模和文档的高级解决方案。

（2）面向结构、运动、热学、流体、多物理场和优化等应用领域的多学科仿真。

（3）面向工装、加工和质量检测的完整零部件制造解决方案。

NX 将面向各种开发任务的工具集成到一个统一的解决方案中，所有技术领域均可同步使用相同的产品模型数据。借助无缝集成，客户可以在所有开发部门之间快速地传播信息和进行流程变更。NX 利用 Teamcenter 软件 [Siemens PLM Software 推出的一款协同产品开发管理（cPDM）解决方案] 来建立单一的产品和流程知识源，以协调开发工作的各个阶段，实现流程标准化，加快决策过程，实践表明，NX 帮助客户推出了更多新产品，减少了 30% 以上的开发时间，将设计—分析迭代周期缩短了 70% 以上，减少了多达 90% 的计算机数控（CNC）编程时间。

借助全面的三维产品设计，NX 可以帮助客户以更低的成本实现更出色的创新和更高的质量。NX 还可让设计团队自由地使用最高效的方法来处理手头的任务，设计师可以借助无缝交换功能来选择线框、曲面、实体参数或直接建模技术。NX包含强大的装配体设计工具，其卓越的性能和能力能够在完整的装配体环境中进行交互式操作，即使是对于最复杂的模型也能胜任。装配体导航、多CAD样机、干涉分析、路径规划和其他工程工具可加快装配体设计并改善质量。对于专业化的设计任务，NX提供了针对特定流程的建模工具，在钣金设计、焊接设计以及电气和机械布线方面优于通用CAD。NX还提供了设计模板，可加快设计速度，实现工程流程标准化。客户可以基于现有模型创建模板，进而在新设计中轻松地重用它们，模板中还可以纳入仿真、制图、验证和其他工程领域的最佳实践。

借助高级自由曲面建模、形状分析、渲染和可视化工具，NX能够交付专用工业设计系统的全部功能，还可提供与NX设计、仿真和制造功能的完整集成。通用的集成工具箱将二维、三维、曲线、曲面、实体、参数和同步建模结合在一起，有助于轻松快速地创建和编辑形状，可在基本形状的基础上轻松地进行构造，或通过逆向工程来参照实物对象，进而创建概念模型。NX的形状分析和验证工具有助于确保设计的完整性、质量和可制造性。NX将机械、电子和电气设计与流程集成到统一的机电产品设计解决方案中。从印制电路板设计到机械封装、电气配线和线缆设计，NX提供了各种工具来支持不同部门之间的协同。机械、电子和控制系统设计师可以使用并行流程来提供高质量产品。

工程师们一直都在努力尝试在整个系统的层面更好地了解产品性能。NX CAE（如图6-5所示）提供了能够更轻松地执行系统仿真的方法。NX CAE是一种现代的多学科环境，其面向的人群包括高级分析师、工作组和设计师。他们需要及时地提供高质量的性能分析以推动做出更明智的产品决策。与无关联的单学科CAE工具不同，NX CAE将一流的分析建模与用于结构分析、热分析、流体分析、运动分析、多物理场分析和优化分析的仿真解决方案集成到一个环境中，它还可以将仿真数据管理无缝集成到分析师工作流程中，因而不会再丢失某些隐蔽的硬盘驱动器中的信息。最后，NX CAE使公司可以将仿真扩展到设计社区，并且加强分析师和设计师之间的协同，从而实现仿真驱动型设计。

另外，NX CAE可与Teamcenter的仿真过程管理模块无缝集成。仿真数据管理功能是“安装即用”的，因而企业可以建立一个完整的CAE数据、过程和工作流程管理环境，将其作为更广泛的产品开发环境的一部分。这样可以通过促进现有设计和工程知识的重用来减少时间浪费。仿真数据管理还实现了仿真与设计同步，并在数据挖掘、可视化和报告过程中保证仿真结果随时可供存取。NX Open（NX自动化和编程的通用基础）可用于创建和自动执行客制化CAE流程以提高生产效率。

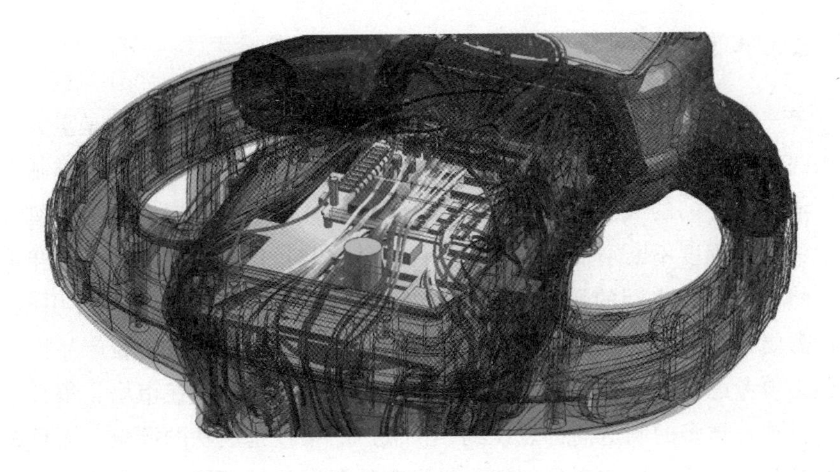

图 6-5　NX CAE

在制造过程阶段，NX 在单个 CAM 系统中提供一整套数控（NC）编程功能与一系列集成的制造软件应用程序。这些强大的应用程序为零部件建模、工装设计和数控测量编程带来了便利，所有这一切都以可满足未来需求的成熟 NX 体系架构为基础。NX 允许在从零部件设计到生产的整个过程中使用通用三维模型。高级模型编辑、工装和夹具设计以及零部件和数控测量编程都具有关联性，可轻松快速地实现变更。以 CAM（如图 6-6 所示）等单一的应用程序为基础，NX 可以通过扩展来建立完整的零部件制造解决方案，包括与车间系统和设备的连接。

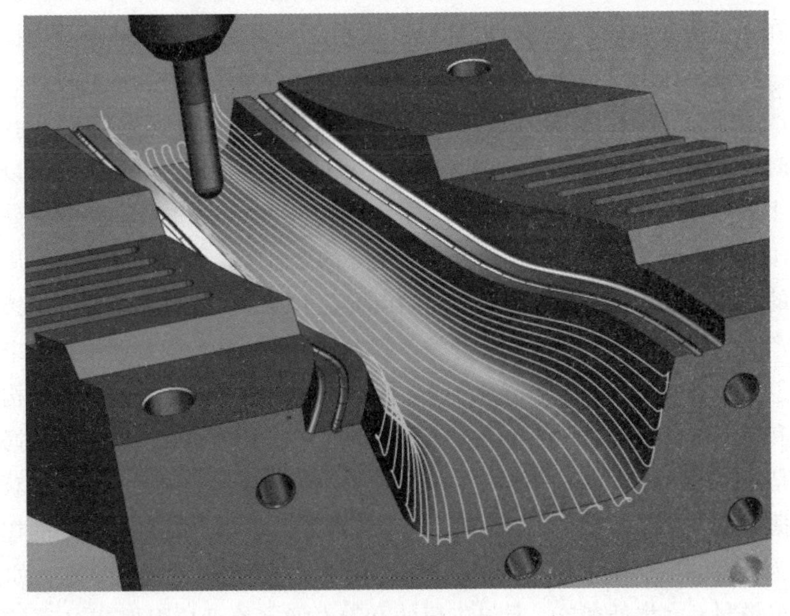

图 6-6　CAM

（二）产品全生命周期管理系统（PLM）

生产一件完美的产品可能会涉及数千甚至数百万项决策。不论是重大决策还是细微决策，都会影响产品质量。庞大的企业中的任何个人在任何时候制定的决策都可能影响产品的成败。除此之外，产品复杂性所带来的影响也不容忽视。随着技术的复杂程度不断增加，电子和软件组件已与机械零部件发挥着同样重要的作用。然而，组件之间的接口却经常被忽略，直到开发环节的后期才引起关注。此时，需要找出最佳实践和方法，并且无论从事哪项业务，在将新产品推向市场时，还必须考虑法规要求、环境影响、成本和质量。并且，在市场竞争日益激烈的今天，越来越多的制造商都意识到，一流产品不仅是成功的源泉，而且是持久成功的基础。因此，强调产品创新、加强产品开发的科学管理引起了人们的充分重视，也促进了产品生命周期管理思想的推广应用。PLM 是一种应用于单一地点的企业内部、分散在多个地点的企业内部，以及在产品研发领域具有协作关系的企业之间的，支持产品全生命周期的信息创建、管理、分发和应用的一系列应用解决方案，它能够集成与产品相关的人力资源、流程、应用系统和信息。

PLM 的主要管理内容是产品信息，唯拥有具有竞争能力的产品，才能让企业获得更多的用户和更大的市场占有率，所以针对制造业的信息化过程应该以用户的“产品”为中心，把重点放在为用户建立一个既能支持产品开发、生产和维护的全过程，同时又能持续不断地提升创新能力的产品信息管理平台上。PLM 解决方案把产品放在一切活动的核心位置，PLM 可以从 ERP、CRM 以及 SCM 系统中提取相关的信息，从而允许用户在企业的整个网络中共同进行概念设计、产品设计、产品生产以及产品维护。PLM 解决方案为产品全生命周期的每一个阶段都提供了数字化工具，同时还提供信息协同平台，将这些数字化工具集成使用。此外，还可以使这些数字化工具与企业的其他系统相配合，把 PDM 与其他系统集成和整合成一个大系统，以协调产品研发、制造、销售及售后服务的全过程，缩短产品的研发周期、促进产品的柔性制造、全面提升企业产品的市场竞争能力。PLM 系统完全支持在整个数字化产品价值链中构思、评估、开发、管理和支持产品，把企业中多个未连通的产品信息孤岛集成为一个数字记录系统。PLM 构件可分为三个层次，对象构件、功能构件和应用构件。对象构件单元提供系统的基本服务，如事件管理、数据连接管理等，是与应用相分离的；功能构件则提供特定的 PLM 功能服务，如数据获取与编辑、数据管理与查询、数据目录管理、模型管理等，是 PLM 构件开发中的核心；应用构件为特定的应用服务，直接面向 PLM 用户，响应用户的操作请求，如产品配置、变更控制、文档处理等，是最上层的 PLM 构件。企业应根据 PLM 系统的实际需要，选择重用对象并对其进行概括提炼，明确它的算法和数据结构的软件构架，对重用对象匹配进行实例化，最后根据重用技术提供的框架，将已实例化的包含在可重用零部件库中的软件零部件合成一个完整的软件系统。

PLM 打破了限制产品设计者、产品制造者、销售者和使用者之间进行沟通的技术桎梏，通过互联网进行协作，PLM 可以让企业在产品的设计创新上突飞猛进，同时缩短开发周期、提高生产效率、降低产品成本。PLM 在市场竞争的带动下，越来越多地被企业所重视和广泛应用，这些企业认为在现阶段各类软件技术逐渐趋于成熟的情况下，利用软件重用技术开发与设计 PLM 软件系统不但可以提高软件的开发效率，提高软件品质，并且对软件的应用商大有益处，可从整体上提高企业的核心竞争力。Teamcenter 可提供和安排合理的集中式应用程序的灵活组合，并能够以合理的方式从战略上提高 PLM 的成熟度。Teamcenter 平台具有强大的核心功能，是适用于 Teamcenter 应用程序的坚实基础。用户可以灵活选择部署选项（内部部署、云和 Teamcenter RapidStart），并通过 Active Workspace 获得直观的 PLM 用户体验，如图 6-7 所示。

图 6-7　Teamcenter 应用程序

Teamcenter 可以帮助用户掌控多 CAD 和多领域设计流程，包括机械、电子、软件和仿真数据，并通过单个安全来源管理这些数据，还可以评估、收集和重用公司的宝贵知识产权，并在开始生产前验证设计数据的质量和完整性。同时，Teamcenter 为所有与 BOM 交互的产品提供一个准确的产品定义，凭借 Teamcenter 提供的完整、最新的信息来源，用户无须再使用独立的电子表格和系统。这一灵活的 BOM 定义可帮助用户管理配置，并快速刷新产品线以满足客户需求。使用 Teamcenter，可以将 BOM 管理扩展到整个产品生命周期，支持前期规划和主产品定义，涵盖产品配置、设计、制造、服务等环节；还可以将 BOM 信息集成到其他企业系统，以弥补独立 BOM 源引起的代价高昂的缺陷。无论流程是简单还是复杂，使用 Teamcenter 都可以减少管理 PLM 流程的人力和成本，再融入业务逻辑并使用标准模板，为每个人提供按时完成任务所需的资源。Teamcenter 中包含可以关联规划与任务实际执行的项目和计划管理解决方案。由于时间表将会自动更新，交付内容相互关联并可随时跟踪，因而可以详细了解项目状态。将项目与集成产品组合规划进行关联，这样能够确保实现目标所需的时间、人员和资金都得到妥善安排。利用项目管理和工作流程相关功能有效管理更改，从而同步并集成所有产品领域的更改流程，以快速、准确和全面地实施更改。Teamcenter 能为各行各业提供解决方案，包括航天和国防、汽车及交通运输、消费品和零售、能源及公共事业、油气精炼、电子和半导体、医疗器械和制药、工业机械、船舶等。

（三）生产制造执行系统

生产制造执行系统（Manufacturing Execution System，MES）是这 10 多年来随着生产形态变革而产生的，因而它的发展史比 MIS、MRP、CAD/CAM 等要短，但人们对它的研究和应用却开展得非常迅速。MES 国际联合会是以宣传 MES 思想和产品为宗旨的贸易联合会，它为了帮助其成员组织在企业界推广 MES 制订了一系列研究、分析和开发计划。MES 国际联合会对 MES 的定义如下：MES 能通过信息传递对从订单下达到产品完成的整个生产过程进行优化管理。当工厂发生实时事件时，MES 能对此及时做出反应、报告，并用当前的准确数据对它们进行指导和处理。这种对状态变化的迅速响应使 MES 能够减少企业内部没有附加值的活动，有效地指导工厂的生产运作，从而既能提高工厂的及时交货能力，改善物料的流通性能，又能提高生产回报率。MES 还通过双向的直接通信在企业内部和整个产品供应链中提供有关产品行为的关键任务信息。

从以上定义可看出 MES 的关键作用是优化整个生产过程，它需要收集生产过程中大量的实时数据，并对实时事件做出及时处理，同时又与计划层和控制层保持双向通信能力，从上下两层接收相应的数据并反馈处理结果和生产指令。因此，不同于以派工单形式为主的生产管理和以辅助物料流为特征的传统车间控制器，也不同于偏重于以作业与设备调度为主的单元控制器，我们应将 MES 作为一种生产模式，把制造系统的计划和进度安排、追踪、监视和控制、物料流动、质量管理、设备的控制和计算机集成制造接口（CIM）等作为一体去考虑，以最终实施制造自动化战略。图 6-8 反映了 MES 在企业生产管理中的数据流图。

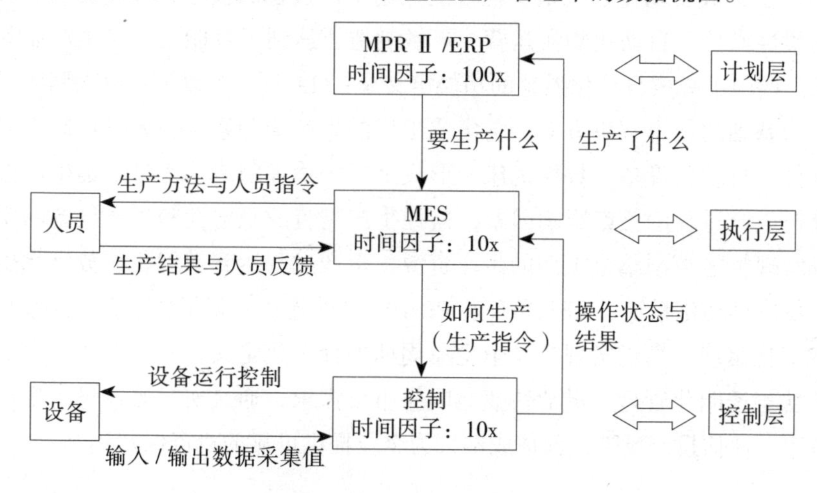

图 6-8 MES 在企业中的数据流图

同时，西门子提出了 MOM（Manufacturing Operations Management），它对传统 MES 系统进行了进一步扩展，不仅涵盖传统国际标准 ISA-95MES 系统中关注的产品定义、资源计划、生产计划、生产性能等生产核心要素，同时又包含了制造运营过程中的设备全面管控、物料流转、高级计划排程、能源管理、工厂 / 集团智能运营分析等模块。IEC/ISO 62264 标准对 MOM 的定义是：MOM 是通过协调管理企业的人员、设备、物料和能源等资源，把原材料或零部件转化为产品的活动。它包含管理由物理设备、人和信息系统来执行的行为，并涵盖了管理有关调度、产能、产品定义、历史信息、生产装置信息及其有关的资源状况信息的活动。

MOM 关注的范围主要是制造型企业的工厂，生产运行是整个工厂制造运行的核心，是实现产品价值增值的制造过程；维护运行为工厂的稳定运行提供设备可靠性保障，是生产过程得以正常运行的保证；质量运行为生产结果和物料特性提供可靠性保证；库存运行为生产运行提供产品和物料移动的路径保障，并为产品和物料的存储提供保证。由此可见，维护运行、质量运行和库存运行对制造型企业来讲不可或缺。同时，生产运行、维护运行、质量运行和库存运行的具体业务过程又相互独立、彼此协同，共同服务于企业制造运行的全过程。因此，采用生产、维护、质量和库存并重的MOM系统设计框架，比使用片面强调生产执行的MES框架更符合制造型企业的运作方式和特点。

（四）全集成自动化系统

西门子集成自动化系统是实现智能控制生产过程的核心部分，实现了对工厂层面的柔性操控、自动化物流运营、灵敏制造，达到了智能工厂对生产业务功能的要求。西门子集成自动化系统的功能定义是：TIA是一个以工业以太网（或工业总线）为基础的技术解决方案，它集成工厂的生产管理系统、人机控制、自动化控制软件、自动化设备、数控机床，形成工厂的物理网络，实时采集生产过程数据，分析生产过程的关键影响因素，监控生产物流的稳定性和生产设备的实时状态，以实现智能控制整个工厂的生产资源、生产过程达到智能化、数字化生产的目的。集成自动化系统、MES和企业PLM/ERP的连接实现了整个企业层级自上而下的数字化驱动，真正实现产品全生命周期的数字化定义，实现企业全生命周期的技术状态透明化管理，灵活快速地响应市场需求，通过实时监控设备生产状态和完备率，评估投产风险，预估成本，为企业提供可靠的投资保障。

（五）企业资源计划

企业资源计划（即ERP）由美国Gartner Group公司于1990年提出。企业资源计划是MRP Ⅱ（企业制造资源计划）下一代的制造业系统和资源计划软件。除了MRP Ⅱ已有的生产资源计划、制造、财务、销售、采购等功能外，还有质量管理、实验室管理、业务流程管理、产品数据管理、存货管理、分销与运输管理、人力资源管理和定期报告系统。目前，在我国ERP所代表的含义已经被扩大，用于企业的各类软件都已经统统被纳入ERP的范畴。它跳出了传统企业边界，从供应链范围去优化企业的资源，是基于网络经济时代的新一代信息系统。它主要用于改善企业业务流程，以提高企业的核心竞争力。

ERP汇合了离散型生产和流程型生产的特点，面向全球市场，包罗了供应链上所有的主导和支持能力，协调企业各管理部门围绕市场导向，更加灵活或“柔性”地开展业务活动，实时地响应市场需求。为此，我们需要重新定义供应商、分销商和制造商之间的业务关系，重新构建企业的业务、信息流程及组织结构，使企业在市场竞争中有更大的能动性。ERP是一种主要面向制造行业进行物质资源、资金资源和信息资源集成一体化管理的企业信息管理系统。ERP是一个以管理会计为核心，可以提供跨地区、跨部门甚至跨公司整合实时信息的企业管理软件，也是针对物资资源管理（物流）、人力资源管理（人流）、财务资源管理（财流）、信息资源管理（信息流）集成一体化的企业管理软件。

ERP 系统包括以下主要功能：供应链管理、销售与市场、分销、客户服务、财务管理、制造管理、库存管理、工厂与设备维护、人力资源、报表、制造执行系统、工作流服务和企业信息系统等。此外，还包括金融投资管理、质量管理、运输管理、项目管理、法规与标准、过程控制等补充功能。ERP 是将企业所有资源进行整合集成管理，简单地说，是将企业的三大流——物流、资金流、信息流进行全面一体化管理的管理信息系统。它的功能模块已不同于以往的 MRP 或 MRPII 模块，它不仅可用于生产企业的管理，而且许多其他类型的企业（如一些非生产、公益事业的企业）也可导入 ERP 系统进行资源计划和管理。在企业中，一般的管理主要包括三方面的内容：生产控制（计划、制造）、物流管理（分销、采购、库存管理）和财务管理（会计核算、财务管理）。这三大系统本身就是集成体，它们互相之间有相应的接口，能够很好地整合在一起对企业进行管理。另外，特别值得一提的是，随着企业对人力资源管理重视程度的加强，已经有越来越多的 ERP 厂商将人力资源管理作为 ERP 系统的一个重要组成部分。

ERP 把客户需求和企业内部的制造活动以及供应商的制造资源整合在一起，形成一个完整的供应链，其核心管理思想主要体现在以下三个方面：对整个供应链资源进行管理，精益生产、敏捷制造和同步工程，事先计划与事前控制。

ERP 应用成功的标志是：系统运行集成化，软件的运作跨越多个部门；业务流程合理化，各级业务部门根据完全优化后的流程重新构建；绩效监控动态化，绩效系统能即时进行反馈，以便纠正管理中存在的问题；管理改善持续化，企业建立了一个可以不断自我评价和不断改善管理的机制。ERP 具有整合性、系统性、灵活性、实时控制性等显著特点。ERP 系统的供应链管理思想对企业提出了更高的要求，是企业在信息化社会、在知识经济时代繁荣发展的核心管理模式。

第三节　智慧工厂规划建设路径

一、智慧工厂规划内容

（一）制造执行维度

（1）生产计划管理：计划 MRP，排产 /APS，定制支持（选配定制和设计定制）。

（2) 流水线制造排序 / 排程 /APS：滚动排程，动态排程。纯离散制造排程 /APS：滚动排程，动态排程，生产准备。项目型制造排程 /APS：关键路径分析。

（3）管理仿真：用于生产规划、管理改进和制造执行的模拟分析。

（4）制程管理：驱动 PLC/DCS、数控（CNC）、机器人、仪表 / 传感器和工控机 /IT 系统等，委外管理，实时实绩采集。

（5）质量控制：进货检、制程检、自制检，计量检测管理，在线检测，SPC/SPD，关键件采集，QRQC，APQP 等。

（6）实况 / 组态监控 / 三维实况，协同制造监控 / 告警 / 预警，生产调度，CCR（中央控制室）。

（7）人工绩效，作业成本分析（Activity Based Cost，ABC 成本法）。

（8）KPI，BI，可视化，决策支持。

（二）工程维度

（1）CAD、CAPP、CAE 和 CAM 贯通，以 PLM 为平台，以数字孪生体为核心，实现 CAx 统一数据源。

（2）CAPP：工艺管理，无纸化看图（含装配模拟 / 爆炸图），工艺卡 / 作业指导书，防呆。

（3）DNC：数控程序编程、模拟、管理和使用。

（4）以数字孪生体为核心，实现 D2M（设计到制造的快捷应用，直至设备可直接读取数字孪生体的工艺信息）和 M2D（制造和测量信息直接进入数字孪生体，比对分析并形成产品档案）。

（5）变更管理：生产准备，技术变更通知及执行跟踪，转产管理，BOM 差错反馈，工艺差错反馈等。

（6）工装设计、管理，生产 / 复制，周期维护，刀具立库，刀具配送，物联检测工具，防错装备。

（7）设备运维：档案，点检、易损件、保养 / 周期维护，预防 / 紧急维护，设备提升。

（8）实现产品档案。

（9）以数字孪生体为核心，实现跨价值链的整合，重点是与供应商和外协商的工程协同。

10）制造企业除提供更加智能的实体产品外，还要提供客户可用于各种仿真的虚拟产品。

（三）供应链维度

（1）供应商关系管理（SRM）：供应商管理，采购配额（比例），协同采购，供应商发展 / 考核，供应商库存（VMI）管理，成本外化。

（2）对供应商的要货预告 / 要货计划，从供应商到外购库的精益拉料。

（3）制造物流：外购库投料、供应商直送、自制件投料，转序，批量 / 单件管理，在线库 / 线旁库管理。

（4）物流自动化 / 智能化：自动立库、AGV、智能料架、电子标签拣料系统，叉车呼叫 / 调度等，条码 /RFID/GPS/ 室内定位等物流跟踪技术应用。

（5）物流路线规划，物流班车，循环取货，物流调适监控。

（6）供应链协同：核缺 / 预占，缺料预警和动态协同，供应商生产、采购、工艺和质量协同。

（7）客户关系管理（CRM）：市场，产品销售，备件销售，售后服务，增值服务。

（8）物料库存管理：分库位管理，分供应商管理，分批次管理，预 / 实库存管理；外购库、自制件库、在线库、线旁库、半成品、缓冲区、产品库管理。

（9.）产品物流和备件物流。

（10）把物流追溯信息归并到产品档案。

（四）CPS

（1）人工防呆防错，进展反馈，移动应用。

（2）PLC/DCS、机器人联网采集和控制。

（3）NC 下发和数控联网采集（DNC/MDC），仪表 / 传感器联网采集（水、电、气等）。

（4）工控机 /IT 系统联网，检测工具 / 设备 / 系统联网（含在线检测），实验室设备联网。

（5）自动立库、电子标签拣料系统、机器人、AGV 和智能料架等物流设备联网，RFID/ 条码跟踪，车辆定位（GPS/ 室内）。

（6）安灯 / 现场呼叫系统，报警，预警。

二、制造执行维度

制造执行维度过程，如图 6-9 所示。

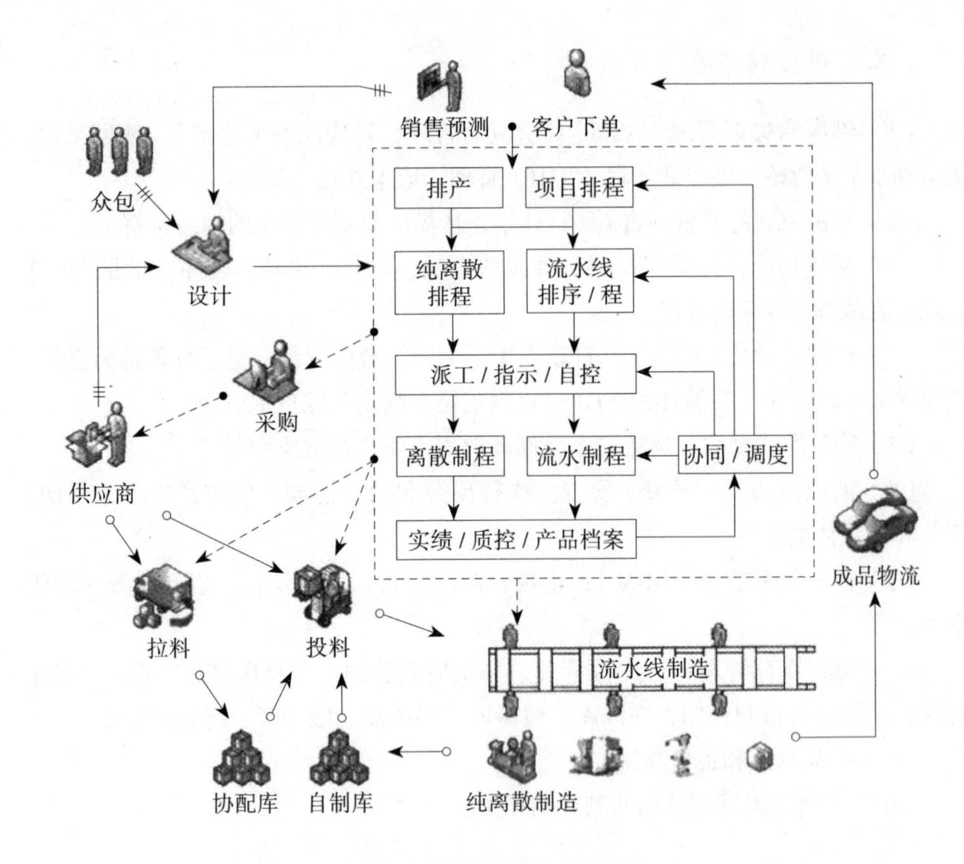

图 6-9　制造执行维度过程图

从 ERP 的产品计划或订单出发，通过 MRP 展开上游生产环节的生产计划，详细排程，把生产计划细化并派工到设备 / 人工，为 CPS 准备设备驱动参数和人工指示信息，根据生产进展和异常进行动态排程、优化、协同和调度，按照批次或单台进行制造过程管控，采集实绩并报工。

（一）高级排产排程 APS

对于项目型制造，要考虑有限能力的项目排程，从整体上去管理生产的进度；对于量产产品，无论是大批量，还是小批量，首先要进行排产（如图 6-10 所示），一般分日别或班别确定生产的品种和数量，要考虑产能约束和供给约束等。

对于流水线制造，排序是确定生产的顺序，排程是确定时间进度，排序可能很复杂，排程相对简单；对于纯离散制造，需要进行有限能力排程。

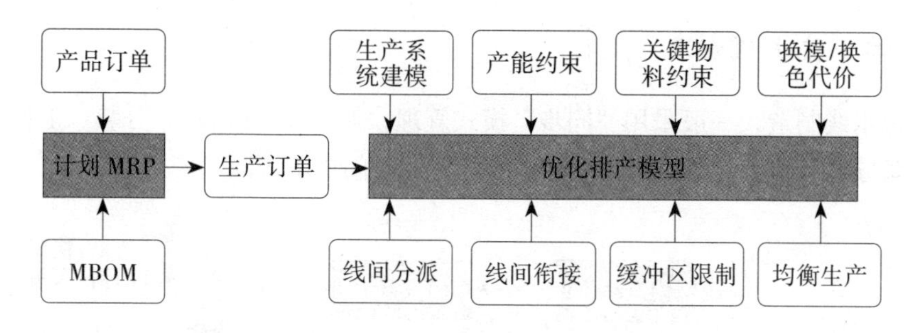

图 6-10　制造执行维度过程图

生产排产、项目型制造排程、流水线制造排序和纯离散制造排程，都是 APS 处理的经典问题。APS 的适用性，取决于对约束的支持，以纯离散制造滚动排程（如图 6-11 所示）为例，需要考虑的约束有：工序前驱 / 后继，工序的前置生产订单，设备有限能力，多设备并行加工，优化传递批量，工序指定班次，工序间班次耦合、设备耦合、工组耦合，工艺路线分支，并行工序，跳转工序，部分外协等。

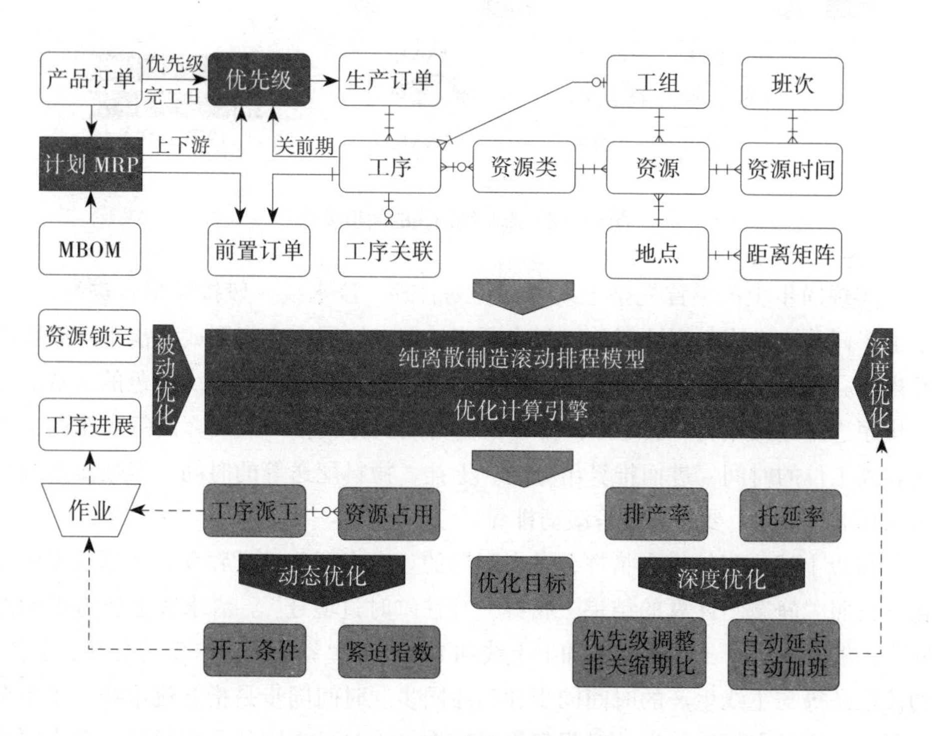

图 6-11　制造执行维度过程图

（二）流水线制造

流水线制造，一般采用“同步”模式管理，如图 6-12 所示，分装、上挂、物流等都与主线同步，即按照主线的生产顺序和时间要求协同生产。

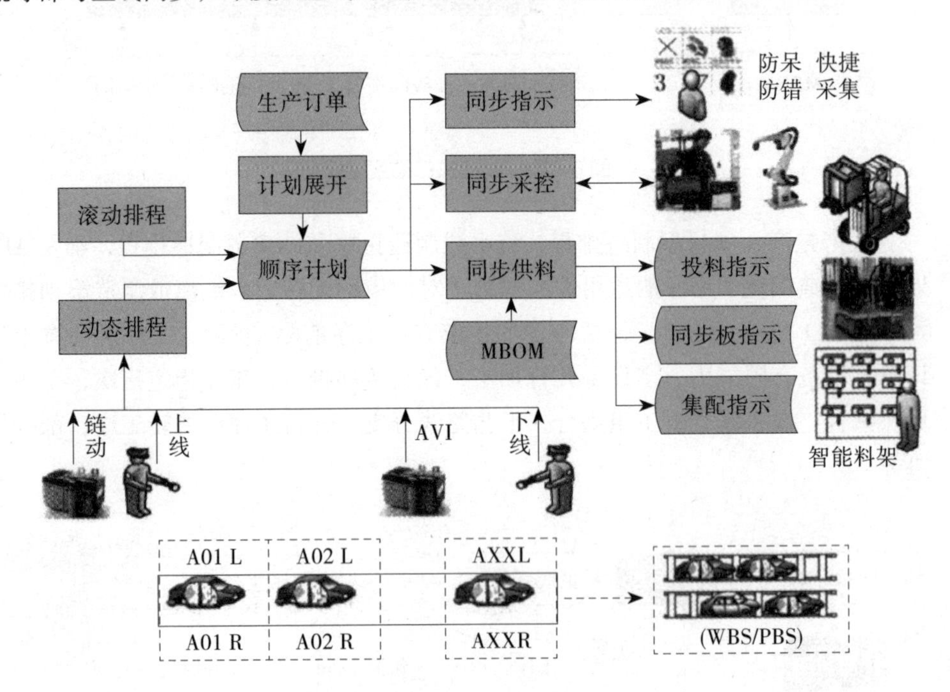

图 6-12　流水线制造的同步模式

实现同步生产，首先是主线生产计划管理，流水线一般按照单台进行管理，把生产订单（或称工序计划）展开成顺序计划，按照一定规则或均衡生产原则进行排序。比如涂装线，最理想的是同种颜色挨着生产，以便减少换色的次数。按照排序进行进度编排（排程），排程往往精确到分或秒，先推算出每台车的上下线和到工位的时间，进而推算出分装、上挂、物料配送等的时间。多数流水线使用三日滚动计划，要能够进行滚动排程。

仅以上述排程结果去指挥，是有问题的。生产环节异常频发，计划赶不上变化，按照“静态”计算的结果去指挥，往往“时过境迁”。流水线上要考虑动态同步，根据链动或 AVI 采集，加上上线和下线信息，动态推算，实现分装、上挂、物流配送等与主线生产的时间同步和顺序同步。时间同步是指若流水线停了半个小时，后续所有物流配送的时间都需要后推半小时，否则就不精益了；顺序同步是指当调度人员改变了主线的生产顺序，或者调序或者挂起，相应分装、上挂和物流配送的顺序和时间都需要调整，这种调整是计算机自动完成的，动态排程结果能更好地用于指挥。

（三）纯离散制造

对纯离散制造，合理而优化的排程（如图 6–13 所示）至关重要，有条件的可使用 APS 高级排程，APS 的结果给出了到工序的具体资源的派工（或称为任务），因为一个人可操作多台设备，一般是派工到设备。按照派工作业，结果与排程会有偏差，一个周期（如班次）结束，有少干的，也有多干的，在此基础上实现下一个周期的滚动排程。滚动排程，对没干完的和已经进行了生产准备的，需要考虑任务对资源的锁定，即下个周期排程的时候轻易不要更换资源。

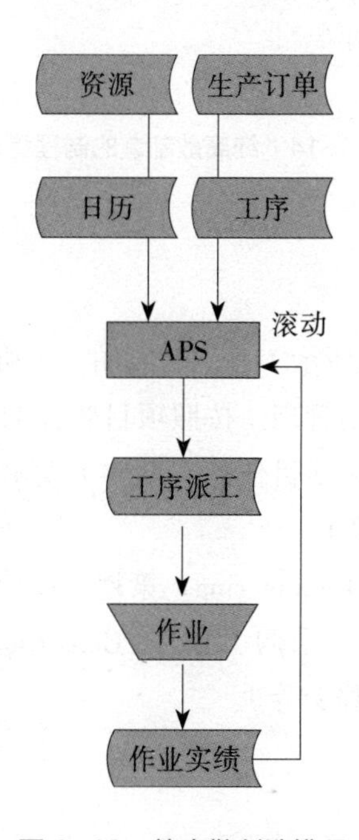

图 6–13　纯离散制造排程

纯离散制造的制程管理（如图 6–14 所示），可从生产订单（批量）生产工序计划，对制程进行批量管理；可从生产订单展开顺序（单件）计划，然后从顺序计划再生成工序计划，对制程进行单件管理；可从生产订单分别生成工序计划（批量）和展开顺序计划（单件），批量派工，完工 / 交接时再与单件对应。派工之后应有开工、进展、预完工、完工和交接等多个制程节点，完工是必需的，其他节点是可选的，预完工、完工和交接之后可能会进行质检。

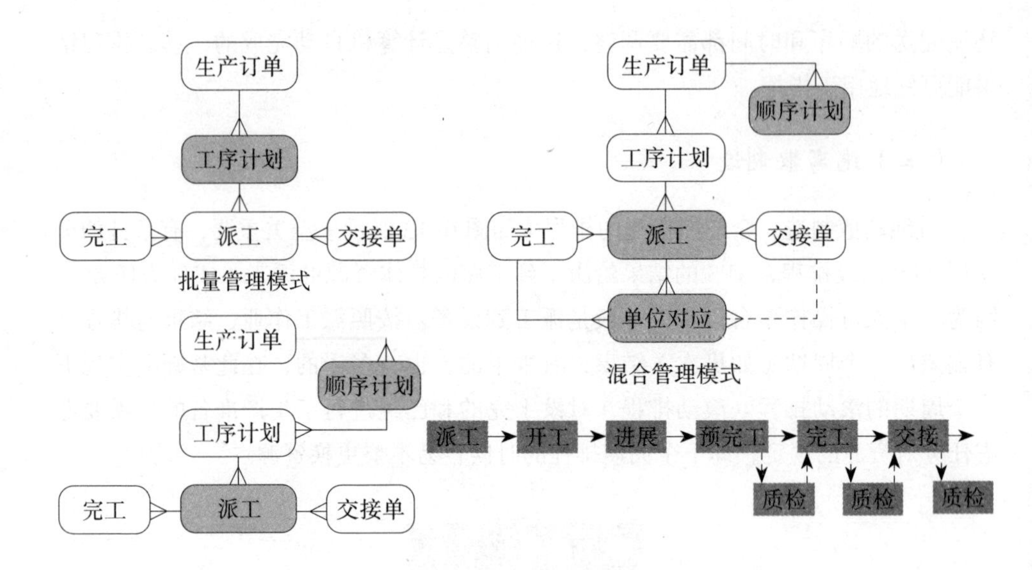

图 6-14　纯离散制造的制程管理

（四）项目型制造

项目型制造（如图 6-15 所示）可用于船舶、飞机等大型装备的生产和工程总包，也可用于普通产品的试制管理。按照项目管控的方式进行整体控制，整体管控一般到部件即可，分阶段从项目任务（部件）发出生产订单或采购订单，再与流水线制造或纯离散制造衔接上。

项目型制造管理包括 E（Engineering，策划、设计 / 更改）、M（Manufacturing，部件生产）、P（Procurement，采购）和 C（Construction，合装 / 调试 / 装运、施工 / 现场装调、试车 / 培训 / 移交等）。

（五）质量控制

质量检验，包括进货质检和自制件质检，按照 GB/T2828 进行抽样和判断。通过检验设备 / 系统联网或检验工具物联，实现检验的自动采集。

质量检验与控制流程（如图 6-16 所示）结合，实现质量控制，通过规范、高效的流程管控，对零件不良或缺陷的记录、分析、对策、改进等进行跟踪，能够有效减少质量问题的发生。

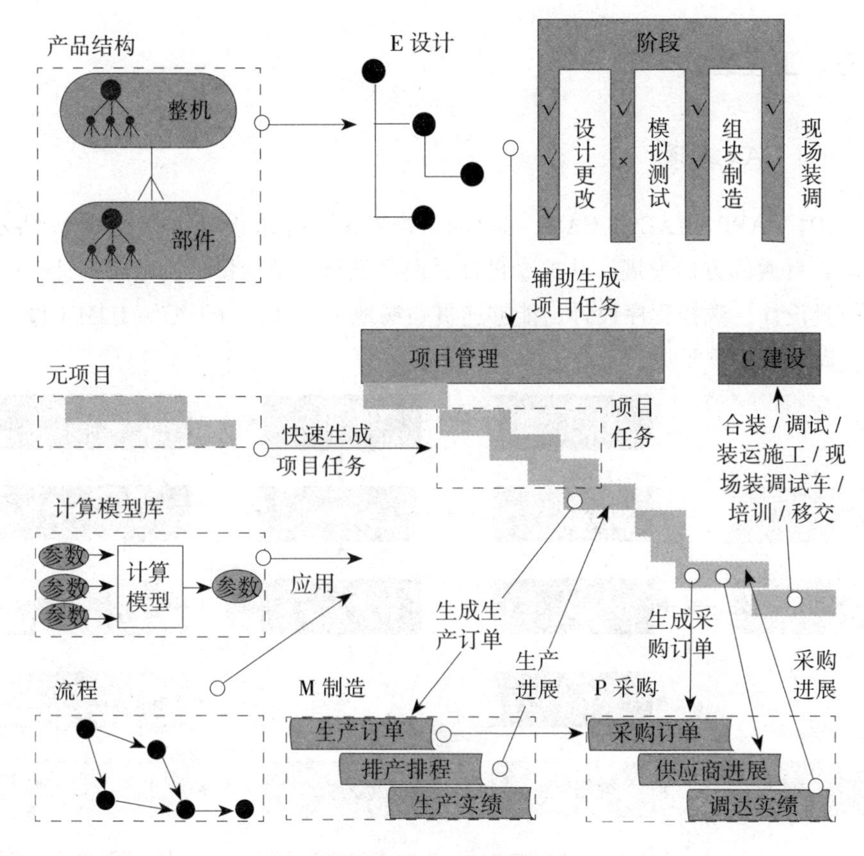

图 6-15　项目型制造

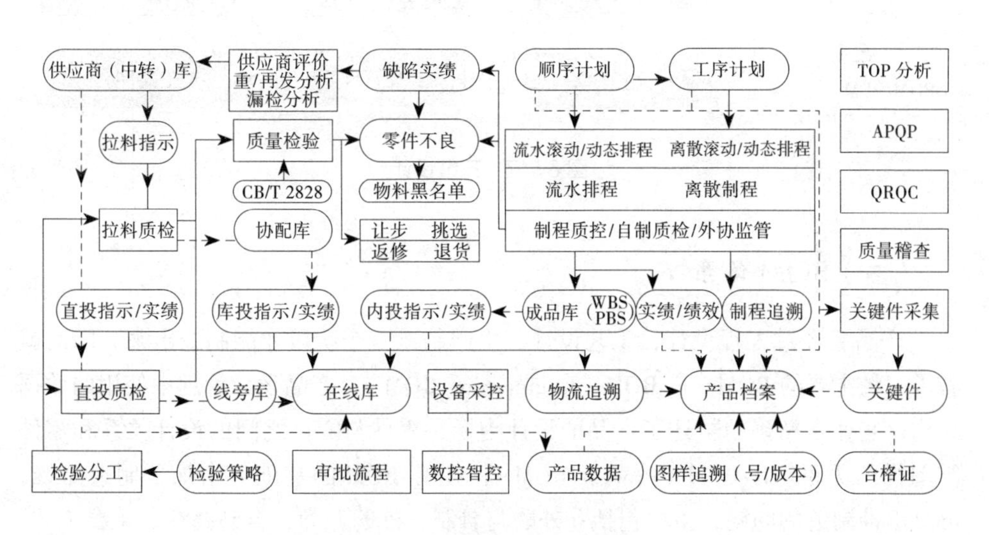

图 6-16　质量检验与控制流程

三、工程维度

（一）CAx 贯通

CAD、CAPP、CAE 和 CAM，简称 CAx 或 4C。三维设计（如图 6-17 所示）正在向着贯通的方向发展，从概念设计、产品设计、结构设计、电路设计……一直到模具设计、数控程序设计，能够连贯顺畅地走下来，对于缩短 D2M（设计到制造）周期至关重要。

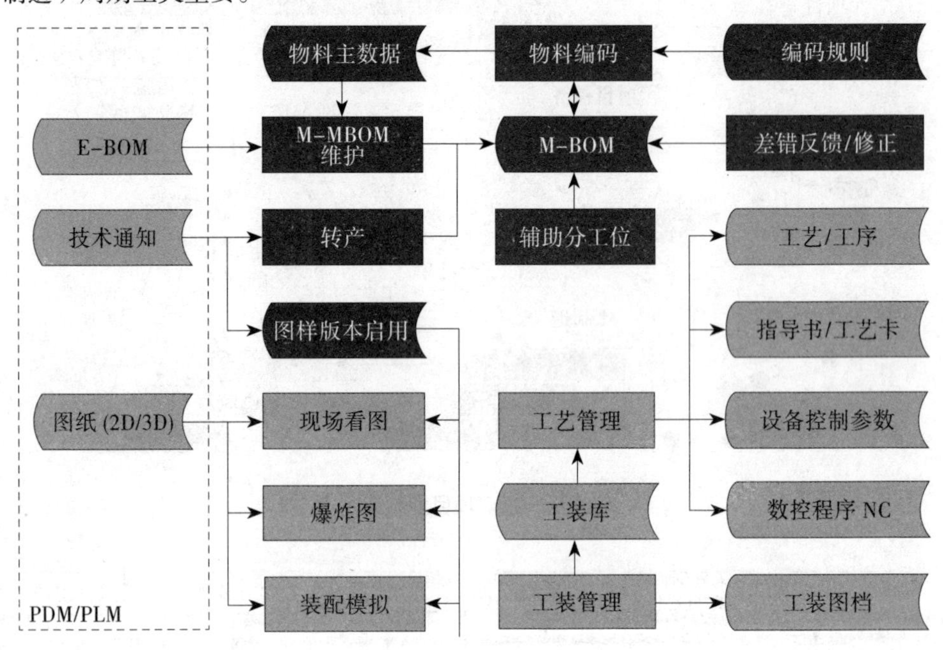

图 6-17　三维设计

（二）BOM 体系

产品要经过工程设计、工艺设计、生产制造三个阶段才能制造出来，因而就有了三种主要的 BOM。E-BOM（Engineering BOM），产品设计管理中使用的数据结构，它通常精确地描述了产品的设计指标、零件与零件之间的设计关系和零件与图样的关系。P-BOM（Process BOM），在 E-BOM 的基础上增加了制造路线，解决由谁制造的问题，主要包括：外购与自制，外购厂商，自制路线，主要工艺。M-BOM（Manufacturing BOM），在 P-BOM 的基础上，主要负责厂内的制造工艺，包括：流水线制造分工位，离散制造分工序，配套工装等。

三级 BOM 体系（如图 6-18 所示），是对产品有多个生产厂（甚至分布在多个国家）的生产体系而言的，有的也称为 E-BOM、M-BOM 和 P-BOM（Plant BOM）。BOM 体系的划分，要结合企业的具体情况，对于很多企业，特别是中小企业，没必要非得分三级。

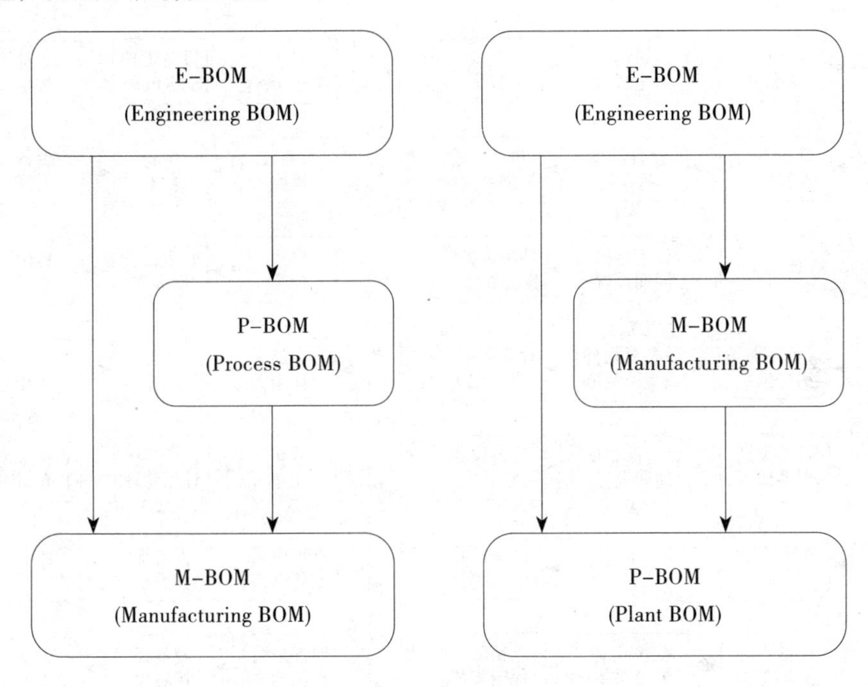

图 6-18　三级 BOM 体系

（三）变更管理

CAx 和 BOM 主要是对设计结果的管理，变更管理关注流程控制，包括生产准备、技术变更通知和差错反馈等。

很多企业是靠技术通知，驱动新品试制、转产、图样版本切换和工装升级等。技术通知及其执行跟踪就变得非常重要，这些流程往往牵扯很多部门：设计、工艺、生产、物流、质量和设备等，强大的工作流平台就成了变更管理的支撑。生产准备的情况与技术通知类似。

变更管理可以在 PLM 中实现，但要注意实施的范围，不要局限在研发部门内。

（四）设备运维

设备运维包括：设备档案、点检、易损件、保养、周期维护、预防维护和计划维护管理，备件采购 / 库存管理，委外维护，改进管理等，如图 6-19 所示。设备运维系统以全面生产维护（Total Productive Maintenance，TPM）先进理念为指导。

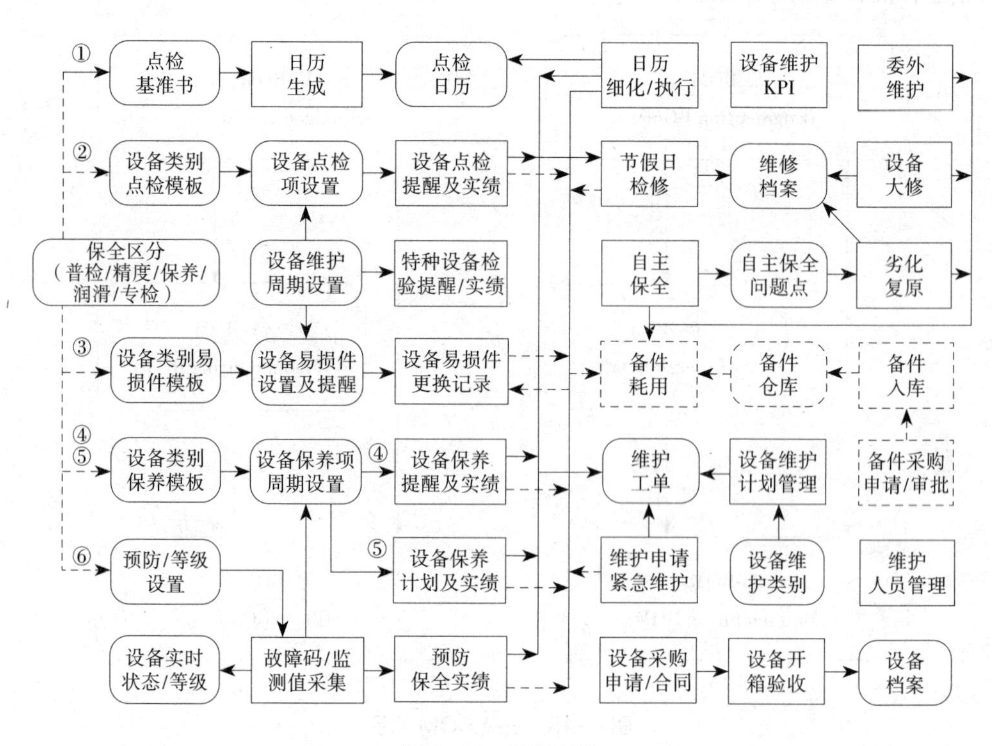

图 6-19 设备运维

要注意理念的升级，从大、中、小修为主升级到周期性和预防性维护为主，从“坏了能修好”升级到“用时无故障”；从设备维护升级到设备运营，从被动维修升级到主动进行设备改进提升、节能增效。

（五）产品档案

建立完善的产品档案，提供技术、物料、制程、产品数据等追溯信息，对于售后服务、索赔追溯、产品改进和工艺改进等都具有非常重要的意义，也是“工业 4.0”的基本要求。产品档案的内容构成，如图 6-20 所示。

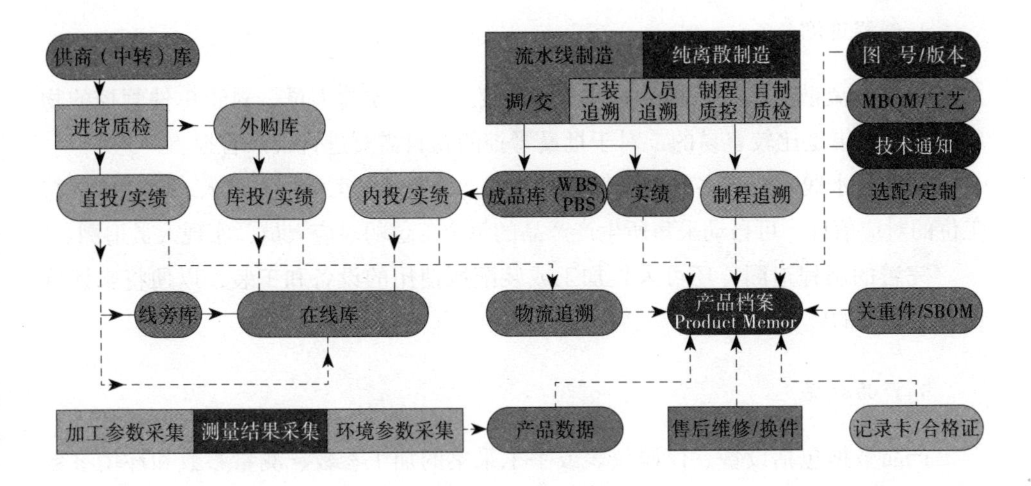

图 6-20　产品档案

产品档案的内容包括以下方面。

1. 技术追溯

技术追溯信息包括：制造 BOM、图样及工艺。制造 BOM 主要提供了物料号、加工工序或装配工位，图样号和图样版本给出了零部件的准确的图样信息。技术通知（更改通知、转产通知等），在很多企业驱动着技术改进，也可作为重要的技术追溯信息。

2. 选配 / 定制

定制化是个必然趋势，定制包括两种：一种是选配，可从既定的多个零部件中选装，也可加装或减装，可对供应商进行指定等；另一种是客户提供图样的深度定制。

3. 物料追溯

物料追溯的信息有两种：一种是关键件（汽车业称为重保件）；另一种是通过物流追溯采集的信息，如供应商直送物料的零部件号、供应商、数量等，外购库配送到生产现场的供应商、批次等信息，自制件的批次信息等。物流追溯可以覆盖标准件之外的零部件。物料追溯还可记录进货质检的相关信息。

4. 制程追溯

对于纯离散制造，可以采集工序的加工人员和质检人员，对于单件管控的物料，这种采集是比较容易的，对于批量管控的物料需要进行批次管控。

对于流水线制造，多数情况每工位一人，少数情况工位可有多人，建立人员与工位的对应信息，可自动采集所生产产品的每个工位的对应人员，实现人员追溯。

完善的制程追溯，还可采集加工或装配所使用的设备和工装，以便将来评价设备和工装的效果。

5. 产品数据

产品数据包括设备、仪器仪表或手工采集的加工参数、测量参数和环境参数信息。

6. 售后信息

售后维修和换件信息采集，是对产品档案进行全周期管理的重要一环，换件信息合并到产品档案，是保持产品物料信息“持续准确”的重要工作。

7. 其他

合格证、加工记录卡或装配记录卡等信息，如果有，也可以合并到产品档案中。

四、供应链维度

供应链（如图 6-21 所示）早已进化到跨企业的价值网络了，以下重点探讨多数企业能够实用的物流体系。从物流的角度，分为入场物流和出场物流。入场物流方面，通过供应商关系管理（SRM）、采购物流和制造物流，把外购、自制和外协物料“准时”调适到生产现场，支持生产判断、缺料预警和供应链协同。出场物流方面，通过客户关系管理（CRM）驱动产品物流和备件物流。

（一）采购物流与制造物流

入场物流方面，关键是构建完整的物流指示体系（如图 6-22 所示）并有力执行。

向供应商的要货预告 / 计划，可以提前给到供应商，供应商按照要货预告 / 计划备货或生产，避免单纯靠加大供应商库存来应对主机厂的要货，真正实现“零”库存模式。要货预告 / 计划，分为总量和期别两种，一般是远期的给月度总量要货预告，近期的给月度日别或周别要货计划。

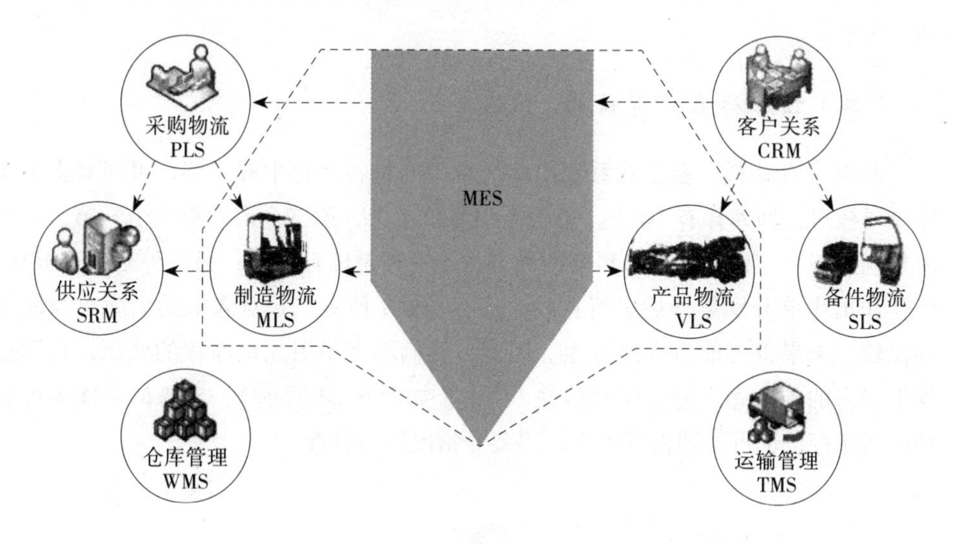

图 6-21　供应链构成示意图

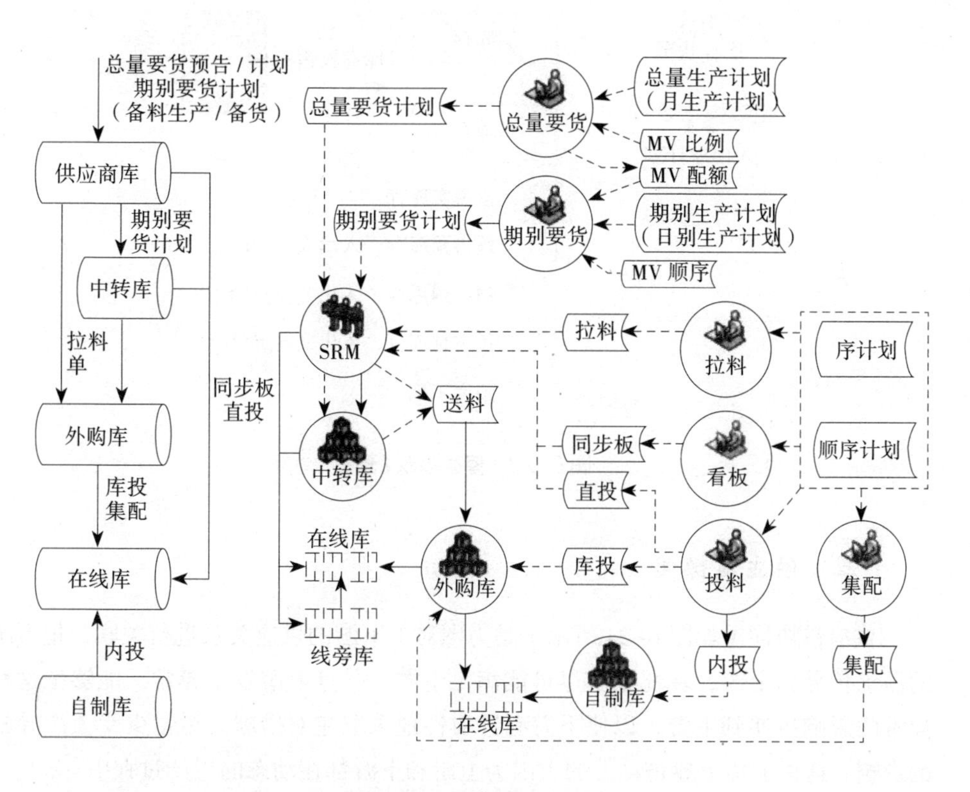

图 6-22　物流指示体系

物流指示，要能够支持物流的运作，应该包括物料、从哪、到哪、分工、时间、交接等。

（二）预库存与库存核缺/预占

核对是否缺料，就是看看要出库清单中的物料库存中够不够，可能有多个出库单要核对，如库存有10个，第一个出库单7个，第二个出库单5个，第二个出库单就不够了。核对是否缺料有两种方法，一种是库存预占；另一种是库存核缺。库存和出库单分别累计后进行比较。库存核缺/预占，是对未来的出库单与库存的比较，未来也可能有入库发生。因此，我们不得不引入预库存的概念，预库存缘于未来的预入库。对于库存核缺/预占（如图6–23所示），未来的出库单可能预占实库存，也可能预占预库存，需要分情况进行管控。

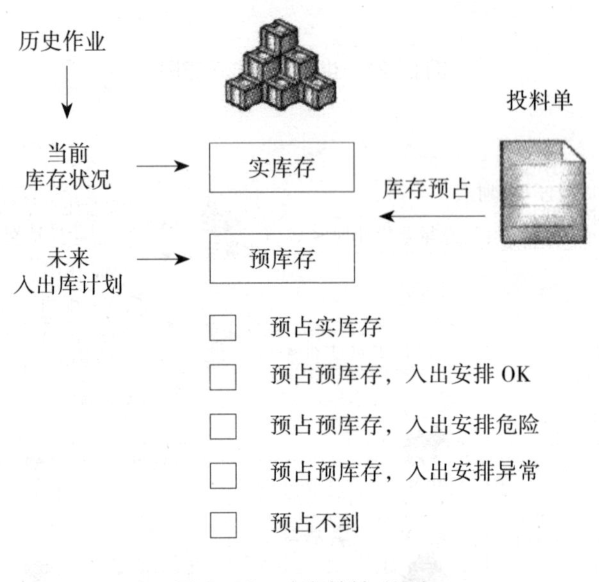

图6–23 库存核缺/预占

（三）供应链协同

供应链协同（如图6–24所示）是力图对上下游的供应关系进行关联，把下游的需求传导到上游，督促上游尽可能满足下游；一旦上游发生异常，能够把这种异常的影响传递到下游，以便下游有针对性地采取应对措施，尽量少受上游异常的影响。这种上传下导是动态的，因为上游和下游都在动态的生产过程中。

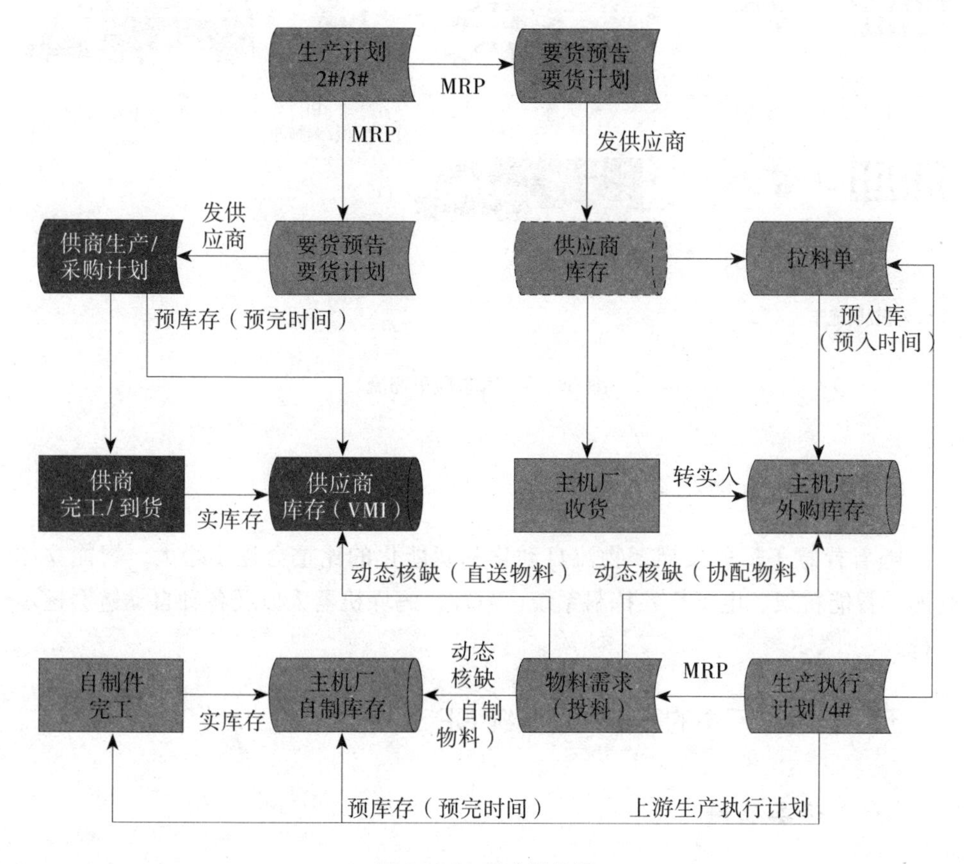

图6-24　供应链协同

（四）成品库存与成品物流

成品物流运作的核心问题是缩周期和降成本。很多企业关注物料库存，期望物料“零”库存，其实产品库存更是库存，可通过缩短成品物流周期“降低”库存。成品物流周期的缩短，也为企业的订单化生产赢得了宝贵的时间。

以汽车订单的整车物流为例（如图6-25所示），一般的物流运作是在下线完检后入库，之后通知3PL运输，从下线完检到上拖车，可能需要3天左右的周期。如果在线上生产阶段就通知3PL调派拖车，下线完检后直接上拖车，称为即发，可以节省这3天的周期，而且节约入出库和库存管理的成本。

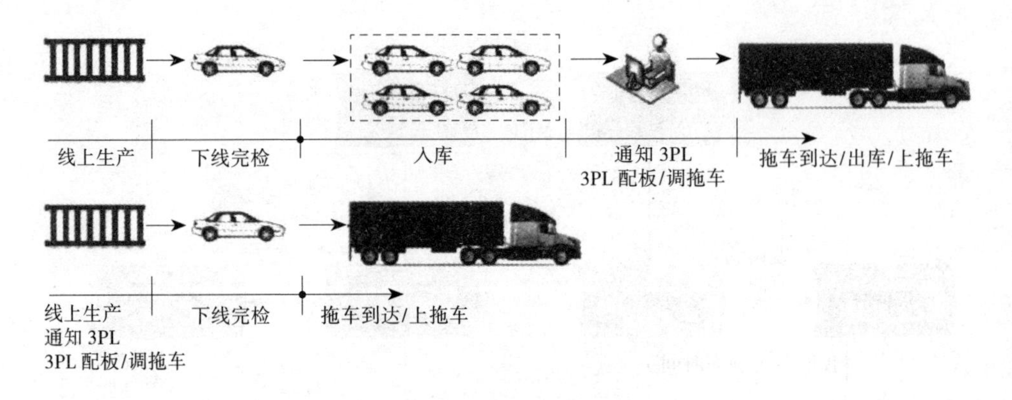

图 6-25　汽车整车物流

（五）物流自动化与智能化

随着智慧工厂的发展，物流自动化和智能化的比重会逐步增大，智能立体仓库、智能料架、电子标签拣料系统、AGV、码垛机器人以及各种自动链会逐步流行。

五、智慧工厂中的赛博物理系统 CPS

（一）设备联网

设备联网是实现 CPS 的第一步，设备联网的目的包括生产线移动采集、产品数据采集、设备维护监测、设备使用监测、人工操作反馈、自动控制。最常见的两种联网方式为 PLC 采集控制，DNC 与数控采集。

1.PLC 采集控制

当采集对象为 PLC 时，使用 OPC 方式，支持触发采集和控制，使用自控厂商的 OPC Server 程序，把 PLC 中的变量映射成 OPC Server 中的 Item。当 PLC 中的变量变化时，OPC Server 中的 Item 也会跟着变化，反之亦然。因此，对 PLC 的采集和控制就变成了对 OPC Server 的采集和控制。通过对 OPC Server 的采集，可以实时监测和采集设备的状态和故障等信息。

2.DNC 与数控采集

DNC 与数控采集过程，如图 6–26 所示。DNC 包括数控 NC 程序的管理和使用。

例如：NC 程序库管理，生产订单 / 工序派工后对应 NC 程序写入数控设备可读的目录。MDC 采集设备的运行状态和参数数据，包括：开机、负载、关机时间，故障码，主轴速率、进给速率等参数，NC 有效运行。

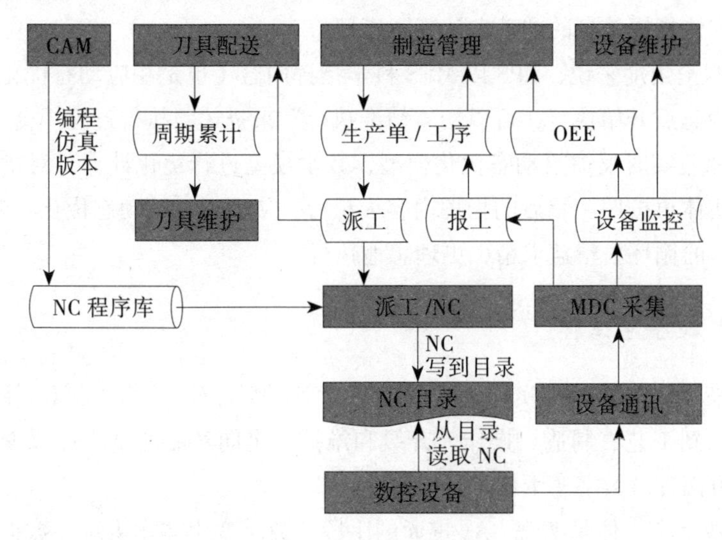

图 6-26　汽车整车物流

（二）CPS 概念

CPS 把人（通过移动终端、穿戴设备等）、机（生产线、生产设备、仪器仪表、机器人等）、物（智能产品、滑橇输送系统、仓储系统、AGV、运输车等）联网形成赛博空间。

实体虚拟化，就是在赛博空间（或通俗地称为“信息系统”）中建立物理空间实体的映射对象（数字孪生体），用于动态跟踪实体的状态和所承担工作的进展，其基础是先要实现物联。实体智能本身包括动态感知、自主决策等。借助赛博空间，自组织就变成了对数字孪生体的局部工作调整，M2M（机器到机器通信）就变成了数字孪生体之间的信息交互。

虚拟实体化，也就是用赛博空间的计算结果去指挥物理空间的实体，80% 靠精准执行，20% 得附带靠自组织执行。

以上是赛博与物理的互动，这个互动是双向和动态的。但其中还有一个关键环节——执行。比如，流水线生产进行了进度编排，进而推算出分装、上挂、物料配送等的内容和时间，这可以作为指挥的内容，但按照这种“静态”计算的结果去指挥，往往“时过境迁”。因此，应开发“动态同步”计算模型，根据链动或

AVI 采集，加上上线和下线信息，动态推算，实现分装、上挂、物流配送等与主线生产的时间同步和顺序同步。“动态同步”模型输出的结果，更有指挥意义。因此,CPS 的高级内容，就是要建立以实体动态为输入、动态计算、输出“与时俱进”的可用于实体指挥信息的“动态计算”模型。

从控制论角度来说，CPS 以 MES 科学指挥内容（也是相应动态优化模型的初始状态）为起点开始执行，可以用“精准执行”来描述，执行过程中会发生偏差，把进展和偏差实时反馈给动态优化模型，数学模型进行优化计算，对指挥内容进行调整，实体再按照调整后的指挥内容去执行，从而通过“动态优化，精准执行，实时反馈”的循环去精益求精，更理想地执行。

（三）数字孪生体

数字孪生体是对物理实体进行虚拟的数字化映射对象。数字孪生体已经从设计、仿真，到工艺、制造、操作、升级和维护，走向产品的全生命周期，可以从下述几个方面理解数字孪生体。

（1）数字孪生体是实现 CAx 贯通的手段。数字孪生体作为统一数据源，支持 CAD、CAPP、CAE 和 CAM 的贯通，CAD、CAPP、CAE 和 CAM 软件可以百花齐放，但相互之间要能够直接交换数据。比如，以 STEP 格式交换，这样数字孪生体就是统一数据源，降低了 CAx 贯通融合的成本，减少了差错。

（2）D2M。要实现设计快捷应用到制造，数字孪生体成为制造的中心数据源或单一数据源。

（3）M2D。加工参数、测量结果等直接回写到数字孪生体，可直接对设计“理论值”和加工“实测值”进行比对和各种分析，数字孪生体成为产品档案的载体。

（4）O&S（Operations and Sustainment，操作与维护），可以通过数字孪生体去“操作”实体，就像通过打印机驱动程序去驱动打印机一样，这样数字孪生体和实体之间通过物联网技术连接，它们之间的交互可以是实体生产企业的 Know-How，但是数字孪生体与“操作”它的系统之间的接口需要开放和规范，就像操作系统可以与众多打印驱动交互一样，简化了实体的集成；数字孪生体可以自主保有实体的维护需求，实现自主维护提醒，实体中“软件”部分和数字孪生体的升级，就变得简单了。

（5）模拟生产。通过设备的数字孪生体去“模拟生产”，可模拟装配、机器人焊接、锻铸和车铣刨磨等，也可通过人的数字孪生体去模拟手工作业。

（6）价值网络协同。数字孪生体是价值网络协同的基础，涵盖厂际、供应链上下游，乃至全球。供应链上下游之间可以进行产品仿真。

第四节　智慧工厂实例

一、中航力源的智慧工厂建设

作为航空液压核心部件制造企业，中航力源以智能制造先进理念指导企业的转型升级和智慧工厂建设为重点，以智能生产线建设为主线，逐步实现研发设计、生产制造、供应链和生产装备的信息化和智能化。

（一）智能生产线建设

智能制造生产线建设，基于工艺知识库模型，根据状态感知系统传递的信息（如待加工零件状况、刀具磨损状况、环境温湿度等），利用工艺模型选择合适的工艺参数，发出指令传递至执行层；同时，利用数据挖掘系统根据工序制造前的输入、工序制造结果以及其对产品整体性能的影响进行数据挖掘、优化工艺参数并反馈至工艺模型系统进行验证、优化，逐步逼近最优值。

以液压泵的主轴、转子、分油盘、斜盘等核心零件为依托对象，构建以车、铣、磨为主的精加工生产线，重点关注信息与资源管理、智能调度与排产、自动化物流、在线检测、机器人去毛刺等智能化生产的内容。通过赛博物理融合技术把数字化、信息化、网络化、智能化等特征融入该生产线中，采用智能管理与控制技术方法，建立具备“状态感知、自主分析、智能决策、精确执行”特征的智能化生产线，实现生产线物流、信息流的智能化管控，以及产品从毛坯到成品全生产链信息、物理资源的智能管理与调度，提高零件质量一致性和设备 OEE（Overall Equipment Effectiveness，全局设备效率），建设国际水平的液压泵核心零件智能制造生产线，同时为公司其他车间的智能化建设奠定坚实的技术基础。

1. 智能制造生产线布局优化与仿真平台建设

通过车间生产线的设施规划布局、物流、生产节拍以及生产线运行仿真，获得生产设备的利用率、产品的生产与等待时间以及生产线效率等生产线的性能参数，对瓶颈设备和生产线能力进行评估，为生产线规划布局及生产调度计划的制订提供可靠的科学依据。按照一定的拓扑关系规划布局车间生产线的加工设备、运输工具、工人等资源模型，形成车间生产线布局图，并以此车间布局图为基准，在生产系统建模仿真工具中实现仿真模型的构建。根据不同布局及物流规划方案下的生产线系统仿真结果，进行参数优化，逐步获得最优的生产线设计方案。

2. 智能制造生产线控制系统

智能制造生产线中的控制中枢就是控制系统，控制系统分为自动化控制与软件控制两个部分，其中现场自动化控制系统主要负责现场所有信号、状态等信息的采集与现场所有机构的动作控制，软件控制系统负责数据处理、分析等，自动化控制系统及软件控制系统同时向上与制造执行系统进行数据交互。智能制造生产线控制系统，如图 6-27 所示。

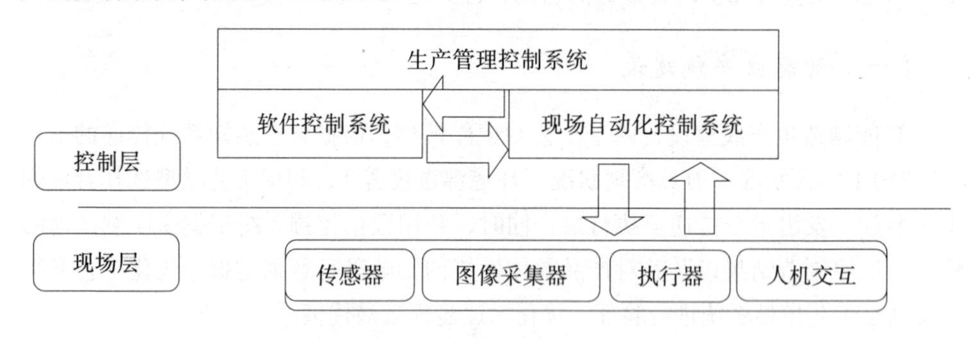

图 6-27　智能制造生产线控制系统

研究基于制造工艺知识的智能排产技术，搭建面向准时生产的智能排产系统。在基于订单计划、优先级排产的同时，通过生产现场实时数据采集技术及车间物联感控网络环境实时监控现场状态，实现智能化动态调整，实现零件生产计划最优、物料刀具配送及时，实现生产线高效运行。

基于分布式网络技术，利用机床在线测量测头等测试设备，通过在线测量与监控技术，建立全工艺流程的关键要素状态感知、测量及分析控制。同时，根据实测值统计与分析，建立生产过程参数、设备状态、工量具状态安全生产控制域，实现异常预警，提高产品质量控制。

实现过程中的生产信息随时跟踪查看，并在现场设置电子看板等可视化终端，以三维图形化方式显示当前各类生产信息。

（1）通过生产任务跟踪，各级管理人员能够实时获得当前生产任务的完成情况、所在设备 / 工作站、质量反馈数据等信息；通过设备 / 工作站查看，可实时获得当前设备正在加工的产品、待加工的产品等信息。

（2）通过机床数据采集分析功能，可实时获知机床的运行状况、故障状态、生产进度情况等。

（3）通过对资源（包括工件、夹具、托盘、刀具、辅助工具等）进行管理，可实时、准确地知道资源库存、流转等各类情况，提前做好生产过程的资源准备。

（4）工艺文件、工量具清单等作业文件智能分发。

（5）在现场配有操作终端，显示当前工件的操作信息，并可以用图片、模型、视频等方式对操作过程进行指导。

3. 物料仓储及自动转运系统

搭建与物料管理系统和智能排产系统集成的物料配送系统，能感知物料库存状态并结合生产计划，实现物料的精准配送；通过配送小车或生产流水线以及托板化夹具系统，由工业机器人实现配送系统与数控机床系统的智能化协同及柔性生产。

4. 快速装夹系统

采用模块化快换工装夹具系统，该系统基于零点定位系统，可以通过具有拉紧定位功能的定位器实现不同规格、类型产品不同工序工装的快速更换，其更换过程可以从以前的半小时甚至更长缩短至 3 分钟之内，同时工装更换后其加工零点无须重新找正，实现工装夹具的快速定位更换，减少加工辅助时间。

工装夹具的更换、定位、拉紧均通过气动或者液压机构按照中央控制系统的指令自动实现。

（二）精益物流

中航力源实施了精益物流，管理流程如图 6–28 所示，对年度 / 月度采购预告、采购订单、车间内部物料预约、批次管理、先进先出、成品库接收发放等都进行系统管理。

结合生产自身的特点，以年度、月度的采购预告作为信息推送，结合供应商管理系统平台，向供应商发出采购预告，依据月度或周的详细计划，系统发布详细采购订单，指挥供应商送货。结合质量需求，中航力源实现了从采购计划、采购订单、采购件到货、生产发料、生产组织、装配质量控制的全面批次管理、先进先出管理，同时在物料进厂后就实现了二维码标识，方便进行物料追溯、检索。并针对行业的特性，在批次件发放、级别件配套、用户选装 / 选配、用户特殊指定上，改变以往的管理方式，严格依据系统指挥进行作业。

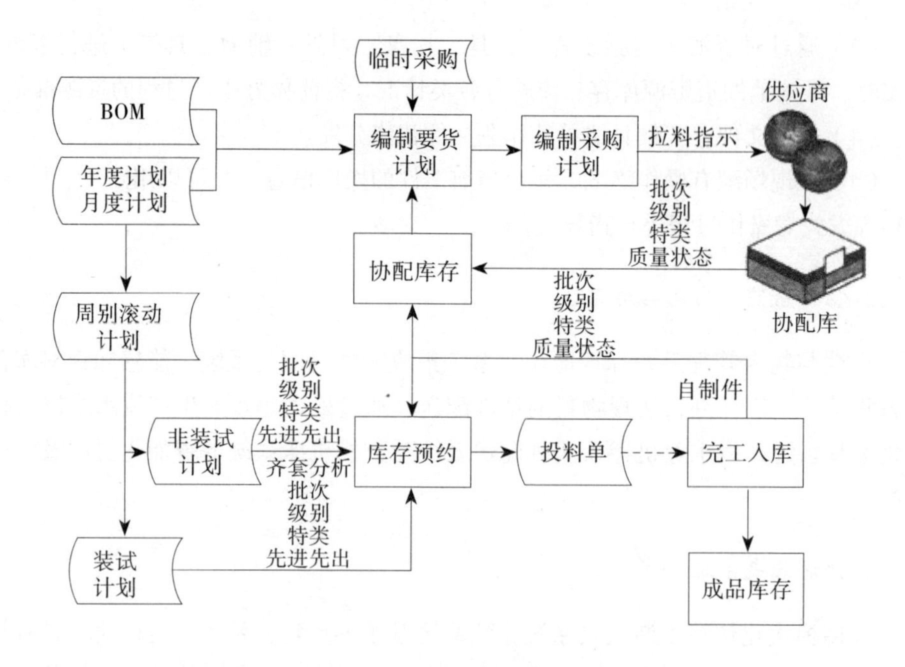

图 6-28 精益物流管理流程

（三）工装管理

工装管理模块分库存管理、工装准备计划管理、预警管理 3 个子模块；工作流程包括月度准备计划、申请计划管理、入库、借用、归还、移库、盘点、拣选等环节。依据工装性质分单件（ID）、批量两种管理模式，采用二维码为每种物料提供一个二维码唯一标识信息卡，同时为单件管理工装提供单个唯一标识二维码 ID 信息卡。并在服务器中存储工装的相关属性信息，从而使系统扫描二维码信息卡自动识别物品，可以对物品进行跟踪和监控。另外，系统除 PC 端外还提供目前先进快捷的移动端管理平台，移动端提供库存查看、盘点录入、库存调整、工装借出、工装归还、移库等功能，这样工作人员可以在无线局域网络覆盖范围内随时了解仓储情况，并及时处理。同时工装管理模块契合智能旋转料架，由工装管理模块依据工装借出计划自动驱动旋转料架，极大优化了拣料过程，缩短了拣料时间、增加了拣料的准确性，同时也大大节省了仓库的存储空间。工装管理流程，如图 6-29 所示。

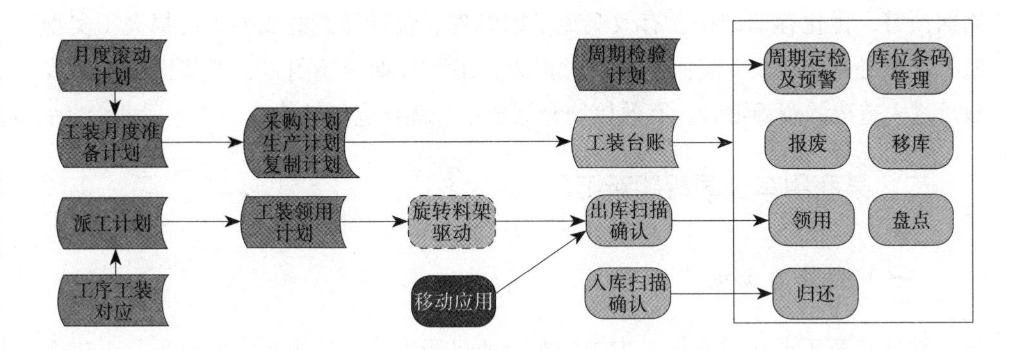

图 6-29　工装管理流程

1. 库存管理

移动终端可查询物料的实时库存信息，通过扫描带有 ID 号二维码的工装信息卡可查询当前工装信息、库存状态、质量状态、隶属状态等信息。

借用时可直接扫描派工单生成该工序加工需用工装明细，优化借用流程、缩短了借用时物料搜索的时间。

移动终端可对仓库随时进行盘点、库存调整、移库等操作，可及时调整库存误差，确保系统中数据的准确。同时，移动终端在此处的运用能大量节省纸张使用，也使仓储数据的更新更加方便、快捷。

系统提供工装电子台账、入出记录、工装借用情况等台账信息，做到了工装从入库到报废全生命周期的监控和记录。

2. 工装准备计划管理

依据月度生产计划，系统自动计算计划月的工装月度准备计划，提供系统库存、上月计划数等参考数据，通过人工微调优化准备计划，同时可依据准备计划在系统中一键做采购（制造、复制）申请。

跟踪申请单号的时间节点、工作流节点、单据状态，系统可全程监控申请单据的审批状态、申请工装的采购（制造、复制）进度、检验进度等，做到各工作流节点无缝化对接。工作人员借助系统理顺了审批流程、优化了业务流程。

3. 预警管理

通过对物料最低库存、最高库存、最大借用天数、检验（整备）周期、提醒天数等设置，系统会针对不同物料做安全库存预警、借用超期预警、检验（整备）

周期预警，优化存储结构、有效避免了因管理、统计原因造成的工装损失（实物遗失、账务遗失）、工装保养不及时报废、工装长期未还闲置、工装库存不足或数量过大造成的资源浪费，有效控制仓储成本、优化仓储结构。

二、某商用车公司智能新工厂

（一）背景与需求

随着汽车工业迅速发展，中国汽车产业已经完成了从小到大的过程，正在逐步实现由弱到强的巨大跨越。作为世界汽车产业重要的组成部分，全球汽车工业将向中国和一些新兴经济体进一步转移，这对中国汽车工业来说，是非常难得的历史机遇，当然这更是一次巨大的挑战。特别是随着德国“工业4.0”理念的提出，将互联网、物联网引进生产过程，对中国汽车工业而言，挑战的是中国工业装备水平和信息化水平，这是一场前所未有的挑战。

为弥补市场产能不足，同时提升生产效率，在德国“工业4.0”的感召下，某商用车公司启动了某智能新工厂的规划和建设。由于技术及环保约束小，中国商用车企业制造水平特别是在标准化生产、零部件控制方面较乘用车有很大差距。另外，由于产品特性，商用车较乘用车市场更个性化，所以客户大规模定制是未来新工厂产品研发和制造需要重点思考的课题。

赛博物理系统（CPS）是“工业4.0”的基础，在汽车制造行业中，这种互联更广阔，它包括设备与设备、设备与产品、设备与人之间的互联。基于商用车公司整体产能平衡的考虑，该新工厂在一期建设规划中并不含车身装配线、车架生产线等，因而还需要与其他子公司/工厂之间进行互联。此外，与供应商、经销商、客户的互联和协同更考验着整个供应链管理体系。

（二）智能新工厂规划

借鉴德国“工业4.0”的理念，也为了利用智能制造技术使企业实现转型升级，彻底改变传统商用车制造落后的工艺水平，提升产品竞争力和市场占有率，在考察国内外多家汽车企业及生产线后，该新工厂被定位为国际领先、国内一流的智能新工厂。在新工厂的整体规划中，虽然考虑到技术成熟度影响并受制于成本因素，新工厂还是尽可能地采用了先进的装备，如全自动柔性装配生产线、零部件自动识别拣货系统（智能料架）、AGV零部件自动配送系统等。这些先进设备和技术的应用，对信息化的规划也提出了更高的要求。

信息化的规划必须与新工厂的建设目标、管理模式、业务流程保持一致，是以整个商用车未来发展目标、发展战略和企业各部门的目标与功能为基础，在商用车生产管理方式（DCPW）及已有的信息化现状基础上，结合行业信息化实践和未来信息技术发展趋势整体考虑，提出的信息化远景、目标、战略、投资预算及实施对策。通过多次研讨，最终确定信息化规划总体原则如下：

（1）新工厂信息化规划应遵循集团、商用车公司信息化管理的基本原则，必须与总部、商用车公司信息化整体战略目标保持一致。

（2）新工厂信息化规划中新建、改造的IS/IT系统与设施应与总部、商用车公司IS/IT标准保持一致，并能顺利实现与总部、商用车公司现已有系统对接。

（3）新工厂信息化规划设计应以充分利用总部、商用车公司现有资源为基础，实现总部、商用车公司内部资源共享最大化。

（4）信息化规划采用整体规划，实现信息化规划所涵盖的范围（领域）、时间、实施策略与新工厂建设的战略、职能定位、未来发展策略保持一致，总体按照产品研发及技术准备领域、生产管理领域、销售及售后服务领域、综合业务管理和基础设施共五个领域进行细化编制。

（5）支持业务创新和改善需求，优先采用“原有系统改善”，谨慎采用“全新系统”；优先导入成熟的先进技术，全新技术及产品先试用验证再采用。

在此原则的基础上，信息化部门人员与业务部门人员一起，完成了新工厂全价值链整体业务蓝图构想，明确了新工厂与总部，商用车总部，新工厂与商用车其他工厂之间的业务分工与协作关系，这是未来新工厂业务开展的基础：

（1）新工厂主要按照商用车总部下达的生产计划组织生产及装配。

（2）新工厂产品研发、销售及服务、采购等业务归口到商用车总部各职能部门。

（3）非总部用产品的适应性开发、工艺设计由新工厂研发团队负责。

（4）新工厂入厂物流采用自己的物流方式，外制件采用库供，内制件采用直供。

（5）零部件配送由新工厂独立完成，集配区采用智能料架，部分物料采用AGV配送。基于业务蓝图，构建了智能新工厂全价值链信息化规划图（如图6-30所示）。

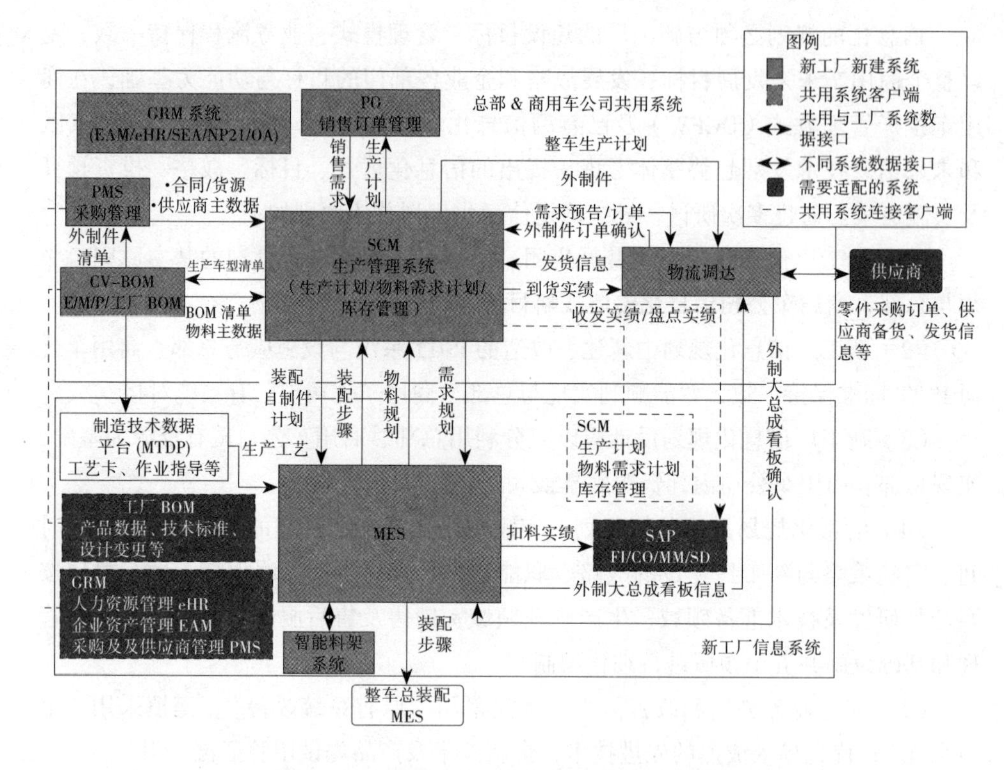

图 6-30 智能新工厂全价值链信息化规划图

图 6-30 明确了信息化覆盖的业务范围，明确了新工厂需要新建哪些系统，哪些系统是与总部共用的，哪些是需要在新工厂部署客户端的，同时也明确了各系统之间的接口，不仅实现了整个产品从产品研发、设计、工艺到生产制造、服务内部所有环节信息的无缝连接，避免了企业内部信息孤岛的问题；同时也实现了该工厂与其他子公司 / 工厂之间的协同，将企业内部的业务信息向企业以外的供应商、经销商、客户进行延伸，实现人与人、人与系统、人与设备之间的集成，从而形成一个智能的虚拟企业网络。

（三）智能新工厂项目建设实施

信息化规划确定了新工厂信息化的总体思路和总体框架，制定了信息化的统一标准体系和安全体系，明确了新工厂的信息化建设目标。而要实现这些目标，则需要根据新工厂的经营模式、产品特点、管理流程进行信息化建设任务的阶段划分，以降低信息化的风险，力求重点突出、业务改善见效快。

新工厂的信息化实施是由商用车公司信息系统开发部负责完成，开发部根据信息化规划，分领域实施落地，其中比较有特点的是研发及制造执行领域。

1. 研发领域

随着“工业 4.0”的到来，工厂设计、CAD、CAM、CAE、CAPP、三维可视化、可制造性分析、仿真技术在研发领域得到广泛使用，商用车公司技术中心也不例外，研发使用的各种工具，如图 6-31 所示。利用这些工具不仅可以提高产品研发质量，缩短研发周期，更能降低产品开发费用。

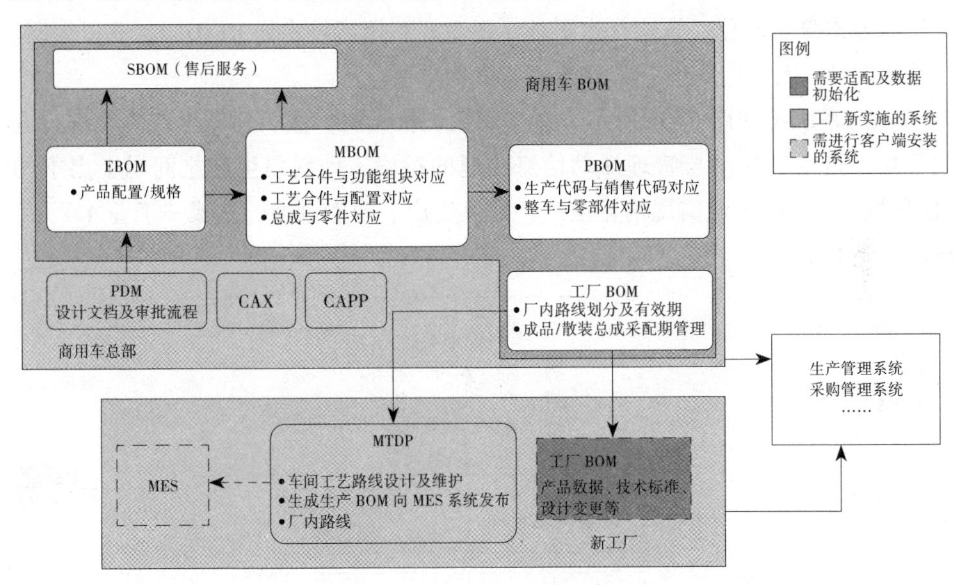

图 6-31　研发使用的各种工具

从图 6-31 可以看到，研发领域信息化具体实施策略为：

（1）因研发职能由商用车技术中心、制造部门统一归口管理，所以 CAX（包括 CAD、CAE、CAM 等）工具的导入按照制造部门的统一规划进行导入，License 的管理在领域内采用浮动式管理，新工厂与其他工厂、制造部门共享。License 数量不足或功能模块需要增加时，由商用车制造部门统一向信息系统部提出需求，统一采购。

（2）对用户开启产品数据管理系统（商用车 BOM 系统）中工厂需要的功能（在新工厂安装 BOM 系统客户端、创建用户和分配权限），满足新工厂对产品数据的应用和管理需求。

（3）由于工厂工艺的不同，在新工厂导入并实施商用车公司统一的工艺数据管理系统（MTDP），实现新工厂对工艺数据的管理。

（4）工厂研发领域所需的办公环境和设备，由商用车公司 IS/IT 部门统一负责，包括逻辑独立的研发网络环境、图形工作站、服务器、存储、绘图仪、通用 PC、安全等。

2. 制造执行领域

利用好信息技术、互联网技术，把“中国制造”变为“中国智造”非常迫切，这也是本次新工厂建设中一直在思考的问题。而解决这一问题的关键，除了提高工厂装备本身自动化、智能化水平外，还需要利用新技术如 RFID、工业以太网、自动感应等，因而信息化系统 MES 显得尤为重要。

MES 系统（如图 6-32 所示）对车间人、机、料、法、环等生产要素进行全面管控，是生产活动与管理活动信息沟通的桥梁，计划与生产之间承上启下的“信息枢纽”；是企业实现精益生产、敏捷生产、智能制造，达成“工业 4.0”目标的必要手段。

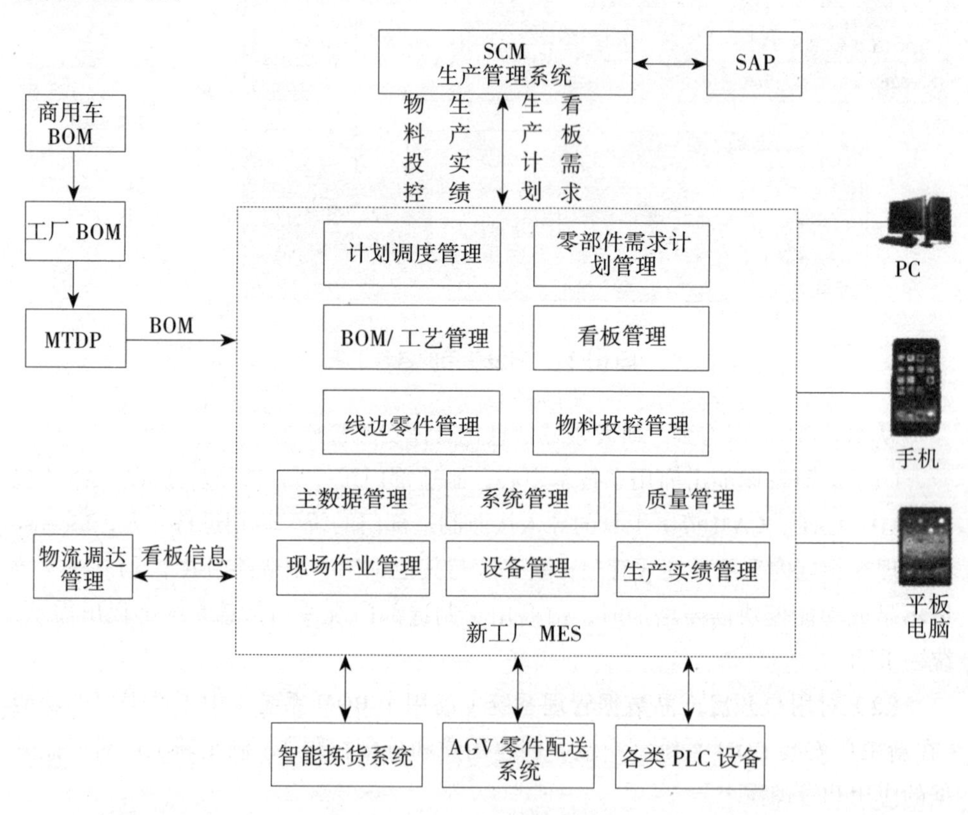

图 6-32　MES 系统

MES是新工厂信息化建设的重点，因商用车公司多个工厂已实施过元工MES，此次MES是在导入其他工厂实施的元工MES的基础上进行改造开发，重点是加强与周边系统、现场设备、工厂人员的互联互通。

为解决新工厂多品种、小批量混流生产，装配现场存在一些人工不易识别的、容易出现错装、漏装的情况，直接影响整车质量的问题，新工厂引进了欧姆龙的一套智能拣货系统（智能料架），利用信息化辅助识别技术，指导工人按照声光指示拣货。MES与该系统集成，可根据现场最新装配计划按顺序实时下发亮灯指令，工人只需根据料架亮灯情况进行傻瓜式作业，提高了拣货速度和准确性，减少业务工作量，提高装配质量。

（四）智能新工厂项目管理

一个项目的成功上线，离不开项目管理，项目管理贯穿整个项目规划、实施、运维全生命周期。此次新工厂项目实施时在不同的阶段采取了不同的项目管理方法及策略。

1. 项目规划阶段

对于一个现代制造业智能新工厂而言，管理信息化是基本要素。因此，信息化规划工作必须与工厂设计工作同步进行。信息化规划将作为新工厂信息化建设的基本纲领和总体设计的基线，确保新工厂的信息化建设与工厂建设、工艺建设及业务管理体系建设保持一致性，以实现新工厂的建设目标。

（1）在新工厂建设筹备、设计阶段，由总部信息化相关部门指派信息化代表建立联系窗口，参与新工厂筹备组的相关活动及会议，及时获取新工厂建设信息（包括新工厂的性质、建设目标、进度计划、产品系列、管理特点、投资策略等基本信息）。

（2）适时组建新工厂信息系统规划项目组，并加入新工厂建设筹建组，与各业务领域建立协同工作机制，共同完成信息化整体规划方案。

（3）最终提交的新工厂信息系统规划报告，在业务高层及IS（信息系统）高层达成一致意见（评审通过）后，经商用车公司相关审批流程批准后，成为新工厂信息化建设实施计划的基线文件。

2. 项目建设实施阶段

商用车公司信息化项目开发管理导入了一套成熟项目管理方法（如图6-33所示），新工厂项目实施也是按照该套方法推进：

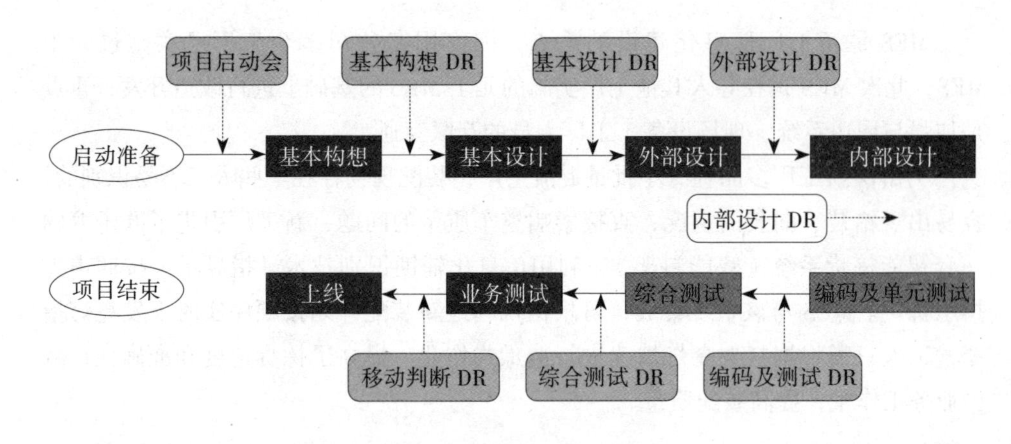

图 6-33 成熟项目管理方法

与其他项目管理方法不同，这套管理办法主要将项目分成了 8 个阶段，为了把控项目质量，在每一阶段完成都设有一个设计评审点，评审通过，项目才允许进入下一阶段。项目管理在每个阶段定义了不同的项目管理内容、工作任务、交付物、评审标准等。每个阶段都是在上一阶段的基础上进一步细化和迭代，从而有利于降低整体项目风险，控制项目质量和成本。根据项目的不同，项目评审的机制和体制也完全不同，新工厂信息化项目因为是商用车公司战略性项目，项目体制上设有“项目指导委员会”，由商用车公司业务方、IS 方一把手直接挂帅，参与项目决策。

3. 项目运维管理

商用车公司参照 ISO/IEC 20000-1:2011 及 ITIL 方法论这一 IT 管理最佳实践总结，制定了自己的运维管理办法，如图 6-34 所示。这套管理办法对保证 IT 环境的稳定运行、提高运行服务质量、降低系统运行风险和控制运维成本起到了很好的作用。

（1）项目上线前，需要建立项目运维服务机制，包括服务体制、服务目录、服务流程、SLA 等，同时运维服务工程师的运维熟练度，也是判断系统能否上线的前提条件之一。

（2）运维服务机制如图 6-35 所示，采用一线、二线、三线的方式进行，用户在系统使用过程中遇到任何问题，都可以通过帮助台进行服务申请，帮助台是用户请求唯一入口，目前已采用的服务请求方式有微信自助报单、服务热线电话、企业 QQ 等。用户可以采用自己最方便的方式进行服务申请。同时，帮助台也是服务处理的调度中心，根据服务申请的不同，将服务事件分配给对应的运维工程师。不同级别的服务工程师负责不同的服务事件处理，有利于提高运维效率，降低运维成本。信息化部门有专门的运维管理人员，对每月的事件、问题、变更、发布进行管控，通过对数据的统计分析，发现运维当中存在的问题，并制定对应的措施，不仅提高运维服务质量，降低运维成本，更强调系统文档与系统的一致性、可追溯性，从而保证系统运维的延续性。

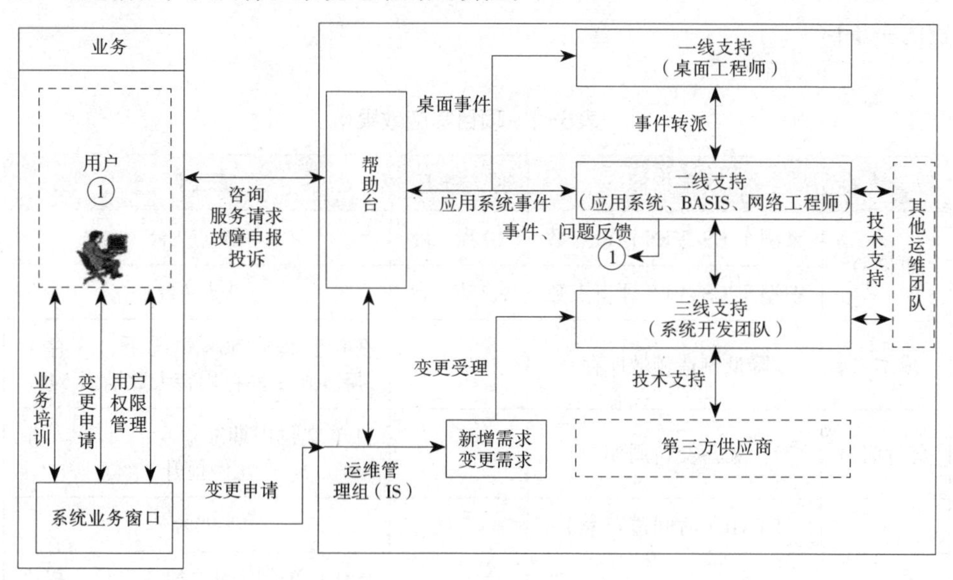

图 6-34　运维管理办法

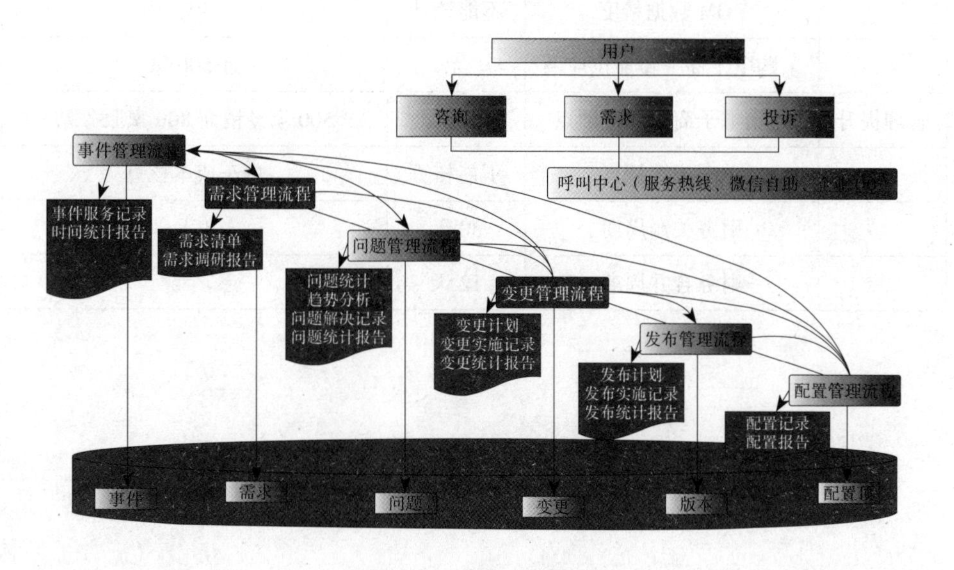

图 6-35　运维服务机制

历时近两年的时间，商用车智能新工厂建成投产，新工厂虽距离工业 4.0 还有一定差距，但也一改传统制造业工厂的面貌，项目实施效果见表 6-1。商用车新工厂借鉴已有先进业务管理模式和信息化解决方案，有序推进研发、采购、生产、销售、售后等全价值链的管理升级，形成了业务与信息化紧密融合的商用车公司管理方式，将一个有 40 年历史的传统企业实现了提档升级，迈出了信息化关键的一步！

表6-1　项目实施效果

改善内容	改善指标	原老工厂	新工厂
质量 Q	重型车 CS-VES 评审点数	10 点 / 台	4.7 点 / 台
	中型车 CS-VES 评审点数	9.7 点 / 台	3 点 / 台
成本 C	降低制造领域库存		在产量提升 50% 情况下，库存下降 40%；库存周转天数缩短 54%
交付期 D	缩短交付周期		订单交付周期缩短 9%；订单车生产比例提升 37%
	STAR（时间遵守率）	<50%	93%
	生产效率大幅提升		JPH（单位时间内的生产量）提高 80%
	BOM 数据精度	不能统计	>95%
	采购电子商务覆盖供应商	无	近 500 家
管理提升	营销电子商务覆盖网点	无	500 家经销商 800 家服务站
	单车成本核算	不能核算	单车成本核算
	财务关账周期	30 天	3 天
	财务合并周期	12 天	7 天

第七章　智能制造中的数字化实现

第一节　智能制造与数字化实现

一、数字化与智能制造的关系

智能制造是“工业 4.0”的重要标志，要实现智能制造就必须先实现数字化工厂，数字化工厂则又必须以数字化为基础，因而数字化是智能制造的基础和前提，数字化企业平台是实现智能制造的重要支撑。没有数字化，产品制造信息无法在网络化的世界里流转，智能制造将会像无源之水，也无从落地，“工业 4.0”更无从谈起，因而“工业 4.0”将是数字化、网络化与智能化的融合，其首要便是数字化，其次网络化，最终智能化。建立数字化企业平台是实现“工业 4.0”的先决条件。

二、数字化全生命周期管理

数字化作为智能制造的基础，将贯穿产品全生命周期各个业务过程，涵盖产品规划、设计、制造工艺、样机、生产、调试、服务全过程。通过打造数字化企业平台，在产品全生命周期过程中开展数字化设计、制造、服务、质量控制与管理，最终支撑智能制造的实现。

数字化体现在产品全生命周期的各个阶段。

（1）产品规划阶段：需求和规划、数字化概念设计、虚拟现实。

（2）产品设计阶段：数字化产品设计与过程管理、分析与仿真、数字化公差仿真、数字化产品设计协同、数字化成本管理、虚拟样机、基于模型的供应链协同等。

（3）产品制造规划阶段：尺寸测量编程、数字化零件制造规划与仿真、装配规划与仿真、数字化尺寸规划、人因工程、机器人仿真、虚拟工厂、物流仿真、虚拟生产调试、制造数据与过程管理。

（4）生产制造阶段：可视化作业指导、尺寸质量监控与采集、生产管理与制造执行。

（5）调试阶段：虚拟试验仿真、试验数据与过程管理。

（6）服务阶段：交互式电子技术手册、维修维护虚拟仿真、可视化移动维修服务、维护维修数据与过程管理。

三、智能制造的企业数字化平台架构

智能制造体系架构涵盖软件体系架构和硬件体系架构，下面主要介绍数字化企业平台软件体系架构。

数字化企业平台是实现智能制造的重要支撑。通过数字化企业平台的建设打造企业三大核心体系：核心研发体系、核心制造体系和核心服务体系。数字化企业平台涵盖：数字化产品智能设计 DPD、数字化产品协同研发 DLM、数字化制造 DM、数字化质量 QMS、数字化服务 DS、数字化制造执行 MES、数字化生产管理 ERP、供应链及客户关系管理，如图 7-1 所示。

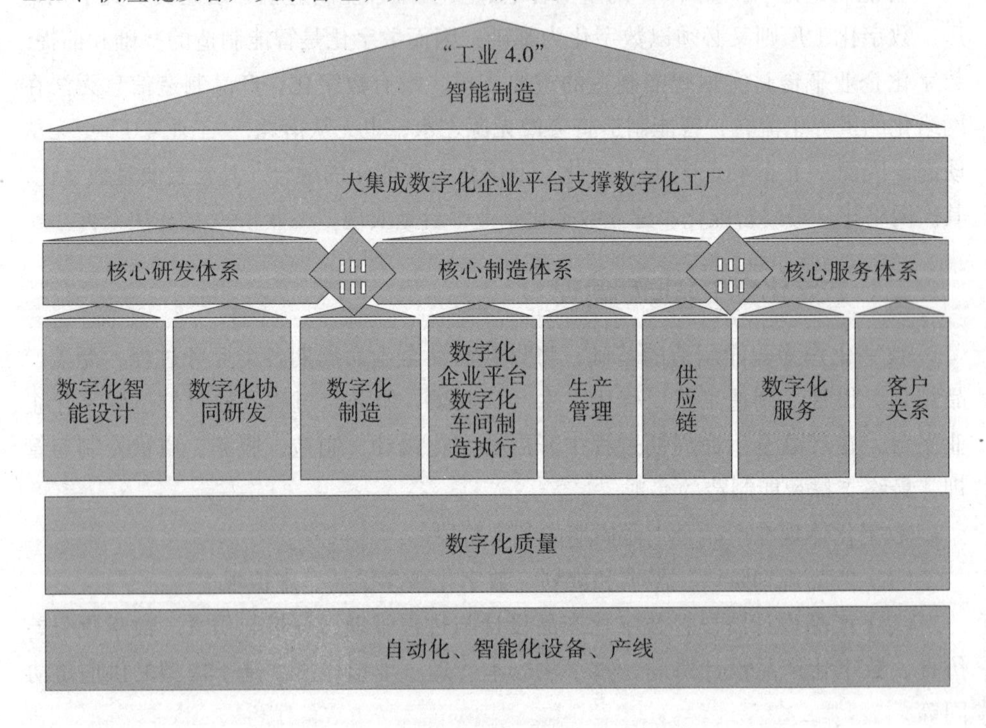

图 7-1　智能制造的数字化企业平台架构

四、智能制造的数字化技术路线与实现路径

（一）技术路线

在数字化世界我们进行产品虚拟设计与制造，在物理世界我们进行现实生产，虚拟与现实的融合，如图 7-2 所示。数字化企业平台的作用就是通过将虚拟与现实融合实现智能制造，在数字化世界通过虚拟产品设计和制造，以求进行产品实物制造前尽最大可能发现产品设计与制造的缺陷，从而能够降低产品研制成本、缩短产品上市周期、提高产品制造质量。

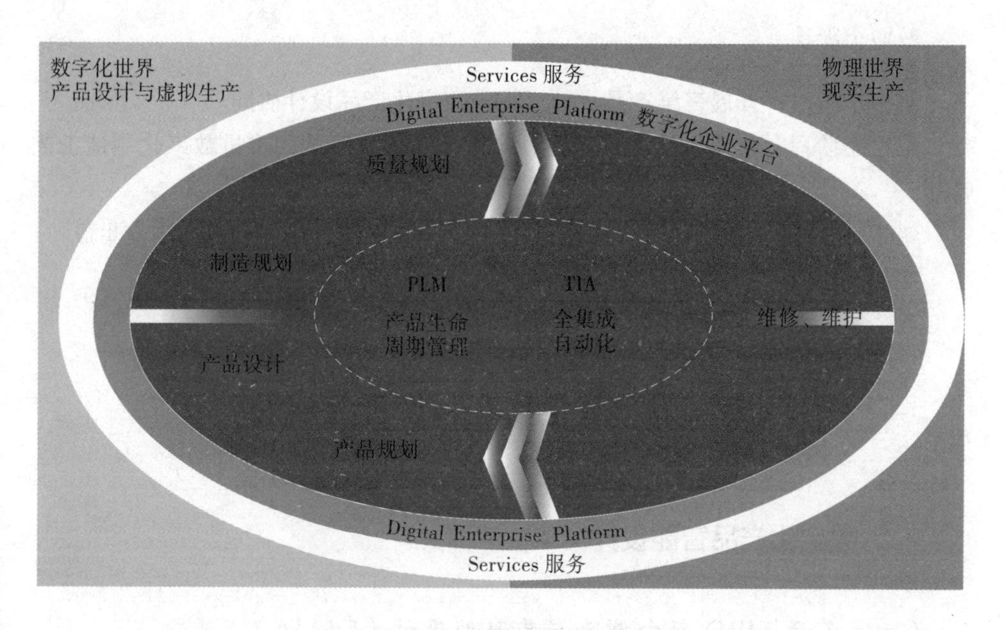

图 7-2　虚拟与现实融合

（二）实现路径

实现智能制造将是一个长期的过程，不同企业的不同基础条件决定了过程的长期性和建设的复杂性，总体来说必须坚持按两个步骤四个阶段进行推进。

1. 两个步骤

第一步，向 3.X 迈进：

（1）实施 PLM（DPD、DLM、DM）/ERP/MES/QMS。

（2）生产过程自动化（TIA）/ 柔性生产线，横向网络集成，纵向网络集成。

（3）改善质量、六西格玛、成本、安全和环境，透明化工厂与精益数字化。

第二步，向 4.0 迈进：

（1）基于赛博物理融合（CPS）的智能生产系统，个性化大规模生产。

（2）自组织和自优化的动态生产模式，基于大数据的智能决策和实时生产过程优化。

（3）云计算服务、管理复杂生产，互联工厂，帮助人学习和操作的智能辅助系统。

（4）跨企业价值链新型生态业务模式，采用关键技术：CPS、IIoT、IoS。

2. 四个阶段

第一个阶段：开展三维产品设计，推进数字化产品设计协同。

第二个阶段：实施数字化产品设计与工艺一体化系统，推进数字化制造工艺管理。

第三个阶段：实施数字化设计到制造的一体化系统，横向和纵向高度集成。

第四个阶段：实施赛博物理融合系统（CPS）。

第二节　数字化产品设计与研发

一、数字化产品智能设计

（一）基于 MBD 面向制造与装配的设计（DFMA）

在传统的部门及串行工程的产品开发模式中，产品设计过程与制造加工过程脱节，使产品的可制造性、可装配性和可维护性较差，从而导致设计改动量大、产品开发周期长、产品成本高以及产品质量难以保证，甚至无法投入生产，造成人力和物力的极大浪费。应用面向制造和装配的设计（Design for Manufacturing and Assembly，DFMA）思想和相关工具，设计师可以在设计阶段获得有关怎样选择材料、选择工艺以及零部件的成本分析等设计信息。DFMA 是一种全新的更加简单更为有效的产品开发方法，为企业降低生产成本，缩短产品开发周期，提高企业效益提供了一条可行之路。从产品设计开始就考虑可制造性和可测试性，使设计与制造紧密联系，可以在设计早期尽可能多地发现问题，减少设计变更频次，提高设计交付质量。

为实现面向制造的数字化设计，基于模型的定义（Model-Based-Definition，MBD）技术成为重要手段之一。MBD 技术采用包含了三维几何模型、PMI 产品制造信息（Product Manufacturing Information，PMI，尺寸、公差、技术要求等）以及属性（设计、制造、分类、编码属性等）、注释等信息的单一主模型，如图 7-3 所示，作为产品制造过程中的唯一依据，从而实现设计、工艺、制造、检测等各业务的高度集成。MBD 技术实现了单一数据源，消除了传统研发模式中的三维模型与二维图样之间的信息冲突，减少了创建、存储和追踪的数据量，保证了产品制造信息的正确、快速传递，从而有效地缩短产品研制周期，减少了重复工作，提高生产效率和产品质量。

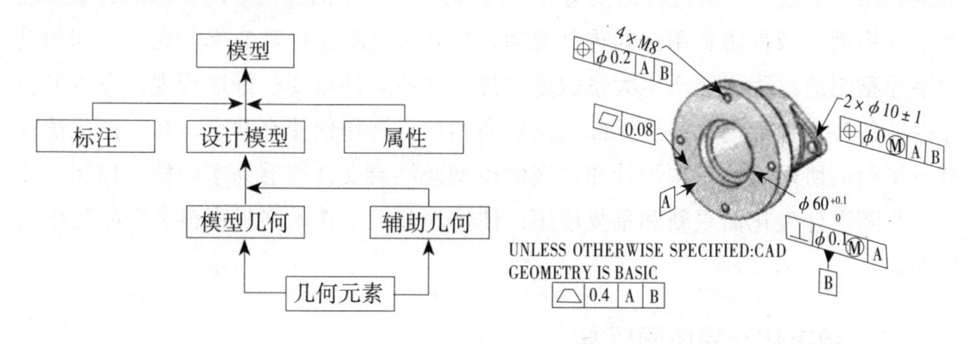

图 7-3 包含 PMI 的 MBD 模型

采用 MBD 可以改变传统的由三维实体模型来描述几何形状信息，用二维工程图样来定义尺寸、公差和工艺信息的分步式产品定义方法。同时，MBD 采用三维实体模型作为生产制造过程中的唯一依据，改变传统以工程图样为合法依据的制造方式，将极大提高产品设计与制造的协同效率，有效解决上下游业务流程衔接与变更问题，加速产品上市。

目前，MBD 已经拥有相关标准，如 ASME Y14.41，ISO19792 和 GB/T 24734，这些标准指出了三维标注的原则和基础框架。企业可以在此标准下详细定义自己的 MBD 应用规范。

（二）建立数字化智能设计知识库

设计重用会对整体时间和成本带来显著影响，设计知识库应该成为关键的产品开发举措。重用库能够帮助设计工程师捕捉、组织、查找和快速应用可重用的设计数据和产品知识。重用库作为企业设计知识库，包括基础的重用设计元素：

标准零件、组件和零件族、产品模板、设计特征、符号、2D 剖面、轮廓、曲线、形状等。利用 3D 工具提供的导航、搜索、选择和预览功能，设计工程师可以有效利用存储库，从而实现产品设计知识的积累，提高产品设计的标准化和规范化，提高产品设计效率与质量，减少零部件种类，降低产品设计与制造成本。

（三）基于 MBD 的一体化仿真分析

数字化产品设计工具应能够作为 CAD/CAE/CAM 一体化工具，涵盖数字化的产品概念设计、产品定义、仿真分析、评审分析、验证、多学科优化仿真分析等多种能力，提供完整的 MBD 模型定义、可视化、基于标准的数据交互的能力。

一体化仿真分析平台则可以提供 CAD/CAE 集成能力，用户可以在该平台上直接利用三维数字模型进行建模仿真，同时针对 CAD 的任何修改，都能自动修改有限元模型，减少仿真用户的重复劳动，提高仿真对比计算效率。在设计和仿真数字原型制造过程中会产生大量数据文件，这些文件需要很好地管理，也需要企业内部的各工程部门，甚至外部的供应商和项目合作伙伴来共享，在一体化仿真分析平台的协同环境里，设计和仿真的模型及结果文件能够易于归档、控制、共享，并随设计变化而更新和重复使用，使仿真分析工作始终贯穿整个产品的生命周期。

二、数字化产品协同研发

（一）基于模型的系统工程

系统工程是基于模型的企业（Model-Based Enterprise，MBE）的重要指导思想。基于模型的系统工程为基于模型的工程、基于模型的制造、基于模型的维护等 MBE 企业的关键活动提供了统一的协调接口，成为 MBE 企业研究和应用实践中的重要组成部分。

在数字化企业平台上，可为复杂产品的研制提供一个独特的模型驱动的系统工程工作环境，在早期的概念设计阶段，通过模型对需求本身进行建模，对需求进行细化，把需求分解到各个部件的性能指标上去。在详细设计阶段，通过相应的测试解决方案，测试物理样机是不是满足需求。

（二）基于模型的机电一体化设计过程管理

机电一体化设计过程管理基于单一的产品和过程知识源，为机械、电子、软件和电气互联技术的关联开发提供良好的环境。数字化企业平台在通用框架内为各个工程领域建立通用数据模型。各个开发团队可以继续将精力放在自己擅长的机械、电子、软件和电气互连领域，同时在相关环境中合作以实现整体开发目标。机电一体化过程协同将使企业能够更快向市场推出更具创新性、质量更高的产品，并且减少资源消耗和降低保修成本，做出明智决策以加快上市速度。机电一体化设计过程管理涵盖：机电一体化数据与过程管理、电子零部件库管理、线缆数据管理、产品配置管理、信号和软件 / 硬件依存性管理、校验及配置参数数据管理、与软件开发工具集成、与 EDA 工具集成、与多种 MCAD 集成、装配 / 测试分析、符合性管理等。

（三）基于模型的数字化虚拟样机（DMU）

数字样机是当今非常流行的一种研发手段，通过在计算机上的快速建模，实现对型号原理、造型、结构、功能等多方面的验证，满足产品生命周期过程的一项或者多项功能验证，减少对昂贵物理样机的依赖，实现以往在物理样机上才能实现的验证，以达到缩短研发周期，降低研发风险，提高研发质量等。

利用数字化虚拟样机可以实现模型测量与截面分析、干涉检查、可视化协同与评审、公差分析、装配和拆装分析、虚拟现实（沉浸式 3D 场景）、人机工程等。基于 DMU，通过数字化企业平台，各部门或组织间可以开展产品协同设计、协同评估。

（四）面向成本的数字化设计（DFC）

通过产品生命周期早期的产品成本管理，控制产品利润并做出明智的产品成本分析决策，可以帮助企业实现产品的成功，可以在产品生命周期决策至关重要的初期阶段使用面向成本的产品设计方法，可以模拟、分析和优化产品成本，以便在适当的时机做出正确的决策并确保产品利润。数字化成本管理可以提供目标成本管理，帮助企业管理盈利项目以确保投资成功；可以进行成本构成分析、产品设计成本估算，为企业与客户进行价格谈判时提供成本依据；可以集成参数化和 3D 工具进行成本分析等。

第三节　数字化制造

一、数字化制造系统总体架构

工艺设计作为衔接产品设计和生产的环节，所产生的工艺数据是企业编排生产计划、制订采购计划、执行生产调度、指导作业的重要基础数据，在整个产品开发及生产中起着重要的作用。数字化制造是连接设计与生产的桥梁，是建立完整产品生命周期数据管理平台的重要环节，它能够有效提升工艺设计部门的核心能力、弥合制造鸿沟。

数字化制造利用产品数据来支持工艺、工装、检验、制造标准和工厂物流规划等业务开发。数字化制造利用虚拟评估手段对制造过程进行分析验证和优化，对零件加工、产品装配、测量、工厂规划、物流、产能进行有效验证，提高产品的制造质量。

数字化制造由工艺与设计协同、零件制造工艺、装配工艺、仿真、车间作业指导、系统集成等主要部分组成，具体业务包括基于 3PR（Product Process Plant Resource）模型工艺数据与过程的管理、零件制造工艺规划、装配工艺规划、工艺仿真、人因工程仿真、工装设计、电子作业指导、工厂与物流仿真、机器人仿真以及与 ERP、MES 集成等，如图 7-4 所示。

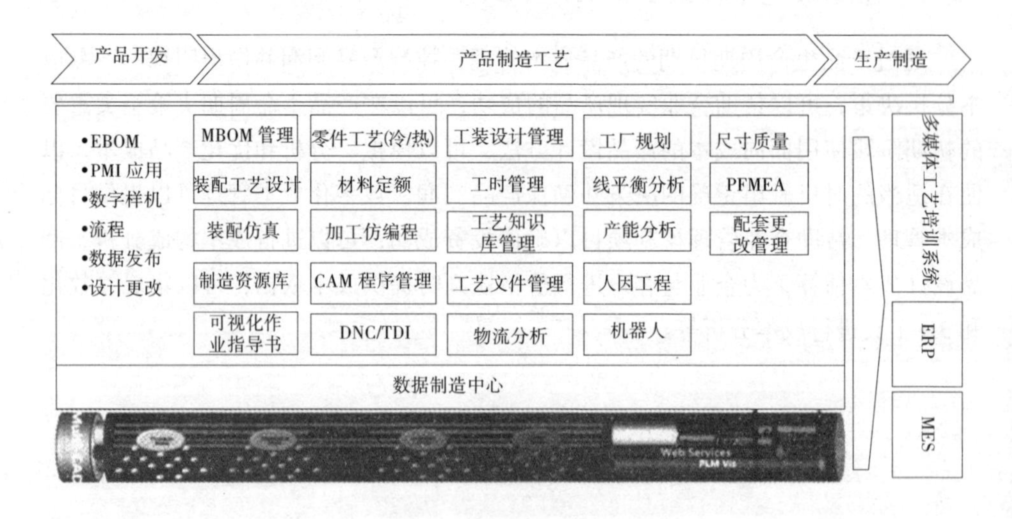

图 7-4　数字化制造系统框架

二、基于 3PR 模型的单一数据源管理

数字化制造平台基于 3PR 数据模型进行数据管理（如图 7–5 所示），将产品、工艺、工厂、制造资源等数据整合为统一的 LDA（Lifecycle Data Architecture）数据架构，形成企业单一的数据源，确保数据的唯一性和准确性。从而建立模型化、结构化、标准化、可定制的三维数字化制造系统。

基于数字化制造平台，可直接使用三维产品 / 资源模型，以结构化及 3D 可视化的工艺形式进行工艺规划和工艺过程仿真，有效管理 PBOM、工艺 / 工序 / 工步数据、工装设备等生产资源数据、工厂 / 生产线 / 装配区等生产布局数据，形成企业单一的数据源，保证生产过程中工艺、设备、工装使用的准确性，输出符合企业标准的 3D 工艺卡片和作业指导书，并通过与 MES、ERP 集成来实现设计和制造协同。

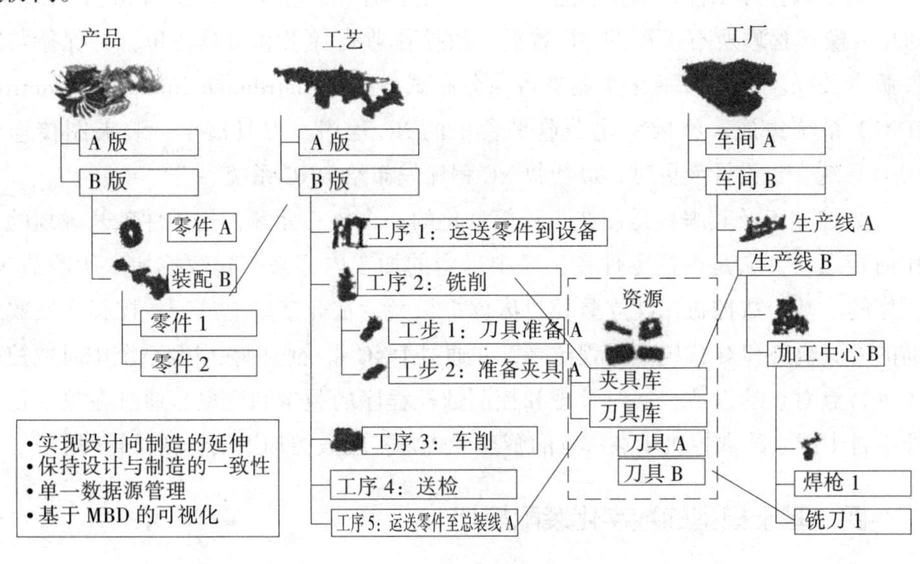

图 7–5 3PR 数据模型

三、基于模型的数字化零件制造规划

（一）零件制造工艺规划与设计

基于模型的零件制造工艺解决方案包括产品设计数据获取、工艺设计、工装设计、工艺仿真、工艺卡片与统计报表、MES/ERP 集成、知识与资源管理等核心

功能，可以实现从产品设计到工艺、制造的业务集成。基于 MBD 的零件制造工艺的主要特点是可以利用 3D 工序模型及标注信息来说明制造过程、操作要求、检验项目等。

零件制造工艺解决方案实现真正意义上的设计与制造协同，直接利用设计 3D 数据进行结构化工艺设计，关联产品、资源、工厂数据，支持 3D 工序模型生成和 3D 标注。紧密集成 CAM，实现 NC 程序、刀具、工装、操作说明与工序、工步的关联和管理。通过对典型工艺、工序、工步的模板化应用，实现知识重用，能够根据需要通过结构化工艺自动生成指定格式的工艺卡片，自动输出各类工艺报表，提高工艺设计效率和质量。

（二）数控编程管理与分布式数控（DNC）

对于数控加工件，零件制造工艺解决方案基于工艺流程规范（Bill of Process，BOP）模式管理所有工序的 NC 数据、数控作业指导书和刀具清单，并保持与零件版本关联。通过数字化企业平台与分布式数控（Distributed Numerical Control，DNC）系统集成，将数字化企业平台中的 NC 程序、刀具清单、装夹图传递给 DNC 系统。当设计变更时，最新版 NC 程序发布给 DNC 系统。

数控加工及其编程是制造工程信息化的一个核心元素，是零件工艺规划的工作内容之一，它是根据零件在工序中确定的加工内容来创建数控加工所需的 NC 程序的。基于数控机床建立数控机床虚拟模型，在此基础上进行数控程序发放之前的刀位轨迹和 G 代码全过程仿真，并通过 DNC 系统组网在研制系统中对数控程序进行点对点的发放，同时管理和控制数控程序的版本和变更，通过在数字化企业平台中建立的数控机床点对点的管理形式，实现数控加工编程精益管理。

四、基于模型的数字化装配规划

在产品真正制造出来之前，在虚拟制造环境中以数字样机代替物理样机进行各种试验，对其性能和可制造性进行预测和评价，可缩短产品设计和制造周期，降低产品的开发成本，提高产品快速响应市场变化的能力。基于 MBD 的数字化制造平台装配工艺解决方案（如图 7–6 所示）可以满足这一要求，它由工艺路线规划、MBOM 管理、结构化工艺设计、工艺仿真与优化、可视化工艺输出、工艺统计报表部分组成，可实现各环节的数据管理，能够与产品设计、工装设计、维护维修、试验测试等进行数据共享和协同，与 ERP、MES 实现系统集成。

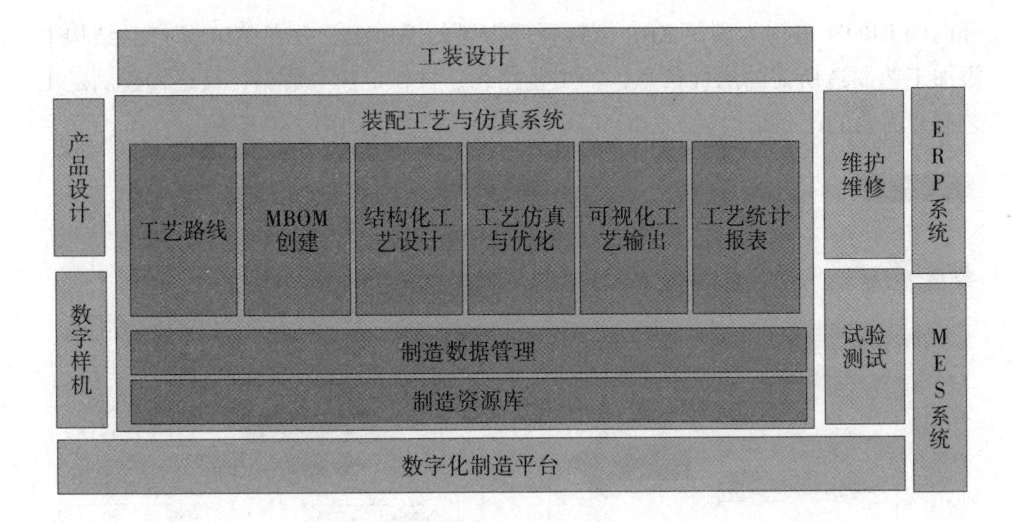

图 7-6　装配工艺解决方案

（一）数字化装配工艺规划与设计

数字化装配工艺规划所涉及的信息类型主要包括 EBOM、MBOM、工艺路线以及工艺流程规范（BOP）。具体来说，工艺人员以设计部门发放的针对特定型号的 EBOM 作为输入信息，引用企业最佳实践知识及以往的工艺设计经验，并参考企业现有的生产组织形式、可利用的制造资源以及相关的工艺规范等，定义装配工艺路线。针对工艺路线里的每一道工序（或子工艺），工艺设计内容包括该工序（或子工艺）的装配方法、装配工位、装配对象（中间件及消耗物料）及装配次序等信息。以此为基础，工艺路线里的设计内容得到进一步的丰富，包含每道工序所需的装配资源信息（设备、工夹量具、工人技能水平等）、工序图、在制品模型、测试及质量控制信息、装夹及测量的注意事项、材料及工时定额信息、详细工步信息等。工艺规程经过验证及优化后，可输出为指定格式的工艺卡片或采用 EWI（电子作业指导书）方式延伸到车间，指导装配作业。

基于 MBD 的装配工艺解决方案把装配工艺仿真放在 PLM 环境中统一考虑，提供在 PLM 环境下的装配工艺仿真能力，可以与数字化装配工艺规划结合起来，以方便地验证装配工艺规划的准确性和合理性。

（二）基于 MBD 的 MBOM 管理

制造部门需要从制造装配的角度，按照制造分工和资源的组织，将来自设计部门的 EBOM 重构为满足 ERP 物料管理需要的 MBOM，并在 MBOM 产品结构中添加工艺制造所需的属性信息，如工艺路线、材料定额等数据，最终构建满足工艺制造需要的产品结构树。EBOM 到 MBOM 的转换，如图 7-7 所示。

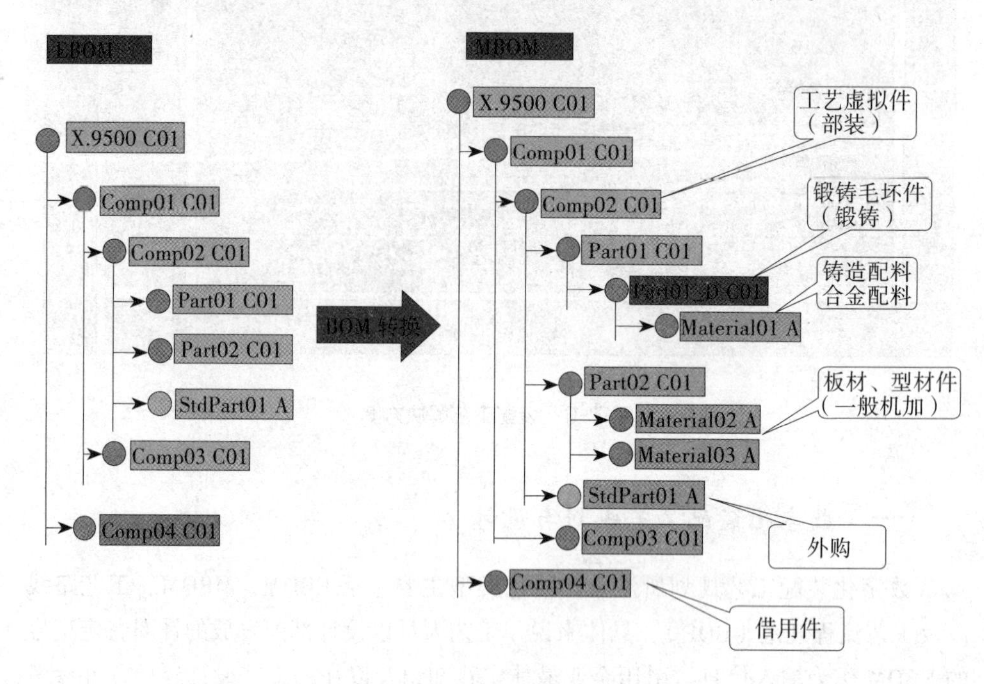

图 7-7　EBOM 到 MBOM 的转换

数字化企业平台能够提供直观、易用的 BOM 重构能力，使得工艺人员可以在 3D 可视化环境下进行 BOM 编辑工作，基于产品 EBOM 快速准确地创建出 MBOM，并提供可信度检查工具，帮助工艺人员确定 EBOM 中的所有物料都已被制造工艺所用，没有错、漏件。数字化企业平台能够贯通产品设计与制造 BOM 信息流，为 ERP 提供准确的 BOM 数据。

（三）数字化装配工艺验证

装配过程仿真提供了一个三维虚拟制造环境来验证和评价制造过程和制造方法，包括虚拟装配仿真、人机工程仿真、拆装过程仿真等。评价工装、设备、人员等影响下的装配工艺和装配方法，检验装配过程是否存在错误，零件装配时是否存在干涉、碰撞。如有问题可直接在装配仿真环境中调整，结果会反馈到工艺设计环境中更新原工艺数据。装配过程仿真把产品、资源和工艺操作结合起来分析产品装配的顺序和工序流程，并在装配制造模型下进行装配工装、夹具动作、产品装配流程、产品装配工艺性的验证，达到尽早发现问题、解决问题的目的。

装配工艺仿真能够提供产品的装配顺序规划、布局规划、建立装配路径、进行动态分析、自动路径规划、工时计算、作业平衡、可视化装配仿真结果输出等能力。

五、基于模型的电子作业指导 EWI

在数字化制造系统中工艺编制完成以及工艺仿真验证后，数字化制造系统以电子作业指导书的形式发布到车间。车间操作者通过移动终端或手持设备，进行交互式操作，查看 EWI 信息，获取作业指导，并可将现场作业信息填报反馈到系统。

EWI 格式可按预先定义的不同模板自动生成。信息可从数字化工艺平台中提取。消耗资源或装配件清单从对应的工序或工步中提取。操作步骤从工序或工步中提取，工序图从 3D 快照中选用，可查看 3D 模型及标注。工艺仿真中产生的动画可链接到指导卡中。EWI 可以彻底解决工艺变更问题，是推广的方向。

六、基于模型的人因工程仿真

在产品的装配过程中，有大量的人工参与装配作业，如何安全、高效、保质地完成任务是企业目前面临的问题。在这方面，人因工程仿真可帮助企业在安全生产的基础上提高产品的质量和生产效率。

通过人因工程仿真的应用，可以对生产过程中的人工作业进行仿真分析和人因评估。人因工程分析能详细评估人体在产品制造过程中的一些行为表现（如动作时间、工作姿态好坏和疲劳强度等），可快速分析人体可触及范围和人体视野，从而分析装配时人体的可操作性和装配操作的可达性，减小劳动强度，保护工人的人身安全和健康。人因工程还可以分析人体最大或最佳的触手工作范围，帮助改善工位设计，能进行动作时间分析，支持工时定额评估标准来达到工位能力的平衡，简化工作并提高效率。

七、虚拟工厂布局设计

正如产品设计需要参数化一样，工厂布局设计也需要一种可视化、参数化的设计手段，可以配置生产线 3D 模型、工装 / 夹具 3D 模型、生产线人因模型以及整个工厂模型。使用 3D 工厂设计可以快速实现生产线布局设计，并能快速直接基于 2D 图形进行 3D 模型设计。工厂设计系统内置大量的智能工厂模块对象，包括工厂中所用的各种资源：从地面和高架输送机、通道和起重机到物料集装箱、机器人、设备、器件等。借助这些对象，可以“拼装”出数字化工厂布局模型，而不用再花大量时间来绘制生产设施，能够减少 3D 工厂设计的时间。使用智能对象技术，模型存储量应比较小（比 2D 文件还小），能够避免大数据量造成的运行性能问题，可适用于整个工厂的 3D 布局设计。3D 工厂模型可以直接提供给物流分析、离散事件仿真等软件使用，开展工厂整体仿真分析。

八、制造系统成熟度分析

生产过程是一个复杂的过程，包括各种生产设备和输送设备，特定的工艺过程、生产控制策略和生产计划等。针对当前越来越复杂的生产系统，必须使用有关的软件工具对复杂的生产系统和控制策略进行仿真、分析、评估和优化，评估生产过程的成熟度。工厂仿真可以仿真各种规模的工厂和生产线，可以对各种生产系统，生产的节拍、批量、生产单元、机群等进行仿真、分析和优化，可以在考虑不同大小的订单与混流生产的复杂情况下，优化生产布局、资源利用率、产能以及整个物流和供需链。

使用工厂仿真可以为生产设备、生产线、生产过程建立结构层次清晰的模型。这种模型可以包括供应链、输送系统、储存系统、生产资源、控制策略、生产过程、管理过程等。通过内置的各种分析工具、统计数据和图表来评估不同的方案，并在生产计划的早期阶段做出迅速而可靠的决策，降低制造风险。

九、物流仿真

物流布局仿真分析可以基于物料流动的距离、频率和成本等基础数据，考虑零部件加工路线、物料存储要求和运送设备要求等因素来评估、优化车间布局。分析结果有助于改善物料流动，降低间接人工成本并避免昂贵的质量成本。

物流布局仿真分析能够提供快捷、简单的方式来图示和量化布局图中的物料流。物流布局分析可以自动生成物流图表，可以计算移动距离、时间和成本等数据，这些物流数据可以输出到报告和电子表格中。物流布局分析采用宽度变化的物流线，根据操作员、零件或物料搬运方式进行颜色编码，可以快速看出布局应该如何安排，以及哪部分多余的操作员和物料搬运可以从加工过程中去除，从而得到更少浪费的顺畅的物流。

十、机器人离线编程与仿真技术

目前，越来越多地利用机器人作业替代人工作业，以提高生产效率，降低生产成本，提高产品质量，提高生产安全性。机器人作为一种通用机械设备具有相当多的优点，通过重新编程，可以完成不同的工作任务。当机器人改变工作任务时，通常需中断机器人的当前工作，先对机器人进行示教编程，然后机器人按照新的程序执行新的工作。若借助于机器人仿真系统就可先在仿真系统上进行离线编程，然后将经过优化的程序上载到机器人中，机器人便可按照新的程序执行新的工作。在此过程中，机器人不必中断当前的工作，从而提高了生产效率，而且既经济又安全。

机器人仿真能够在由产品和多类制造资源所构成的环境中，进行机器人工作单元验证和自动化制造过程的设计、仿真、优化、分析和离线编程。机器人仿真能用于优化焊接、装配工艺过程并计算节拍时间。机器人仿真可用于早期评估制造周期、成本和项目投资，并把设备完全用于生产而不是浪费在程序开发上。利用机器人仿真能够创建最恰当的设备组合，以满足特定的制造要求，更高效地将产品推向市场。

第四节　数字化车间实践

一、背景与需求

飞机复杂结构零件包含梁、框、肋、接头、壁板等，是满足飞机复杂气动外形要求、承受多种载荷作用、满足疲劳寿命等指标要求的关键零件。过去受技术条件限制，传统的结构零件通常由多个小零件通过铆接等方式组合成完整的结构件，加工方式多为常规的机械加工。

航空工业成都飞机工业（集团）有限责任公司数控加工厂（以下简称“成飞数控”），是从事航空产品大型复杂结构零件数控加工的专业厂。从20世纪90年代中期开始，成飞数控的生产格局由过去传统的单一产品批量生产，向现代航空产品研制与国际转包等多项目混线生产转变，企业在转型过程中面临较大的挑战，复杂结构件数控加工一度成为新产品研制的瓶颈，主要面临以下3个问题。

（1）产品技术复杂性提高，零件加工难度加大。为满足用户提出的性能指标要求，在现代航空产品结构设计中，普遍采用了整体结构零件，需要使用数控机床加工的零件大幅度增加。这些零件构成机身、机翼理论外形，形状复杂、体积大、壁薄，加工难度显著增加。

（2）数控加工效率低，不能满足新产品快速研制的需求。从传统产品向新产品转换过程中，由于缺乏对新产品材料与结构、工艺方法、切削参数的技术研究与实践积累，加工效率低，单位时间内材料去除率与国外先进水平相比有较大差距，不能适应产品研制进度需求。

（3）设备利用率低，生产能力未充分发挥。从过去单一品种批量生产组织方式向多品种、小批量以及新机研制与批量产品混线生产方式转变的过程中，车间的生产管控方式面临挑战。生产计划、作业调度、资源准备、现场加工、物流管理等环节缺乏统一的协调，生产现场经常出现原材料、刀具、夹具等资源短缺情况，设备用于实际加工的时间偏低。

成飞数控曾经对数控设备利用率进行了统计（如图 7-8 所示），统计结果表明数控机床实际用于切削的时间只占 23%（国外先进水平为 60%~80%），用于生产准备的时间占 28%，超过了切削时间，而因为计划排程不合理导致的空闲等待时间占到了 18%。

提高数控效率，成为包括成飞数控在内的国防工业数控车间面临的共性问题。为满足国防装备产品的需求，国防企业数控设备大幅度增加，然而由于技术、管理、人才等多种原因，这些数控设备的能力并没有充分发挥，设备利用率平均不到 30%，与国外先进应用水平相比，差距极大。

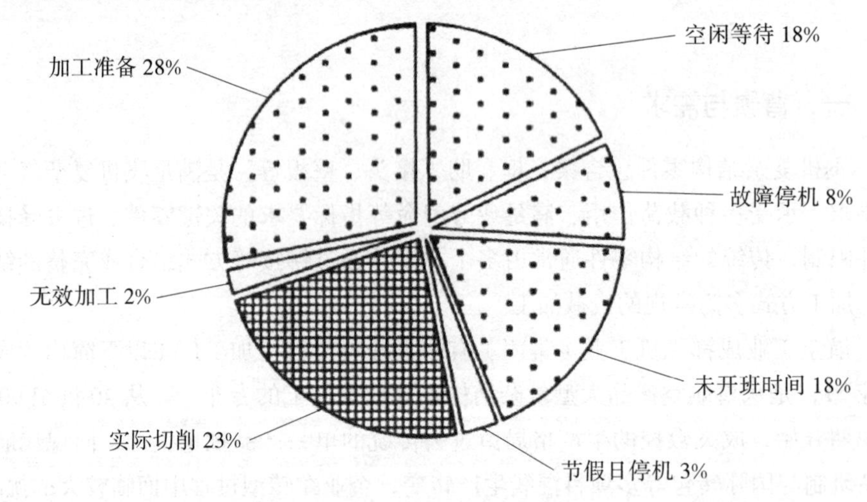

图 7-8 数控设备利用率

针对国防工业数控效率低这一共性问题，原国防科工委实施了“高效数控加工技术研究”“千台数控机床增效工程”等科研项目和重点工程，其目的是通过数控加工技术、数字化制造技术的研究应用和相互融合，提高数控应用效率，满足国防装备研制及国际合作转包生产的需求。

二、数字化车间总体方案

近年来，航空产品研制模式进入了数字化设计 / 制造 / 一体化和跨地域并行协同研制时代，从过去传统的基于物理样机的串行研制模式向基于数字样机的并行协同模式转变。成飞数控属于零件生产环节，根据从航空产品设计研发到售后服务全价值链上的分析，零件生产处于中间环节。要完成虚拟产品到实物产品的生产，生产车间必须应用数字化技术，实现零件生产这一中间环节与上下游之间的流程对接和信息集成，建立适应零件数字量传递的数字化工艺设计、数字化加工检测以及数字化生产管理的综合集成应用环境。

其次，零件生产环节处于实物产品加工阶段，必然牵涉生产计划的安排、原材料的投入、生产现场的调度、生产资源的准备等生产组织管理流程。近年来在市场需求的牵引下，成飞数控的生产格局已经从过去的单一品种的批量生产，演变为多品种多项目交叉、新机研制与批量生产项目混线、国内与国外客户订单并存的生产格局，按传统的生产方式和管理流程组织的制造系统已无法适应快速多变的市场需求。因此在零件生产车间内部，建立连接车间各职能部门和生产单元之间的具有快速响应能力的内部流程，借助信息集成、数据采集监控等技术，实现生产物流、生产资源、设备加工状态的显性化和部门业务协同，才能适应在多品种变批量、多项目并行交叉等复杂环境下，车间内部各种资源的优化配置和快速组合，提高生产车间的快速应变能力。

另外，在现代航空产品中，复杂整体结构零件所占比例大幅度增加，加之难加工材料、复合材料等新材料的应用，不仅导致零件工艺方案设计、零件加工难度显著增加，同时多项目平行交叉生产也大大增加了生产组织管理难度，对技术人员、操作工人、管理人员的综合素质提出了更高的要求。因此，要应用知识工程思想，将各类复杂结构零件的工艺方案知识、各类新材料的切削参数、零件加工的质量历史数据、生产运作的各类经验期量数据进行充分的挖掘和整理，借助 IT 技术将这些经验、规则、标准、方法进行结构化和标准化，为各类工艺设计、生产运作、现场操作等业务流程提供可共享的知识库，为信息系统的高效运作提供基础数据支撑。

为此，成飞数控提出了构建数字化车间、提高数控设备综合应用效率的总体方案及思路：针对航空复杂结构零件生产实际，建立覆盖零件工艺规划、生产计划、资源管理、计划执行、作业调度、现场工况采集以及车间综合统计分析等环节的数字化综合集成环境（如图 7–9 所示），实现工艺信息、计划信息、物流信息以及车间经营信息的共享与集成，提高设备利用率；开展数控切削工艺基础技术研究应用，建立包括典型零件工艺方案、切削参数的工艺知识库，为零件工艺设计与程序编制提供支撑，提高数控切削效率；进行生产期量数据、刀具工装等生产资源数据库以及成本定额等管理类基础数据库的建设，为生产计划、资源管理、统计分析等提供基础数据，提高管理效率。

过去，成飞数控对数字化工艺设计、车间生产管控信息化等方面进行了多年的探索和应用，在结构件 CAD/CAPP/CAM 工艺设计、数控车间制造执行 MES 等单项技术研究应用方面具有一定的基础。因此，基于数字化单项技术现状，成飞数控按照集成环境建设、基础数据库建设、综合集成应用等阶段，分阶段推进数字化车间建设。

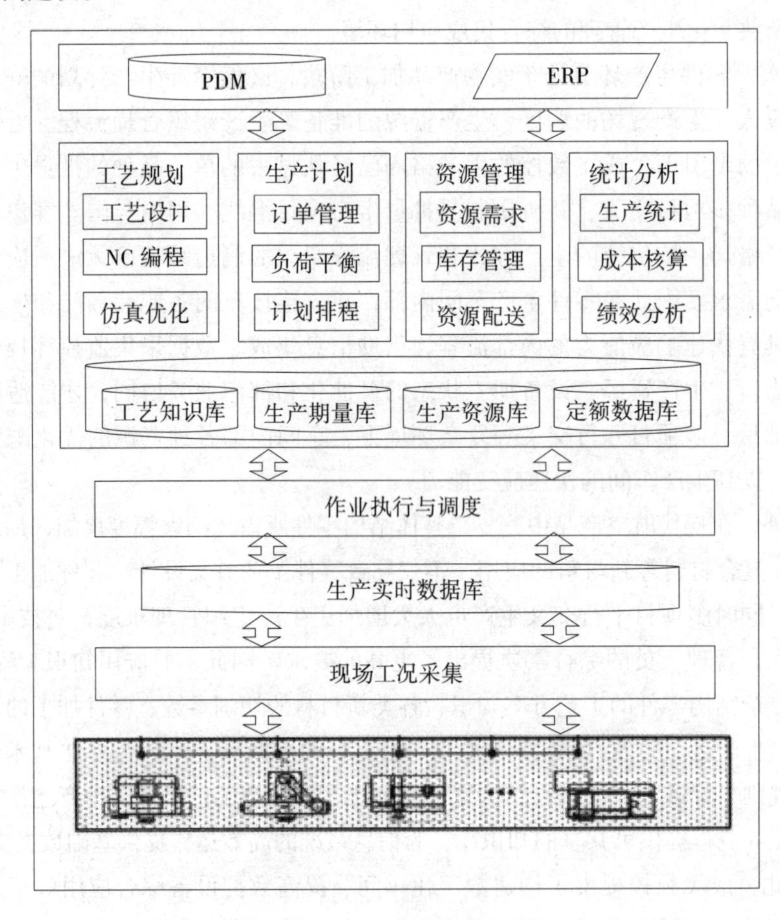

图 7-9　数控设备利用率

三、数字化车间实现

（一）集成环境建设

数字化车间是数字化技术与制造技术、管理技术相互融合形成的一种制造车间模式，它一方面以产品三维模型作为制造依据，利用数字化工艺规划（CAD/

CAPP/CAM）、生产计划管理与调度（MES）、数控设备、生产现场采集监控（DNC）等数字化软硬件设备和技术，完成从虚拟产品的数字化设计到实物产品的数字化制造的转化；另一方面，它将信息集成技术和基于流程的各种管理思想相结合，将制造车间内部的工艺设计、计划调度、资源保障、现场管控等业务功能和信息进行集成，围绕制造车间的核心生产流程建立多部门综合协同的集成环境，形成信息流自动化和物流快速流动的集成制造系统，从整体上改善生产的组织与管理，提高制造系统的柔性，提高数字化设备的效率。

成飞数控在数字化车间建设过程中，先后通过基于PDM的零件数字化工艺设计系统CAD/CAPP/CAM、数控车间制造执行系统MES、生产资源管理系统、数控机床DNC实时数据采集监控、生产绩效管理等系统的开发与集成应用，建立了覆盖车间主要业务功能和工艺信息、计划信息、控制信息、经营信息等相互融合的综合集成环境，沿着产品研制流程，从接收企业ERP的零件订单和PDM的产品三维模型数据开始，在车间内部经过数字化工艺设计、生产计划编制、作业调度管理、生产资源管理、产品加工过程控制，直到产品交付全流程，实现了零件生产与上下游环节以及车间内部业务的集成。数字化车间综合集成环境，如图7-10所示。

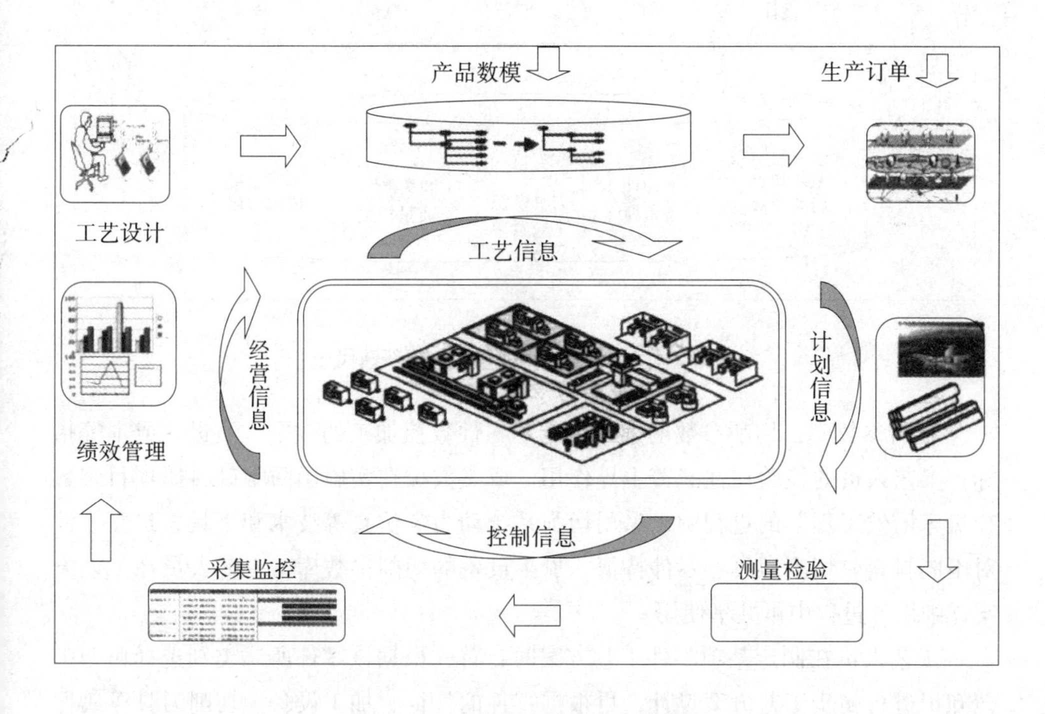

图7-10　数字化车间综合集成环境

（二）基础数据库建设

在航空零件数控加工行业，大型复杂结构零件的高效精密加工技术、各种难加工材料切削加工工艺知识、支撑企业运作的管理类基础数据等，是企业在长期实践活动中的积累，具有不可替代性，属于企业的核心资源。应该借助信息化技术和工具，对这些宝贵的资源进行总结和提升，将其变成规范的、可共享的知识资源，为数字化制造系统的运作提供支撑。

成飞数控在数字化车间实施过程中，重点加强了工艺知识、切削参数、管理类期量数据库及规范标准等知识资源的开发和利用，借助数字化集成环境，实现了知识的收集提炼、集成共享、实际应用、完善更新的积累迭代。基础知识库积累与更新迭代，如图 7-11 所示。

典型零件工艺知识库：针对航空结构零件的框、梁、肋、壁板、接头等典型类别，将过去零散的、以个人经验形式存在的“know-how”进行归纳分析和总结提炼，建立了与工艺设计 CAD/CAPP/CAM 系统集成的、可共享的工艺知识库。

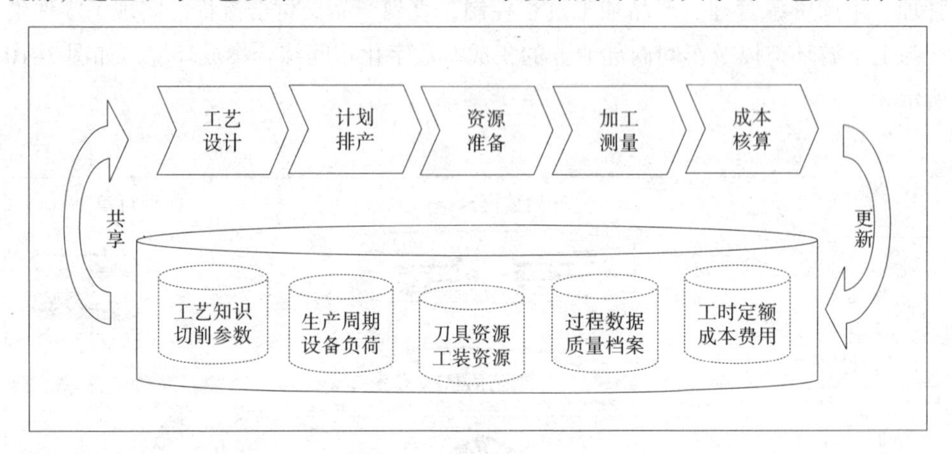

图 7-11　基础知识库积累与更新迭代

切削参数库：切削参数的选择决定了零件数控加工的效率、质量、成本等指标，工艺人员的经验往往起着主导作用。成飞数控在实施国防基础科研项目“数控机床增效工程”的过程中，采用切削系统动力学仿真等技术和工具，建立了针对不同材料、切削刀具、零件特征、加工设备的切削参数库，工艺人员在工艺方案详细设计过程中可共享使用。

工艺人员在制定某项零件工艺方案时，首先根据该零件所属类别选择典型工艺知识进行初步工艺方案设计，再根据零件的特征、加工设备、切削刀具等属性选择详细的切削参数，这样可以保证工艺方案的规范性和切削参数的合理性。

管理类基础数据库：信息系统在长期的实际运行中，积累了大量的历史运行数据，这些数据详细记录了历史上每项零件的投入批量、工序过程记录、加工周期、质量记录、成本消耗等，成为企业管理和信息化建设的宝贵资源。成飞数控组织了多个项目团队，采用仿真分析、实时监控和经验分析等方法，对历史数据进行进一步的分析挖掘和规范统一，形成了经济投入批量、材料定额、工时定额、加工周期、成本消耗等管理类期量数据库，这些基础数据库为企业的计划排产、质量管理、成本控制、绩效评价等业务活动提供了量化的依据，也为整个数字化制造系统运行提供了数据支持。

规范及标准：为提高零件的可加工性，加强与航空产品设计研发部门的沟通，提出了航空结构零件设计建模规范，建立了数控刀具系列化、复杂结构零件操作规范、数控设备操作规范等。

（三）综合集成应用

大型复杂结构零件工艺流程通常包括下料、基准加工、粗加工、半精加工及精加工、检验测量、钳工打磨等数十个工序，需要多次的物流转运。因此，缩短结构件制造周期、提高生产效率，一方面要提高材料切削效率，同时要提高从毛坯到成品零件的全过程的生产效率，这涉及工艺设计、生产计划、作业调度、资源准备、质量控制、成本管理等多个业务环节的综合集成与协同。

成飞数控对车间的核心生产物流进行系统分析和梳理，以车间制造执行系统MES应用为核心，以实现基于零件生产物流的多业务环节综合集成应用为目标，采用多项目综合平衡计划、基于计划的资源预先准备和配送、物流过程数据采集、物流显性化、现场故障实时公告、职能部门快速响应现场故障等方法，提高生产物流的流动速率，如图7–12所示。

（1）多项目综合平衡计划。过去的计划模式是各项目主管计划员负责编制各项目月份生产计划，生产单元负责每天班计划的制订，导致车间计划与单元计划脱节、计划衔接不合理或者瓶颈资源负荷过重等情况。

成飞数控实施了多项目综合平衡计划模式，组成统一的计划编制团队负责车间月计划和单元班计划的编制，整个计划团队根据多项目总体交货进度要求，综合平衡数控设备等生产资源的负荷，借助作业计划排产软件，编制车间综合生产计划，减少了计划管理层次，加快了生产现场响应速度。

（2）基于计划的生产资源预先准备和配送。为减少数控机床停机时间，成飞数控借助生产计划系统和资源管理软件系统的集成，建立了基于作业计划的生产资源预先准备和配送体系，采用条码技术实现库存、出入库、配送等过程的高效管理。

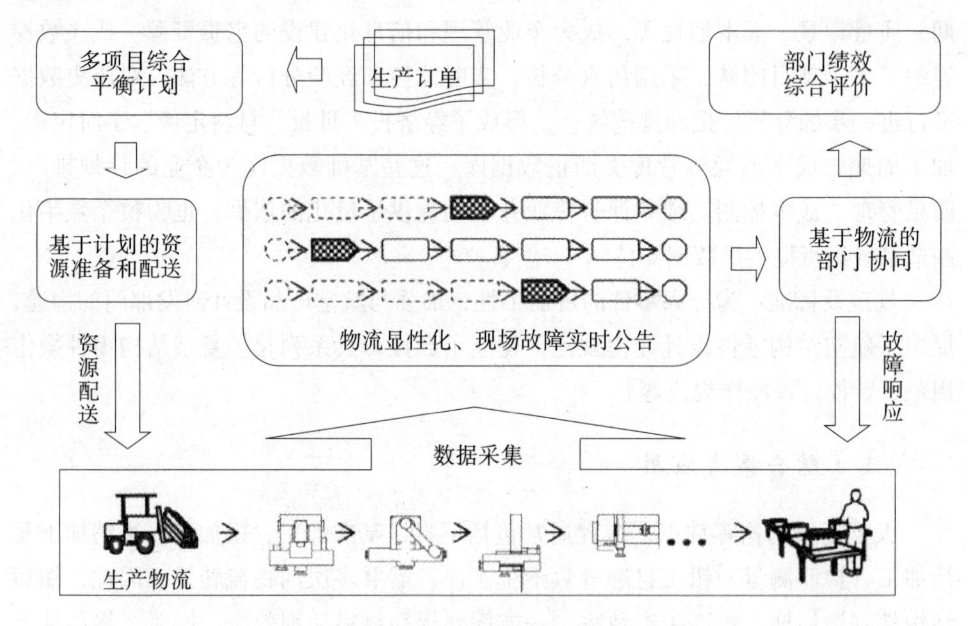

图 7-12　基于生产物流的综合集成应用

计划员在制订下一个班计划的同时，通过集成化的信息系统自动生成下一个班的资源配送计划并通过网络直接传递至生产准备部门。生产准备部门提前一个班次进行刀具、夹具的组装、测量、出库，并将准备好的刀具、夹具送至数控机床现场，同时将该机床上一个班使用后的刀具进行统一回收。通过资源现场配送的实施，优化了资源准备流程，缩短了设备停机准备时间，提高了设备利用率。

（3）建立生产现场故障快速响应机制，缩短现场故障响应时间。生产物流在流动过程中，往往会出现由于工艺问题、设备故障等原因出现停顿，这种情况在新机研制中尤其突出。据统计，成飞数控车间现场故障月均发生 1300 余次（包括设备故障、物料周转、资源协调等），通过现场快速响应机制，故障处理时间从 50 分钟缩短为 20 分钟以内。

成飞数控借助信息化技术，开发了基于 WEB 方式的网络化制造数据采集 DNC 系统，对生产现场的设备运行情况、零件加工信息、生产过程故障情况进行实时采集和监控。在数字化协同平台上将生产物流过程和现场故障显性化，建立了故障实时在线公告与协同处理机制，对职能部门的故障处理过程进行动态监控。

通过采用这一机制，缩短了现场问题处理时间，提高了生产物流的流动速度。

（4）数字化车间综合集成应用，提高了数控生产效率。在零件工艺设计阶段，直接以零件三维模型为制造依据，应用数字化工艺设计（CAD/CAPP/CAM）和仿真系统，缩短了工艺准备周期。通过各类典型零件工艺方案、工艺知识库、切削参数库等知识资源的共享和重用，改变了传统的凭个人经验设计的方式，提高了工艺设计的质量和规范性。

在零件加工阶段，通过集成网络环境，工艺规程、加工程序以及作业计划信息等数据能快速地传递至加工现场，零件加工所需的辅助资源由专人及时准确配送至机床设备，机床加工中出现的各种故障信息通过网络化 DNC 数据采集系统精确实时传递至相关职能部门，缩短了生产准备时间和故障处理时间，提高了数控效率。

在车间生产组织管理方面，围绕零件生产流程实现了工艺设计、计划调度、资源准备、物流转运、设备维护、质量控制等多部门的综合集成，零件生产涉及的计划信息、调度信息、资源需求、物流周转、生产完成情况通过 MES 等数字化软硬件系统及时准确地分解传递和统计分析，生产物流和业务流程效率明显提高。

通过对制造系统运作数据进行统计分析，数控设备利用率由过去的 23% 提高到现在的 60%，复杂结构零件的研制周期由过去的 24 个月缩短至现在的 7 个月，零件首架次合格率由过去的 79% 提高到现在的 94%。

四、面向飞机大型复杂结构件的智能制造技术探索与实践

在飞机大型复杂结构件智能制造领域，推进数字化车间向智能制造车间转型，从执行层、感知层、评估及决策层、集成管控层开展智能制造相关单项技术研发落地工作，力争在飞机结构件智能编程、作业现场大数据融合、加工过程智能监控、制造车间智能管控等专业实现重点突破。

（一）基于传感器网络的加工过程大数据智能融合技术

在结合飞机结构件制造过程的多源异构数据融合模型和其处理算法的基础上，将飞机结构件工艺信息、生产计划信息、实时加工信息融为一体，实现对车间生产、制造、物流、资源宏观和微观信息的准确记录。结合实时加工和制造流程信息，对异构数据模型进行自动识别和智能化处理，同时结合车间综合管控的实际需求，开展基于滑动平均模型进行相似性预测的时间序列分析，通过预测未来时间的数据模型从而预测未来的生产趋势，建立基于多源异构数据融合模型的时间序列分析技术和预测分析机制，为生产管控提供智能决策支持。

时间序列分析是数据挖掘与系统分析的重要方法之一，其应用范围越来越广泛。在生产系统中存在大量时间序列，具有很强的偶发性、波动性。研究分析和处理时间序列，目的是为了揭示生产系统中各类指标本身的结构和规律，认识生产系统的动态特性，掌握生产系统与环境的关系。时间序列模型可分为自回归（Auto Regressive，AR）模型、滑动平均（Moving Average，MA）模型、自回归滑动平均模型（Auto Regressive Moving Average，ARMA）和累积式自回归滑动平均（Auto Regressive Intergrated Moving Average，ARIMA）模型等。其中，AR 模型描述的是系统对过去自身状态的记忆；MA 模型描述的是系统对过去时刻进入系统的数据的记忆；而 ARMA 模型则是系统对过去自身状态以及各时刻进入的数据的记忆，是 AR 和 MA 模型的结合。ARIMA 模型主要用来描述非平稳时间序列；而 ARMA、AR、MA 模型主要用来描述平稳时间序列。对于非平稳 ARIMA 模型可以通过差分转化为平稳模型来处理。

利用时间序列预测法预测生产信息需要总结与归纳大量的历史实时数据得出反映其变化规律的数学表达式，进而建立起预测模型来进行预测，故输入的历史数据对预测模型的建立及参数的选取有很大影响。因此，合理地选择输入样本，可以有效地提高预测模型的精度。经过相似分析后得到的子模型，也是实时数据特征数据，通过对这些特征数据的实时序列分析，将生产、加工、资源、物流等宏观和微观信息输入时序分析，再将预测结果输出，得到时序分析后的预测分析结果。

最终通过时序预测分析的特征提取和特征分析，建立实时数据预测库，结合异常信息和多维扰动因素分析，建立一套完整的预测分析机制，并通过预测分析机制对生产、物流、工艺、制造、资源信息的宏观和微观实时数据分析处理，反馈未来生产趋势，为整体生产管控提供智能决策基础。

（二）数控加工过程智能监控技术

参照 CPS 体系结构，构建面向飞机结构件数控加工过程的智能监控平台，是实现传统数控机床向智能加工机床升级的重要途径。通过对数控机床运动部件精确建模及数控机床坐标联动控制机制、各组坐标轴耦合关系的动态解析，在自主开发的三维仿真平台中实现了数控机床静态模型、动态运动部件的动态加载和交互式控制。同时，结合对数控机床实际加工过程原点设置、刀具参数的采集及工装、毛坯状态的自动检查，自动构建数控机床虚拟仿真运行环境，通过数控机床实时数据采集器采集的高实时度（毫秒级）的机床实际运行数据，实现数控机床实际加工过程的超低延时、高仿真度的三维可视化复现。

数控加工过程智能监控平台体系结构，如图 7-13 所示。

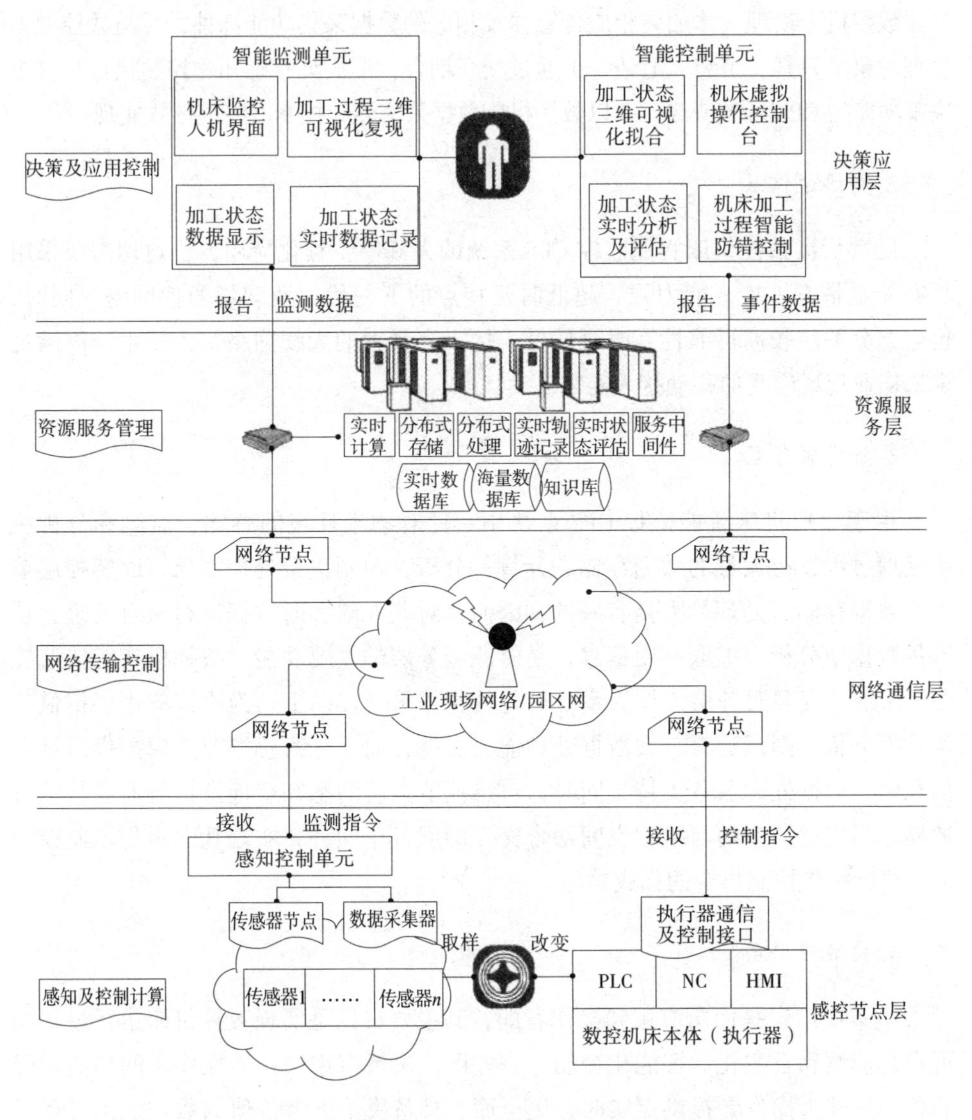

图 7-13　数控加工过程智能监控平台体系结构

1. 感控节点层

数控加工智能监控 CPS 的感控节点层，是 CPS 与数控机床实际物理过程的交互点。感控节点层包含了 CPS 的物理元素，数控机床实体、运动部件、传感器、各类物理控制器、驱动器和数控加工物理对象及资源（如刀具、工装、毛坯）等，主要涉及控制技术、嵌入式系统、感知技术、通信技术等。

数控机床智能监控系统实现的核心，是感知功能的构建和感知网络的融合。通过在数控机床物理实体加装相应传感器及相应的数据采集功能部件，并与数控加工物理对象（刀具、工装、毛坯等）通过交联耦合，形成具有感知、控制执行与自主决策功能的 CPS 感控节点，并以数控机床数据采集器和控制网络的形式实现。

2. 网络通信层

随着后续数控机床智能监控 CPS 系统的大规模工程化应用，仍迫切需要采用具有充足带宽、接入能力强、超低时延特点的下一代工业现场通信网络。同时，也应充分关注较高可靠性、时延较低、接入容量大的无线网络接入技术，以满足未来作业现场广泛的移动接入需求。

3. 资源服务层

由于数控机床智能监控 CPS 系统中，针对物理环境的感知、监测和分析决策处理过程，有大量的数据存储、计算、分析、控制决策处理需求，而感控层节点的数据存储、处理能力是有限的，因而，对获取的实时数据进行融合处理，从海量数据中分析、提取有用信息，是资源服务层的主要功能。数控机床智能监控 CPS 系统的资源服务层，作为系统运行的支撑平台，向上，为决策应用层提供各类数据分析、图形运算、大数据处理能力支持；向下，为感控节点层提供海量数据存储、数据处理服务支持。同时，对感控节点层的感知组件及执行器进行抽象建模，形成虚拟空间与物理空间融合交互的服务中间件，实现状态报告、监控指令、机床操作控制指令的集成功能。

4. 决策应用层

决策应用层是面向应用和操作者的，其主要目标是实现数控机床运行过程的可视化监测和自主化、智能化控制。一方面，决策应用层作为操作者的功能增强装备，能够为操作者提供更实时、更全面、具备决策参考价值的数控加工过程工况信息和智能分析评价数据，以提高操作者对整个数控加工过程的感知、控制能力；另一方面，作为具备高度自主性的智能监控系统，决策应用层利用内嵌的大数据计算、智能数据分析能力，对实际加工过程进行实时状态评估，可实现智能化的加工过程预测、异常报警和智能防错控制，这使数控加工过程进一步向智能化、少人化甚至无人化方向演进成为可能。

系统基于“感知—分析—决策—控制—反馈—评估”的闭环控制机制，在准确评估数控加工过程运行状态的基础上，智能提取数控加工过程的异常和例外信息，结合已经建立的数控加工过程异常状态响应和处理规则，研究并突破了加工时间智能预测、加工状态智能评估、异常状态自动预警等关键技术。目前，系统已实现基于状态评估规则和预定义操作流程的NC程序加载控制、原点校验、刀具参数及刀具补偿数据校验等，并可对数控加工过程主轴负载异常、功率突变等状态进行有效识别和报警，有效地提高了数控加工过程的智能化监控水平。

（三）制造车间智能管控技术

开展数字化智能生产管控中心体系结构研究，形成系统体系结构，研究基于有限资源能力的智能计划排程技术，实时监控计划与执行的对照情况，对生产异常实时动态响应，重新计算并优化生产计划及资源需求计划并配送。同时，研究柔性生产线实时调度技术，研究装夹、加工、拆卸三级约束资源的智能调度算法，构建生产单元的实时调度系统。智能调度中心主要基于RIA（Rich Internet Applications）富客户端技术以及智能调度算法，建立基于复杂离散加工业务的计划、执行、仿真相结合的应用模式，最终构建高效的、良好用户体验的调度系统。其中，智能调度算法基于有限资源能力并结合神经网络、遗传算法、粒子群算法等相关智能优化算法对任务和资源进行优化调度，是智能生产管控中心的技术难点，智能生产管控中心体系结构，如图7-14所示。

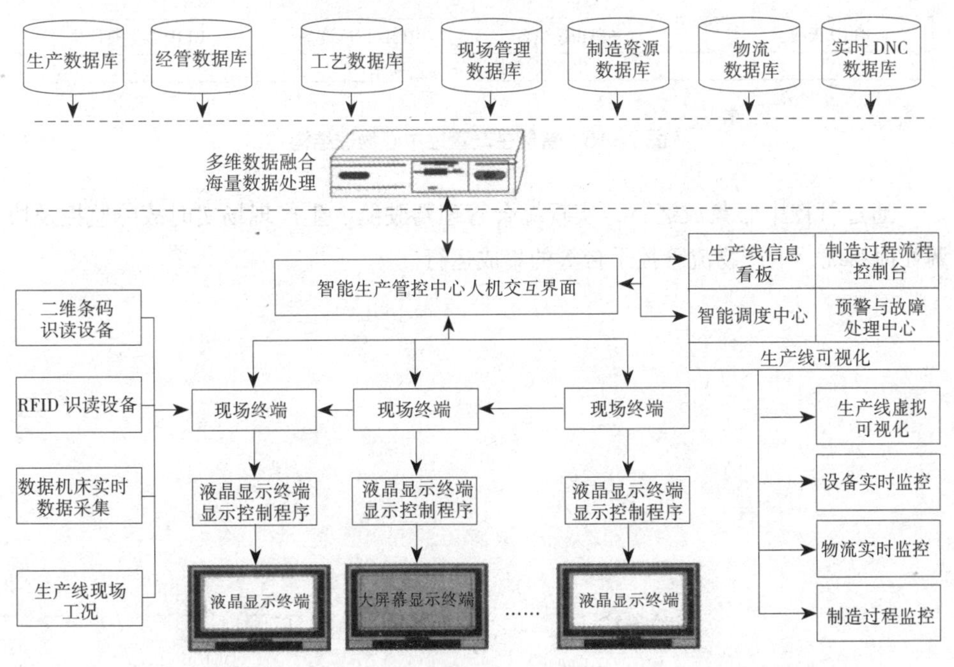

图7-14　智能生产管控中心体系结构

智能生产管控中心由三个平台（数字化制造平台、生产物流管控平台、数控机床智能监控平台）、一个中心（智能生产管控中心）组成，物理环境由三部分组成，即智能生产管控中心 LCD 大屏幕监控与指挥平台、生产过程物流数据采集硬件环境、数字化集成运行服务支撑环境。智能生产管控中心支撑环境总体技术架构，如图 7-15 所示。

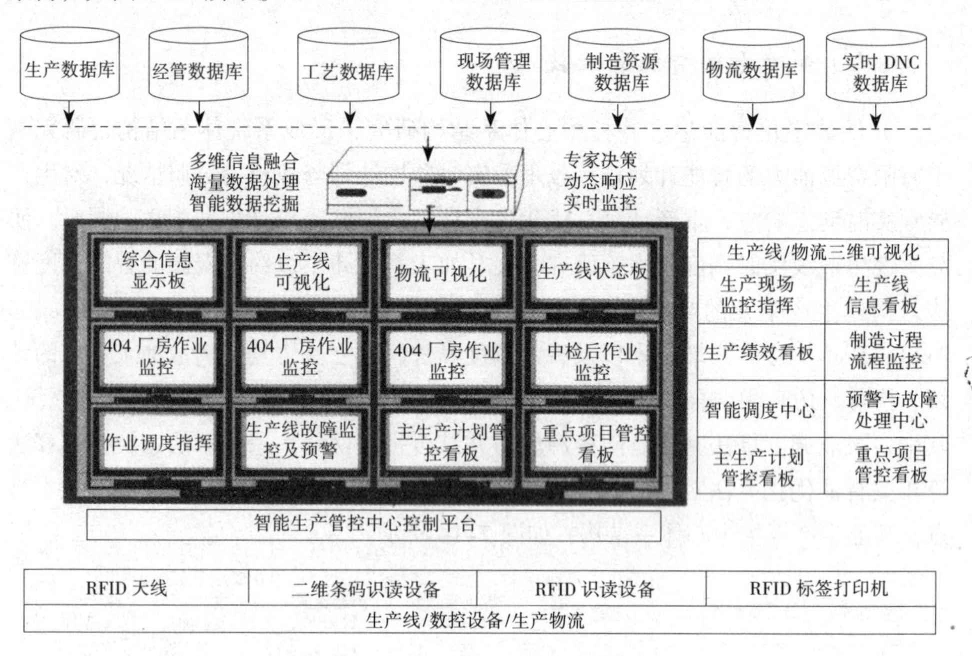

图 7-15　智能生产管控中心物理结构

通过管控中心集成运行，实现综合管理驾驶舱、生产现场实时故障监控及协调处理系统、生产物流管控平台等的集成运行。

参考文献

[1] 赵丹，肖继学，刘一. 智能传感器技术综述 [J]. 传感器与微系统，2014,33(9):4–7.

[2] 晁翠华. 智能制造车间生产过程实时跟踪与管理研究 [D]. 南京航空航天大学，2016.

[3] 柳丹，郑禄，帖军. 基于物联网的智能制造执行系统设计与实现 [J]. 软件导刊，2016,15(2):87–89.

[4] 姜红德. 云计算与智能制造的碰撞 [J]. 中国信息化，2016(6):61–64.

[5] 潘婷. 中国制造 2025——从中国制造到中国智造 [J]. 时代金融，2016(21):8–9.

[6] 王文. 中国的“智造”之路 [J]. 企业文化，2017(04):15–17.

[7] 罗凤. 智能工厂 MES 关键技术研究 [D]. 西南科技大学，2017.

[8] 陈抗. 智能制造：趋势、现状与路径 [J]. 中外企业家，2017(28):42–43.

[9] 高娟. 从“中国制造”到“中国智造”[J]. 大众标准化，2017(12):6.

[10] 李媛媛，欧阳树生，徐端. 制造执行系统标准化探索与实践 [J]. 信息技术与标准化，2018(8):50–53.

[11] 殷毅. 智能传感器技术发展综述 [J]. 微电子学，2018,48(04):504–507,519.

[12] 童群. 工业大数据在智能制造中的应用价值 [J]. 电子技术与软件工程，2018(18):147.

[13] 王新政. 数字化工厂的实现方式与应用分析 [J]. 科技传播，2018,10(21):133–135.

[14] 智慧工厂时代——MES 系统推动企业提升管控能力 [J]. 智慧工厂，2018(11):22–23.

[15] 数字工厂——工业 4.0 时代智慧工厂的基础 [J]. 智慧工厂，2018(11):20–21.

[16] 顾磊，金凌芳. 一种智慧工厂系统架构设计与实现 [J]. 电子世界，2019(2):161–163.

[17] 陈勇，兰卫华．基于 MES 的生产管理研究与应用 [J]. 计算机产品与流通，2019(1):164,245.

[18] 张洁，汪俊亮，吕佑龙，等．大数据驱动的智能制造 [J]. 中国机械工程，2019, 30(02):127-133,158.

[19] 张朋波，柳明华．企业 ERP 与 MES 系统集成的研究与实现 [J]. 中小企业管理与科技 (上旬刊),2019(2):153,196.

[20] 何船．基于 MES 的数字化工厂构建 [J]. 机械设计与制造工程 ,2019,48(2):77-81.

[21] 卢光明．智能车间结构及关键关注点分析 [J]. 中国信息界 ,2019(1):89-92.

[22] 汪建．智能云科助力中国智能制造 [J]. 中国电信业 ,2019(3):26-27.

[23] 左培良，周琴，戴星．浅析智能工厂中的工业物联网技术 [J]. 科技风 ,2019(8):88.

[24] 杨宇，刘海涛，刘引弟．基于工业机器人的自动生产线组建技术研究 [J]. 山东工业技术 ,2019(7):3.